U0954875

国家示范性高等职业院校重点建设专业教材

建筑工程施工材料

Jianzhu Gongcheng Shigong Cailiao

主　编　饶玲丽
主　审　张玉杰

人民交通出版社

内 容 提 要

本书为国家示范性高等职业院校重点建设专业教材。全书以工作过程为依据，以培养学生对材料的选用、检测能力为目标，以施工过程中各分部工程施工材料品种为载体，进行学习情境设置。全书共分四个学习情境，主要内容包括：钢筋混凝土施工材料、砌筑工程施工材料、建筑装饰材料、建筑防水材料。

本书是高职高专院校土建类专业教学用书，可作为职业技能培训教材使用，或供从事土建类工程施工的技术人员和管理人员学习参考。

图书在版编目（CIP）数据

建筑工程施工材料 / 饶玲丽主编. --北京：人民交通出版社，2011.5

国家示范性高等职业院校重点建设专业教材

ISBN 978-7-114-09015-8

Ⅰ. ①建… Ⅱ. ①饶… Ⅲ. ①建筑材料-高等职业教育-教材 Ⅳ. ①TU5

中国版本图书馆 CIP 数据核字（2011）第 059032 号

国家示范性高等职业院校重点建设专业教材

书　　名：建筑工程施工材料
著 作 者：饶玲丽
责任编辑：戴慧莉
出版发行：人民交通出版社
地　　址：（100011）北京市朝阳区安定门外外馆斜街 3 号
网　　址：http://www.ccpress.com.cn
销售电话：（010）59757973
总 经 销：人民交通出版社发行部
经　　销：各地新华书店
印　　刷：北京市密东印刷有限公司
开　　本：787×1092　1/16
印　　张：11
字　　数：264 千
版　　次：2011 年 5 月第 1 版
印　　次：2013 年 1 月第 2 次印刷
书　　号：ISBN 978-7-114-09015-8
定　　价：30.00 元

（有印刷、装订质量问题的图书由本社负责调换）

贵州交通职业技术学院教材编写委员会

主　　任　唐　好

副 主 任　李　皖　卢正平　王永福

顾　　问　张润虎

委　　员　刘　焰　罗　筠　刘　志　陈文均　王　毅　张玉杰　王端祥　王爱红　周　青　邵世敏　李　毅　杨树枫　韦生根　张　平　周　华　许慧芳　曹云刚　蒋直泉　刘正发　周　勇　田兴强　杨明筑　肖志红　袁宗齐　吴　薇　安　军　李晓南(贵州汽车修理公司总经理)　庞　涛(贵阳市汽车维修管理处高级工程师)　罗洪波(贵州省公路公司设备管理公司总经理)　王万海(贵阳万通环保防水有限公司)　刘永强(贵州省建设工程质量监督总站)　林永明(贵州省公路勘察设计院院长)　喻　红(广东省工程勘察院高级工程师)

序

《教育部关于全面提高高等职业教育教学质量的若干意见》(教高[2006]16号)明确指出:“高等职业教育作为高等教育发展中的一个类型,肩负着培养面向生产、建设、服务和管理第一线需要的高技能人才的使命”。探索类型发展道路、构建高技能人才培养模式、开发特色教学资源,是高职院校的历史责任。

2007年,贵州交通职业技术学院被列为国家示范性高等职业院校建设单位。国家示范性院校建设的核心是专业建设,而课程和教材又是专业建设的重要内容之一。如何通过课程的建构来推动人才培养模式的改革和创新?教材编写工作又如何与学校人才培养模式和课程体系改革相结合?如何实现课程内容适合高素质技能型人才的培养?这均是学院示范性建设中的重要命题。

令人欣慰的是学院教师历经3年的不断探索和实践,为学院示范建设作出了功不可没的成绩。其中教材建设就是部分成果的体现,也是全体专业教师、一线工程技术人员共同的智慧结晶和劳动成果。在这些教材中,既有工学结合的核心课程教材,也有专业基础课程教材。无论是哪种类型的教材,在编写中,学院都强调对教材内容的改革与创新,强调示范性院校专业建设成果在教材中的固化,强调教材为高素质技能型人才培养服务,强调教材的职业适应性。因为新教材的使用,必须根植于教学改革的成果之上,反过来又促进教学改革目标的实现,推进高职教育人才培养模式改革。

本教材与传统教材相比有如下三个方面的特点:

第一,该教材由原来传统知识体系的章节结构形式,改为工作过程的项目、模块结构形式;教材中的项目来源于岗位工作任务分析确定的工作项目所设计的教学项目,教材中的模块来源于完成工作项目的工作过程。

第二,教材的内容不再依据相关学科的理论知识体系,而来源于相应岗位的工作内容。教学内容的选取依据完成岗位工作任务对知识和技能的要求,建立在行业专家对相应岗位工作任务分析结果和专业教师深入行业进行岗位调研结果的基础上。注重学生实践训练、培养学生完成工作的能力。

第三,教材不再停留在对课程内容的直接描述,而是十分注重对教学过程的设计,注重学生对教学过程的参与。在教材的各个项目之前,一般都提出了该项目应该完成的工作任务,该任务可能是学习性的工作任务,也可能是真实的工作任务。

在这些教材的编写过程中，也倾注了相关企业有关专家的大量心血和辛勤劳动，在此谨向他们表示衷心的感谢！由于开发时间短，教学检验尚不充分，错误和不当之处难免，敬请专家、同行指教。

贵州交通职业技术学院教材编写委员会

2009.11.20

前　　言

本教材根据示范建设改革的要求,以工作过程为依据,以培养学生对材料的选用、检测能力为目标进行编写,系建筑工程技术专业基础课程教材之一。

本教材以施工过程中各分部工程施工材料品种为载体,进行学习情境设置,每个学习情境从认识材料——熟悉材料的技术性能、技术标准——材料的运用与检测进行教学内容安排。在突出建筑材料性质与应用的前提下,特别注意常用建筑材料的标准、验收、检测等施工现场常遇到问题的解决。对于理论性较强的问题以够用为度,不作过多的阐述。

本教材注重新技术标准和规范的引入与更新,紧跟建筑材料工业的不断发展,强调对新技术、新工艺的学习。

本教材在编写中得到了企业的大力支持,从对知识结构的调研及教材编排的讨论,皆邀请到了企业一线的技术管理人员参与,与企业需求紧密相连。对于本书的编写,请来贵州省建设工程质量监督总站的刘永强、杨力烈参与编写与指导。

本教材是贵州交通职业技术学院示范建设改革成果之一。由贵州交通职业技术学院饶玲丽担任主编并统稿。学习情境一由饶玲丽编写,学习情境二由刘永强、高恺烜编写,学习情境三由杨力烈、蒋旭编写,引言及学习情境四由郝增韬编写。张玉杰教授担任主审。

由于时间有限,教材中难免存在疏漏和错误,衷心希望读者给予批评指正。

编　者

2011 年 3 月

目　录

引 言

一、建筑材料定义及分类

建筑材料是建筑工程中使用的各种材料及其制品的总和,不仅包括构成建筑实体的材料,如混凝土、砖、砂浆、钢筋等,也包括在建筑施工过程中使用的消耗品、周转材料,如脚手架、安全防护网等。本课程将要学习的建筑材料,主要指组成建筑物或构筑物各部分实体的材料。

1. 按建筑材料的化学组成分类

建筑材料按化学组成分类见表0-1。

建筑材料分类一览表 表0-1

无机材料	金属材料	黑色金属:铁、非合金钢、合金钢; 有色金属:铝、锌、铜及其合金
	非金属材料	石材:天然石材、人造石材: 烧结制品:烧结砖、陶瓷面砖; 熔融制品:玻璃、岩棉、矿棉; 胶凝材料:石灰、石膏、水玻璃、水泥; 混凝土、砂浆; 硅酸盐制品:砌块、蒸养砖、碳化板
有机材料	植物材料	木材、竹材及制品
	高分子材料	沥青、塑料、涂料、合成橡胶、胶黏剂
复合材料	金属非金属复合材料 无机有机复合材料	钢纤维混凝土、铝塑板、涂塑钢板; 沥青混凝土、塑料颗粒保温砂浆、聚合物混凝土

2. 按建筑材料的使用功能分类

建筑材料按使用功能划分,可分为建筑结构材料、墙体材料、建筑功能材料。

(1)建筑结构材料。

建筑结构材料,主要指构成建筑物的受力构件和结构所用的材料,如梁、板、柱、基础、框架及其他受力构件和结构等所用的材料。对这类材料,其主要技术性能的要求是强度和耐久性。

目前所用的主要结构材料有:砖、石、水泥混凝土及两者的复合物——钢筋混凝土和预应力钢筋混凝土。

(2)建筑墙体材料。

墙体材料,主要指建筑物内、外及分隔墙体所用的材料,有承重和非承重两类。目前我国大量采用的墙体材料为粉煤灰砌块、混凝土及加气混凝土砌砖等。此外,还有混凝土墙板、石板、金属板材和复合墙板等。

(3)建筑功能材料。

建筑功能材料,主要指负担某些建筑功能的非承重用材料,如防水材料、绝热材料,吸声和隔声材料、采光材料、装饰材料等。

二、建筑材料在建筑工程中的重要作用

建筑材料是指组成建筑物或构筑物各部分实体的材料。随着历史的发展、科学的进步,建筑材料的品种不断推陈出新,对建筑科学的发展也起到了巨大的推动作用。

(1)建筑材料是建筑工程的物质基础。

不论是高达420.5m的上海金贸大厦,还是普通的一幢临时建筑,都是由各种散体建筑材料经过缜密的设计和复杂的施工最终构建而成。建筑材料的物质性还体现在其使用的巨量性,一幢单体建筑一般重达几百至数千吨,甚至可达数万、几十万吨,这形成了建筑材料的生产、运输、使用等方面与其他门类材料的不同。

(2)建筑材料的发展赋予了建筑物以时代的特性和风格。

西方古典建筑的石材廊柱、中国古代以木架构为代表的宫廷建筑、当代以钢筋混凝土和型钢为主体材料的超高层建筑,都呈现了鲜明的时代感。

(3)建筑设计理论不断进步和施工技术的革新,不但受到建筑材料发展的制约,同时亦受到其发展的推动。

大跨度预应力结构、薄壳结构、悬索结构、空间网架结构、节能型特色环保建筑的出现,无疑都与新材料的产生密切相关。

(4)建筑材料正确、节约、合理的运用,直接影响建筑工程的造价和投资。

在我国,一般建筑工程的材料费用要占总投资的50%~60%,特殊工程这一比例还会提高。对于中国这样一个发展中国家,对建筑材料特性的深入了解和认识,最大限度地发挥其效能,进而达到最大的经济效益,无疑具有非常重要的意义。

三、建筑材料发展历史及趋势

建筑材料在建筑中也有着举足轻重的作用。建筑材料是随着人类社会生产力和科学技术的提高而逐步发展起来的。人类最早穴居巢处,几乎没有建筑材料的概念,后进入到石器、铁器时代,开始掘土凿石为洞,伐木搭竹为棚,利用最原始的材料建造最简陋的房屋。后来,用黏土烧制砖瓦,用岩石制石灰、石膏,建筑材料从天然进入了人工阶段,为建造较大的房屋创造了条件。

18世纪后,科学技术的发展促使建筑材料进入了一个新的发展阶段,钢铁、水泥、混凝土及其他材料的相继问世,为现代建筑奠定了基础。20世纪后,建材性能和质量不断改善、品种不断增加,以有机材料为主的化学建材异军突起,一些具有特殊功能的建材,如绝热材料、吸声隔热材料、耐火防火材料、防水抗渗材料、防爆防辐射材料,应运而生,这些材料为房屋建筑提供了强有力的物质保障。现在的建筑中,工程质量的优劣通常与所采用材料的优劣、性能及使用的合理与否有直接的联系。在满足相同技术指标和质量要求的前提下,选择不同的材料、不同的使用方法,都对工程造价有直接的影响。

四、建筑材料的技术标准

技术标准的表示方法,系由标准名称、部门代号、编号和批准年份等组成。常见有以下类别的标准:

GB——中华人民共和国国家标准;

GBJ——国家工程建设标准;

GB/T——中华人民共和国推荐性国家标准；
ZB——中华人民共和国专业标准；
ZB/T——中华人民共和国推荐性专业标准；
JC——中华人民共和国建筑材料工业局行业标准；
JG/T——中华人民共和国建设部建筑工程行业推荐性标准；
JGJ——中华人民共和国建设部建筑工程行业标准；
YB——中华人民共和国冶金工业部行业标准；
SL——中华人民共和国水利部行业标准；
JTJ——中华人民共和国交通运输部行业标准；
CECS——工程建设标准化协会标准；
JJG——国家计量局计量检定规程；
DB——地方标准；
Q/××——××企业标准。

学习情境一

钢筋混凝土施工材料

混凝土是水泥(普通硅酸盐水泥)与集料的混合物。当加入一定量水分的时候,水泥水化形成微观不透明晶格结构从而包裹和结合集料成为整体结构。通常混凝土结构拥有较高的抗压强度(大约35MPa)。但是混凝土的抗拉强度较低,通常只有抗压强度的十分之一左右,任何显著的拉弯作用都会使其微观晶格结构开裂和分离,从而导致结构的破坏。而绝大多数结构构件内部都有受拉应力作用的需求,故未加钢筋的混凝土极少被单独使用于工程。

相比混凝土而言,钢筋抗拉强度非常高,一般在200MPa以上,故通常人们在混凝土中加入钢筋等加劲材料与之共同工作,由钢筋承担其中的拉力,混凝土承担压应力。从而使钢筋混凝土克服了混凝土抗拉强度低、变形能力差而易产生裂缝的缺点。

钢筋混凝土是当今最主要的建筑材料之一,但它的发明者既不是工程师,也不是建筑材料专家,而是一位法国名叫莫尼埃的园艺师。莫尼埃有一个很大的花园,一年四季开着美丽的鲜花,但是花坛经常被游客踏碎。为此,莫尼埃常想:"有什么办法可使人们既能踏上花坛,又不容易踩碎呢?"有一天,莫尼埃移栽花时,不小心打碎了一盆花,花盆摔成了碎片,花根四周的土却仅仅包成一团。"噢!花木的根系纵横交错,把松软的泥土牢牢地连在了一起!"他从这件事上得到启发,将铁丝仿照花木根系编成网状,然后和水泥、砂石一起搅拌,做成花坛,果然十分牢固,这就是钢筋混凝土的雏形。

1872年,世界第一座钢筋混凝土结构的建筑在美国纽约落成,人类建筑史上一个崭新的纪元从此开始,钢筋混凝土结构在1900年之后在工程界方得到了大规模的使用。1928年,一种新型钢筋混凝土结构形式——预应力钢筋混凝土出现,并于第二次世界大战后被广泛地应用于工程实践。钢筋混凝土的发明以及19世纪中叶钢材在建筑业中的应用,使高层建筑与大跨度桥梁的建造成为可能。

本学习情境主要从钢筋混凝土的组成原材料——钢筋、水泥、粗细集料、混凝土四大组成材料来讲述其各自的技术性能、标准、应用、质量检测等,从而选择正确的钢筋及合格原材料进行混凝土配合比设计。

子情境一　水　　泥

水泥是一种粉末状材料,当它与水混合后,在常温下经物理、化学作用,可由可塑性浆体逐渐凝结硬化成坚硬的石状体。水泥不仅能在空气中凝结硬化,还能在水中凝结硬化并保持和发展强度。因此,水泥为水硬性胶凝材料。

水泥是重要的建筑材料之一，广泛应用于工业、农业、国防、水利、交通、城市建设等基本建设中，用来生产各种混凝土、钢筋混凝土及其他水泥产品。水泥已是任何建筑工程都离不开的建筑材料。

水泥按其化学成分，可分为硅酸盐类水泥、铝酸盐类水泥、硫铝酸盐类水泥、铁铝酸盐类水泥、氟铝酸盐类水泥等；按用途和性能，可分为通用水泥、专用水泥和特性水泥。通用水泥是指土木建筑工程中大量使用的具有一般用途的水泥，即硅酸盐水泥、普通硅酸盐水泥、矿渣硅酸盐水泥、火山灰质硅酸盐水泥和粉煤灰硅酸盐水泥五大品种水泥；专用水泥指具有专门用途的水泥，如道路硅酸盐水泥、油井水泥、大坝水泥等；特性水泥是某种性能比较突出的一类水泥，如快硬硅酸盐水泥、膨胀水泥、抗硫酸盐硅酸盐水泥等。水泥品种虽然很多，但建筑工程中使用最多的是硅酸盐类通用水泥。

学习型任务要求

了解硅酸盐水泥凝结硬化过程及技术要求；

掌握硅酸盐水泥熟料矿物的组成及其特性，硅酸盐水泥水化产物及其特性；

掌握通用硅酸盐水泥的技术性能及应用；

了解其他品种水泥的主要特性及应用；

熟悉水泥的储存、运输、验收、保管及质量检验。

工作型任务要求

在掌握水泥基本知识的基础上，能查找相关标准、规范，完成水泥性能的取样与检测。

任务一　认 识 水 泥

一、硅酸盐水泥

现行国家标准《通用硅酸盐水泥》（GB 175—2007）对硅酸盐水泥的定义为：凡由硅酸盐水泥熟料、0 ~ 5% 的石灰石或粒化高炉矿渣、适量石膏磨细制成的水硬性胶凝材料称为硅酸盐水泥（波特兰水泥）。硅酸盐水泥分两种类型，不掺加混合材料的称 I 型硅酸盐水泥，代号为 P · I；在硅酸盐水泥熟料粉磨时掺加不超过水泥质量粒化高炉矿渣混合材料的称 II 型硅酸盐水泥，代号为 P · II。

1. 硅酸盐水泥的生产工艺

硅酸盐水泥的生产工艺可概括为三个阶段，简称“两磨一烧”。

（1）生料制备。以石灰石、黏土和铁矿粉为主要原料（有时需加入校正原料），将其按一定比例配合、磨细，可制得具有适当化学成分、质量均匀的生料。

（2）熟料煅烧。将生料在水泥窑内经 1 450℃ 高温煅烧至部分熔融，可得到以硅酸钙为主要成分的硅酸盐水泥熟料。

(3)水泥粉磨。将熟料加适量石膏和0~5%的石灰石或粒化高炉矿渣共同磨细，即得到硅酸盐水泥。

硅酸盐水泥的生产流程可用图1-1表示。

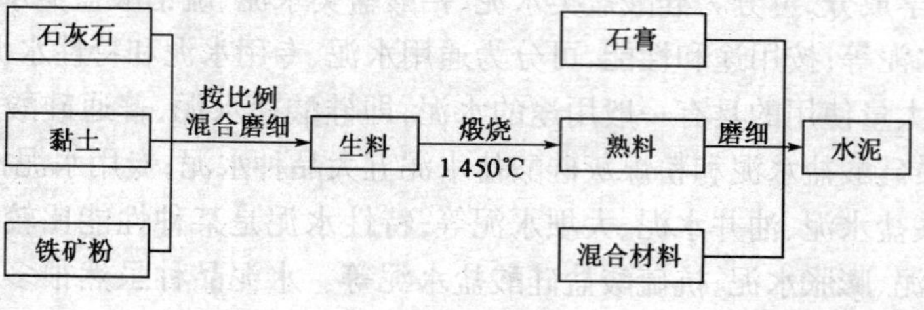

图1-1　硅酸盐水泥生产流程示意图

2. 硅酸盐水泥熟料的矿物组成及特性

(1)硅酸盐水泥熟料的矿物组成。

硅酸盐水泥熟料主要矿物组成的名称和含量如下。

硅酸三钙：$3CaO \cdot SiO_2$（简称 C_3S），含量36%~60%；

硅酸二钙：$2CaO \cdot SiO_2$（简称 C_2S），含量15%~37%；

铝酸三钙：$3CaO \cdot Al_2O_3$（简称 C_3A），含量7%~15%

铁铝酸四钙：$4CaO \cdot Al_2O_3 \cdot Fe_2O_3$（简称 C_4AF），含量10%~18%。

前两种称硅酸盐矿物，一般占总量的75%以上；后两种占总量的25%左右。

(2)硅酸盐水泥熟料矿物的性能。

①水化反应速度。以铝酸三钙（C_3A）最快，硅酸三钙（C_3S）较快，铁铝酸四钙（C_4AF）也较快，硅酸二钙（C_2S）最慢。

②水化放热量。C_3A 最大，C_3S 较大，C_4AF 居中，C_2S 最小。

③强度。C_3S 最高，C_2S 早期强度低，但后期增长率较大。故 C_3S 和 C_2S 是硅酸盐水泥强度的主要来源，C_3A 强度不高，C_4AF 对抗折强度有利。其发展规律如图1-2所示。

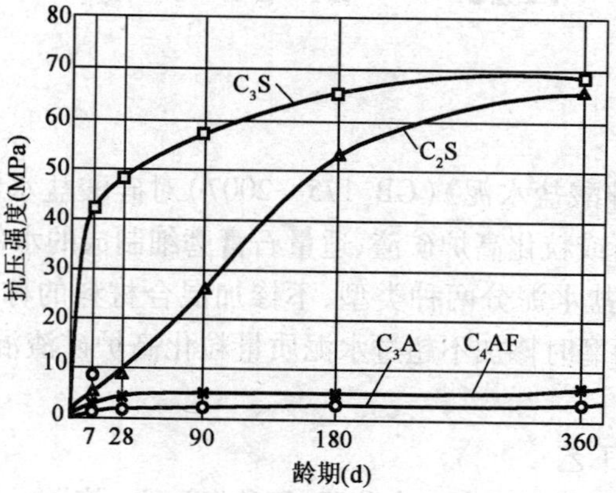

图1-2　水泥熟料矿物强度发展曲线

④耐化学侵蚀性。C_4AF 最优，其次为 C_2S、C_3S，C_3A 最差。

⑤干缩性。C_4AF 和 C_2S 最小，C_3S 居中，C_3A 最大。

硅酸盐水泥的主要矿物组成的特性可归纳如表1-1所示。

硅酸盐水泥的矿物组成、含量及特性 表 1-1

<table>
<tr><td colspan="3">矿物名称</td><td>硅酸三钙</td><td>硅酸二钙</td><td>铝酸三钙</td><td colspan="2">铁铝酸四钙</td></tr>
<tr><td colspan="3">矿物组成</td><td>$3CaO \cdot SiO_2$</td><td>$2CaO \cdot SiO_2$</td><td>$3CaO \cdot Al_2O_3$</td><td colspan="2">$4CaO \cdot Al_2O_3 \cdot Fe_2O_3$</td></tr>
<tr><td colspan="3">简写式</td><td>C_3S</td><td>C_2S</td><td>C_3A</td><td colspan="2">C_4AF</td></tr>
<tr><td colspan="3">大致含量(%)</td><td>36 ~ 60</td><td>15 ~ 37</td><td>7 ~ 15</td><td colspan="2">10 ~ 18</td></tr>
<tr><td rowspan="7">各矿物特性</td><td colspan="2">与水反应速度</td><td>快</td><td>慢</td><td>最快</td><td colspan="2">中</td></tr>
<tr><td colspan="2">水化放热量</td><td>高</td><td>低</td><td>最高</td><td colspan="2">中</td></tr>
<tr><td rowspan="2">对强度的作用</td><td>早期</td><td>高</td><td>低</td><td>低</td><td>中</td><td rowspan="2">对抗折强度有利</td></tr>
<tr><td>后期</td><td>高</td><td>高</td><td>低</td><td>低</td></tr>
<tr><td colspan="2">耐化学侵蚀</td><td>中</td><td>良</td><td>差</td><td colspan="2">优</td></tr>
<tr><td colspan="2">干缩性</td><td>中</td><td>小</td><td>大</td><td colspan="2">小</td></tr>
</table>

水泥是由多种矿物成分组成的,改变各熟料矿物组分之间的含量比例,水泥的性质就会发生相应的变化。例如,提高 C_3S 的相对含量可制得高强水泥和早强水泥;提高 C_2S 的相对含量,同时适当降低 C_3S 和 C_3A 的相对含量,即可制得低热水泥;提高 C_4AF 和 C_3S 含量,则可制得具有较高抗折强度的道路硅酸盐水泥。

3. 硅酸盐水泥的水化和凝结硬化

(1)水化。

水泥加水拌和后,水泥颗粒立即分散于水中并与水发生化学反应。水泥的水化过程是水泥各种熟料矿物及石膏与水发生反应的过程。该过程极为复杂,需要经历多级反应,生成多种中间产物,最终生成比较稳定的水化产物。如将比较复杂的中间过程简化,则熟料矿物的水化反应如下:

$$2(3CaO \cdot SiO_2) + 6H_2O \rightarrow 3CaO \cdot 2SiO_2 \cdot 3H_2O + 3Ca(OH)_2$$

(水化硅酸钙凝胶) (氢氧化钙晶体)

$$2(2CaO \cdot SiO_2) + 4H_2O \rightarrow 3CaO \cdot 2H_2O \cdot 3H_2O + Ca(OH)_2$$

$$3CaO \cdot Al_2O_3 + 6H_2O \rightarrow 3CaO \cdot Al_2O_3 \cdot 6H_2O$$

(水化铝酸三钙晶体)

$$4CaO \cdot Al_2O_3 \cdot Fe_2O_3 + 7H_2O \rightarrow 3CaO \cdot Al_2O_3 \cdot 6H_2O + CaO \cdot Fe_2O_3 \cdot H_2O$$

(水化铁酸钙凝胶体)

生产水泥时为调节凝结时间而掺入的石膏也要参与反应:

$$3(CaSO_4 \cdot 2H_2O) + 3CaO \cdot Al_2O_3 \cdot 6H_2O + 20H_2O \rightarrow 3CaO \cdot Al_2O_3 \cdot 3CaSO_4 \cdot 32H_2O$$

(高硫型水化硫铝酸钙)

高硫型水化硫铝酸钙又称钙矾石(AFt),当石膏消耗完毕后,水泥中尚未水化的 C_3A 会与钙矾石作用生成低硫型水化硫铝酸钙(AFm):

$$3CaO \cdot Al_2O_3 \cdot 3CaSO_4 \cdot 32H_2O + 2[3CaO \cdot Al_2O_3] + 4H_2O \rightarrow 3[3CaO \cdot Al_2O_3 \cdot CaSO_4 \cdot 12H_2O]$$

(低硫型水化硫铝酸钙)

掺入石膏的目的是延缓水泥的凝结硬化速度,否则,水泥遇水会快速凝结,呈现"瞬凝"现象,给水泥的施工应用造成不便。当掺入适量石膏时,石膏与 C_3A 反应生成难溶的钙矾石晶体,一方面减少了溶液中铝离子的含量,另一方面形成的钙矾石覆盖在水泥颗粒的表面,形成屏蔽膜,延缓了水化的进一步进行,从而延缓了水泥浆体的凝结速度。另外,生成的钙矾石由于是难溶的晶体，“加固”了结构，还有利于提高水泥的早期强度。但需要注意的是：石膏的掺量必须是适量的，因为过量的石膏不仅对缓凝作用帮助不大，同时由于在硬化后期还会继续生成钙矾石，体积膨胀，引起水泥的体积安定性不良。

(2)凝结硬化。

随着时间的推延，水泥浆逐渐失去塑性，形成具有一定强度的石状体，这个过程称为水泥的凝结硬化。硅酸盐水泥的凝结硬化是一个连续的复杂过程。

水泥颗粒与水接触后，很快就发生化学反应，生成相应的水化产物，组成水泥-水-水化产物混合体系。这一阶段称为初始反应期，如图1-3a)所示。

水化初期生成的产物迅速扩散到水中，逐渐形成水化产物的饱和溶液，并在水泥颗粒表面或周围析出，形成水化物膜层，使得水化反应进行较缓慢，这一阶段称为诱导期。这期间，水泥颗粒仍然分散，水泥浆还保持良好的可塑性，如图1-3b)所示。

随着水化的继续进行，水化产物不断生成并析出，自由水分逐渐减少，水化产物颗粒互相接触并黏结在一起形成网架状结构，使水泥浆体逐渐变稠，失去可塑性，这一阶段称为凝结期，如图1-3c)所示。

水化反应进一步进行，水化产物不断生成、长大并填充毛细孔，使整个体系更加紧密，水泥浆体逐渐硬化，强度随时间不断增长，这一阶段称为硬化期，如图1-3d)所示。

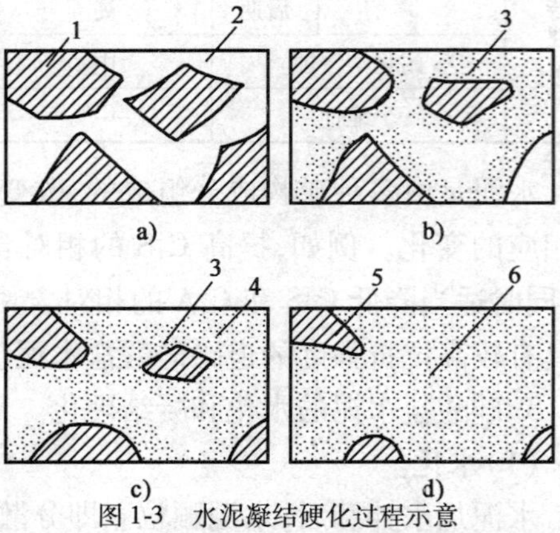

图1-3　水泥凝结硬化过程示意

a)分散在水中未水化的水泥颗粒；b)在水泥颗粒表面形成水化物膜层；c)膜层长大并互相连接；d)水化物进一步发展，填充毛细孔(硬化)

1-水泥颗粒；2-水；3-凝胶；4-晶体；5-未水化的水泥颗粒内核；6-毛细孔

水泥的硬化期可以延续至很长时间，但28d基本表现出大部分强度。水泥的水化过程是由颗粒表面逐渐深入到颗粒内部的。在最初几天(1～3d)，由于水化产物增加迅速，因而强度增加很快；随着水化反应的不断进行，水化产物增加的速度逐渐变慢，使得强度增长速度变缓。若水泥石内部存在尚未水化的水泥颗粒，那么在几年甚至几十年之后，只要环境温度和湿度适宜，水泥颗粒仍将继续水化，生成水化产物填充到孔隙中，仍然会使水泥石的强度缓慢增长。

二、普通硅酸盐水泥

国家标准《通用硅酸盐水泥》(GB 175—2007)对普通硅酸盐水泥的定义为：凡由硅酸盐水泥熟料、活性混合材料掺加量＞5%且≤20%，其中允许用不超过水泥质量8%的非活性混合材料或不超过水泥质量5%的窑灰，适量石膏共同磨细制成的水硬性胶凝材料，称为普通硅酸盐水泥(简称普通水泥)，代号为P·O。

三、掺混合材料的硅酸盐水泥

在水泥生产过程中加入的人工的或天然的矿物材料称为水泥混合材料。为改善硅酸盐水泥的某些性能，同时达到增加产量、降低成本的目的，在硅酸盐水泥熟料中掺加适量的各种混合材料与石膏共同磨细制得的水硬性胶凝材料，称为掺混合材料硅酸盐水泥。

1. 水泥混合材料

混合材料按其在水泥中所起的作用，分为活性混合材料和非活性混合材料。

(1)活性混合材料。

在常温条件下，能与 $Ca(OH)_2$ 和水发生水化反应的混合材料称为活性混合材料。活性混合材料能参与水泥的水化反应，明显改善水泥的性能。常用的活性混合材料有粒化高炉矿渣、火山灰质混合材料和粉煤灰。

(2)非活性混合材料。

在常温条件下，不能与 $Ca(OH)_2$ 或水泥发生水化反应的混合材料称为非活性混合材料。非活性混合材料不参与水泥的水化反应，仅起到提高产量、降低成本、调整水泥强度等级、降低水化热和改善新拌混凝土和易性的作用，所以也称为填充性混合材料。磨细的石灰石、石英砂、黏土、慢冷矿渣及各种废渣都属于非活性混合材料。

2. 矿渣硅酸盐水泥、火山灰硅酸盐水泥和粉煤灰硅酸盐水泥

(1)定义。

按照现行国家标准《通用硅酸盐水泥》(GB 175—2007)的定义：凡由硅酸盐水泥熟料、粒化高炉矿渣和适量石膏共同磨细制成的水硬性胶凝材料称为矿渣硅酸盐水泥(简称矿渣水泥)，代号为 P·S。水泥中粒化高炉矿渣的掺量按质量百分比计为 >20% 且≤70%，并分为 A 型或 B 型。A 型矿渣掺量为 >20% 且≤50%，代号为 P·S·A；B 型矿渣掺量为 >50% 且≤70%，代号为 P·S·B。

凡由硅酸盐水泥熟料和火山灰质混合材料、适量石膏共同磨细制成的水硬性胶凝材料称为火山灰质硅酸盐水泥(简称火山灰水泥)，代号为 P·P。水泥中火山灰质混合材料掺量按质量百分比计为 >20% 且≤40%。

凡由硅酸盐水泥熟料和粉煤灰、适量石膏共同磨细制成的水硬性胶凝材料称为粉煤灰硅酸盐水泥(简称粉煤灰水泥)，代号为 P·F。水泥中粉煤灰掺量按质量百分比计为 >20% 且≤40%。

(2)技术要求。

我国现行标准《通用硅酸盐水泥》(GB 175—2007)对矿渣水泥、火山灰水泥及粉煤灰水泥的技术要求列于表 1-2。

矿渣水泥、火山灰水泥和粉煤灰水泥的强度等级分为 32.5、32.5R、42.5、42.5R、52.5、52.5R。各强度等级水泥不同龄期的抗压强度、抗折强度指标列于表 1-3。

矿渣水泥、火山灰水泥和粉煤灰水泥的技术标准 表 1-2

序号	项目	品质指标
1	氧化镁	熟料中氧化镁的含量不得超过 5.0%；如水泥经压蒸安定性试验合格，则允许放宽到 6.0%
2	三氧化硫	矿渣水泥中三氧化硫的含量不得超过 4.0%；火山灰水泥和粉煤灰水泥中三氧化硫的含量不得超过 3.5%
3	细度	80μm 方孔筛筛余不得超过 10.0%，或 45μm 方孔筛筛余不得超过 30.0%
4	凝结时间	初凝时间不得早于 45min，终凝时间不得迟于 10h
5	安定性	用沸煮法检验，必须合格
6	强度	各龄期强度不低于表 1-3 中规定的数值
7	碱含量	水泥中碱含量按 $Na_2O + 0.658K_2O$ 计算值表示；若使用活性集料，要限制水泥中的碱含量时，由供需双方商定

矿渣水泥、火山灰水泥、粉煤灰水泥、复合硅酸盐水泥的强度指标　　表 1-3

强度等级	抗压强度(MPa)		抗折强度(MPa)	
	3d	28d	3d	28d
32.5	≥10.0	≥32.5	≥2.5	≥5.5
32.5R	≥15.0		≥3.5	
42.5	≥15.0	≥42.5	≥3.5	≥6.5
42.5R	≥19.0		≥4.0	
52.5	≥21.0	≥52.5	≥4.0	≥7.0
52.5R	≥23.0		≥4.5	

3. 复合硅酸盐水泥

凡由硅酸盐水泥熟料、两种或两种以上规定的混合材料、适量石膏磨细制成的水硬性胶凝材料，称为复合硅酸盐水泥(简称复合水泥)，代号为 P·C。水泥中混合材料的总掺加量按质量百分比计应 >20% 且 ≤50%。

水泥中允许用不超过 8% 的窑灰代替部分混合材料；掺矿渣时混合材料掺量不得与矿渣硅酸盐水泥重复。复合水泥的水化、凝结硬化过程基本上与掺混合材料的硅酸盐水泥相同。

我国现行国家标准《通用硅酸盐水泥》(GB 175—2007)规定，对复合硅酸盐水泥的技术要求——细度、氧化镁、三氧化硫、安定性等指标与矿渣水泥、火山灰水泥和粉煤灰水泥相同。强度等级分为 32.5、32.5R、42.5、42.5R、52.5、52.5R。各强度等级、各龄期的强度指标列于表 1-3。

复合硅酸盐水泥中掺入了两种或两种以上的混合材料，可以互相取长补短，克服了掺单一混合材料水泥的一些弊病。复合硅酸盐水泥的早期强度接近于普通水泥，而其他性能与其掺混合料的种类、掺量及相对比例有密切关系。当掺混合材料较多(30% 以上)时，其性能向掺加数量多的混合材料性质转移。如以粒化高炉矿渣为主要混合材料时，其性质与矿渣水泥接近；当以火山灰质混合材料为主要混合材料时，其性质与火山灰水泥接近。因此，使用复合硅酸盐水泥时，应当了解清楚水泥中主要混合材料的品种。为此，国家标准规定：在包装袋上应标明主要混合材料的名称。

四、通用水泥的主要特点及适用范围

通用水泥是指硅酸盐水泥、普通硅酸盐水泥、矿渣硅酸盐水泥、火山灰硅酸盐水泥和粉煤灰硅酸盐水泥、复合硅酸盐水泥六种水泥。复合硅酸盐水泥的使用，应根据所掺混合材料种类，参照其他掺混合材料的硅酸盐水泥的适用范围和工程实践经验选用。现将五种硅酸盐水泥的主要特点及适用范围列于表 1-4。

五种硅酸盐水泥的主要特点及适用范围　　表 1-4

品　种	主要特点	适用范围	不适用范围
硅酸盐水泥	1. 早强快硬； 2. 水化热高； 3. 耐冻性好； 4. 耐热性差； 5. 耐腐蚀性差； 6. 对外加剂的作用比较敏感	1. 适用快硬早强工程； 2. 配制强度等级较高混凝土	1. 大体积混凝土； 2. 受化学侵蚀水及压力水作用的工程

续上表

品　种	主要特点	适用范围	不适用范围
普通硅酸盐水泥	1. 早强； 2. 水化热较高； 3. 耐冻性较好； 4. 耐热性较差； 5. 耐腐蚀性较差； 6. 低温时凝结时间有所延长	1. 地上、地下及水中的混凝土、钢筋混凝土和预应力混凝土结构，包括早期强度要求较高的工程； 2. 配制建筑砂浆	1. 大体积混凝土； 2. 受化学侵蚀水及压力水作用的工程
矿渣硅酸盐水泥	1. 早期强度低，后期强度增长较快； 2. 水化热较低； 3. 耐热性较好； 4. 抗硫酸侵蚀性好； 5. 抗冻性较差； 6. 干缩性较大	1. 大体积工程； 2. 配制耐热混凝土； 3. 蒸汽养护的构件； 4. 一般地上地下的混凝土和钢筋混凝土结构； 5. 配制建筑砂浆	1. 早期强度要求较高的混凝土工程； 2. 严寒地区并在水位升降范围内的混凝土工程
火山灰硅酸盐水泥	1. 早期强度低，后期强度增长较快； 2. 水化热较低； 3. 耐热性较差； 4. 抗硫酸侵蚀性好； 5. 抗冻性较差； 6. 干缩性较大； 7. 抗渗性较好	1. 大体积工程； 2. 有抗渗要求的工程； 3. 蒸汽养护的构件； 4. 一般地上地下的混凝土和钢筋混凝土结构； 5. 配制建筑砂浆	1. 早期强度要求较高的混凝土工程； 2. 严寒地区并在水位升降范围内的混凝土工程； 3. 干燥环境中的混凝土工程； 4. 有耐磨要求的工程
粉煤灰硅酸盐水泥	1. 早期强度低，后期强度增长较快； 2. 水化热较低； 3. 耐热性较差； 4. 抗硫酸侵蚀性好； 5. 抗冻性较差； 6. 干缩性较小	1. 大体积工程； 2. 有抗渗要求的工程； 3. 一般混凝土工程； 4. 配制建筑砂浆	1. 早期强度要求较高的混凝土工程； 2. 严寒地区并在水位升降范围内的混凝土工程； 3. 有抗碳化要求的工程

五、其他品种水泥

(1)快硬硅酸盐水泥。

由硅酸盐水泥熟料和适量石膏磨细制成，以3d抗压强度表示强度等级的水硬性胶凝材料称为快硬硅酸盐水泥(简称快硬水泥)。

与硅酸盐水泥相比较，快硬水泥在组成上适当提高了 C_3S 和 C_3A 的含量，达到了早强快硬的效果。

技术要求：细度要求80μm方孔筛筛余不得超过10.0%；初凝时间不得早于45min，终凝时间不得迟于10h；安定性必须合格。快硬水泥原标准有325、375、425三个强度等级，各强度等级、各龄期的强度指标列表于1-5。

快硬硅酸盐水泥的强度指标　　表1-5

强度等级	抗压强度(MPa)			抗折强度(MPa)		
	1d	3d	28d	1d	3d	28d
325	15.0	32.5	52.5	3.5	5.0	7.2
375	17.0	37.5	57.5	4.0	6.0	7.6
425	19.0	42.5	62.5	4.5	6.4	8.0

快硬硅酸盐水泥凝结硬化快，早期强度高，后期强度也高，抗冻性及抗渗性强，水化放热量大，耐腐蚀性差。适用于紧急抢修工程、冬季施工的混凝土工程。不宜应用大体积混凝土工程和耐腐蚀要求高的工程。另外，快硬水泥干缩率较大，容易吸湿降低强度，储存期超过一个月时，需重新检验其技术性质。

(2)白色硅酸盐水泥。

白色硅酸盐水泥是以适当成分的生料烧至部分熔融，得到以硅酸钙为主要成分的熟料、氧化铁含量少的熟料，加入适量石膏，磨细制成的水硬性胶凝材料，称为白色硅酸盐水泥，简称白色水泥。

白色水泥为了保证其白度，生产过程中应严格控制 Fe_2O_3 含量，减少 MnO、TiO_2 等着色氧化物的掺量。生产原料应选用纯净的石灰石、石英砂等。白色水泥与硅酸盐水泥主要区别在于氧化铁含量少，因而色白。

我国现行国标《白色硅酸盐水泥》(GB/T 2015—2005)规定：细度要求 80μm 方孔筛筛余不得超过 10.0%；初凝时间不得早于 45min，终凝时间不得迟于 10h；安定性用沸煮法检验必须合格；氧化镁的含量不得超过 5.0%，三氧化硫的含量不得超过 3.5%；白度值应不低于8.7。白色水泥有 32.5、42.5、52.5 三个强度等级，各强度等级、各龄期的强度不得低于表 1-6 所示数值。

白色硅酸盐水泥的强度指标　　表 1-6

强度等级	抗压强度(MPa)		抗折强度(MPa)	
	3d	28d	3d	28d
32.5	12.0	32.5	3.0	6.0
42.5	17.0	42.5	3.5	6.5
52.5	22.0	52.5	4.0	7.0

白色硅酸盐水泥具有强度高、色泽洁白等特点，在建筑装饰工程中常用来配制彩色水泥浆，用于建筑物内、外墙的粉刷及天棚、柱子的粉刷；还可用于贴面装饰材料的勾缝处理；配制各种彩色水泥浆用于装饰抹灰，如常用的水刷石、斩假石等，模仿天然石材的色彩、质感，具有较好装饰效果；配制彩色混凝土，制作彩色水磨石等。

(3)膨胀水泥及自应力水泥。

膨胀水泥是在硬化过程中不产生收缩，而具有一定膨胀性能的水泥。

一般水泥在凝结硬化过程中都会产生一定的收缩，使水泥混凝土出现裂纹，影响混凝土的强度及其他性能。而膨胀水泥则克服了这一弱点，在硬化过程中能够产生一定的膨胀，增加水泥石的密实度，消除由收缩带来的不利影响。

膨胀水泥主要是比一般水泥多了一种膨胀组分，在凝结硬化过程中，膨胀组分使水泥产生一定量的膨胀值。常用的膨胀组分是在水化后能形成膨胀性产物水化硫铝酸钙。

按膨胀值的大小，膨胀水泥可分为补偿收缩水泥和自应力水泥两大类。补偿收缩水泥膨胀率较小，大致可补偿水泥在凝结硬化过程中产生的收缩，因此又称为无收缩水泥。这种水泥可防止混凝土产生收缩裂缝。自应力水泥的膨胀值较大，在限制膨胀的条件下(如有配筋时)，由于水泥石的膨胀作用，使混凝土产生压应力，从而达到预应力的目的。这种靠水泥自身水化产生膨胀来张拉钢筋达到的预应力称为自应力。混凝土中所产生的压应力数值即为自应力值。

膨胀水泥按自应力的大小分为两类：当其自应力值大于或等于2.0MPa时，称为自应力水泥；当其值小于2.0MPa（常为0.5MPa）时，则称为膨胀水泥。

按基本组成，我国常用的膨胀水泥品种有以下几种。

①硅酸盐膨胀水泥：以硅酸盐水泥为主要成分，外加高铝水泥和石膏配制而成。

②铝酸盐膨胀水泥：以高铝水泥熟料外加石膏磨细而成。

③硫铝酸盐膨胀水泥：以无水硫铝酸钙和硅酸二钙外加石膏磨细而成。

④铁铝酸盐膨胀水泥：以铁相、无水硫铝酸钙和硅酸二钙外加石膏磨细而成。

上述四种膨胀水泥的膨胀均来自在水泥石中形成钙矾石所产生的体积膨胀。在工程中调整各种组成的配合比，控制生成钙矾石的数量，就可以制得不同膨胀值、不同类型的膨胀水泥。膨胀水泥主要用于补偿混凝土收缩的结构工程、制作屋面刚性防水或防渗混凝土、锚固地脚螺栓或修补；还适用制造自应力钢筋混凝土压力管及配件。

任务二　硅酸盐水泥的技术性质和技术标准

一、技术性质

1. 细度

细度是指水泥颗粒的粗细程度。一般情况下，水泥颗粒越细，其总表面积越大，与水反应时接触的面积也越大，水化反应速度就越快，所以相同矿物组成的水泥，细度越大，凝结硬化速度越快，早期强度越高。一般认为，水泥颗粒粒径小于40μm时才具有较大的活性。但水泥颗粒太细，在空气中的硬化收缩也较大，使混凝土发生裂缝的可能性增加。此外，水泥颗粒细度提高会导致粉磨能耗增加，生产成本提高。为充分发挥水泥熟料的活性，改善水泥性能，同时考虑能耗的节约，要合理控制水泥细度。水泥细度可用下列方法表示：

（1）筛析法。以45μm方孔筛和80μm方孔筛上的筛余量百分率表示。筛析法分负压筛法和水筛法两种，鉴定结果有争议时，以负压筛法为准。

（2）比表面积法。以每千克水泥所具有的总表面积（m^2）表示。比表面积采用勃氏法测定。

2. 标准稠度用水量

在测定水泥的凝结时间和安定性时，为使其测定结果具有可比性，必须采用标准稠度的水泥净浆进行测定。水泥净浆达到标准稠度时所需的拌和水量称为标准稠度用水量。

3. 凝结时间

凝结时间是指水泥从加水至水泥浆失去可塑性所需的时间。凝结时间分初凝时间和终凝时间。初凝时间是从水泥加水至水泥浆开始失去可塑性所经历的时间；终凝时间是从水泥加水至水泥浆完全失去可塑性所经历的时间。凝结时间以试针沉入水泥标准稠度净浆至一定深度所需的时间表示。凝结时间的测定，是以标准稠度的水泥净浆，在标准温度、湿度下用凝结时间测定仪测定。

水泥的凝结时间，对水泥混凝土的施工具有十分重要的意义。水泥的初凝时间不宜过短，以便在施工过程中有足够的时间对混凝土进行搅拌、运输、浇筑和振捣；终凝时间不宜过长，以使混凝土能尽快硬化，产生强度，提高模具周转率，加快施工进度。我国现行国标《通用硅酸盐水泥》（GB 175—2007）规定：硅酸盐水泥初凝时间不得小于45min，终凝时间不得迟于

390min。普通硅酸盐水泥初凝时间不得早于45min，终凝时间不得迟于600min。

4. 体积安定性

水泥的体积安定性是指水泥在凝结硬化过程中体积变化的均匀程度。安定性不良水泥在凝结硬化过程中或硬化后，会产生不均匀的体积膨胀、开裂，甚至引起工程事故。

引起水泥体积安定性不良的主要原因是熟料中含有过量的游离 CaO、MgO、SO_3 或掺入的石膏过多。

国家标准《通用硅酸盐水泥》(GB 175—2007)规定：硅酸盐水泥的体积安定性用沸煮法检验必须合格。沸煮法分雷氏法(标准法)和试饼法(代用法)两种。

如果水泥的体积安定性不良，则该水泥必须作为废品处理，不得用于任何工程中。

5. 强度

强度是水泥技术要求中最基本的指标，它直接反映了水泥的质量水平和使用价值。水泥的强度越高，其胶结能力也越大。硅酸盐水泥的强度主要取决于熟料的矿物组成和水泥的细度，此外还与水灰比、试验方法、试验条件、养护龄期等因素有关。

我国现行标准《水泥胶砂强度检验方法(ISO 法)》(GB 17671—1999)规定：将水泥、标准砂及水按规定的比例(水泥：标准砂：水 = 1:3，$w/c = 0.5$)，用规定方法制成 40mm × 40mm × 160mm 的标准试件，在标准条件(24h 之内在温度 20℃ ±1℃，相对湿度不低于 90% 的养护箱或雾室内，24h 后在 20℃ ±1℃的水中)下养护，测定其 3d 和 28d 的抗折强度和抗压强度。根据 3d、28d 的抗折强度和抗压强度划分硅酸盐水泥的强度等级。硅酸盐水泥强度等级分为 42.5、42.5R、52.5、52.5R、62.5、62.5R。硅酸盐水泥及普通硅酸盐水泥各强度等级、各龄期的强度指标列于表 1-7。

硅酸盐水泥、普通硅酸盐水泥的强度指标 表 1-7

品 种	强度等级	抗压强度(MPa)		抗折强度(MPa)	
		3d	28d	3d	28d
硅酸盐水泥	42.5	≥17.0	≥42.5	≥3.5	≥6.5
	42.5R	≥22.0		≥4.0	
	52.5	≥23.0	≥52.5	≥4.0	≥7.0
	52.5R	≥27.0		≥5.0	
	62.5	≥28.0	≥62.5	≥5.0	≥8.0
	62.5R	≥32.0		≥5.5	
普通硅酸盐水泥	42.5R	≥17.0	≥42.5	≥3.5	≥6.5
	42.5	≥22.0		≥4.0	
	52.5	≥23.0	52.5	≥4.0	≥7.0
	52.5R	≥27.0		≥5.0	

硅酸盐水泥分两种型号：普通型和早强型(也称 R 型)。早强型水泥早期强度发展较快，3d 强度可达到 28d 强度的 50%，可用于早期强度要求高的工程中。

二、技术标准

硅酸盐水泥的技术标准，按我国现行国标《通用硅酸盐水泥》(GB 175—2007)的有关规定，汇总摘列于表 1-8。

硅酸盐水泥、普通硅酸盐水泥的技术标准(GB 175—2007)　　表 1-8

序　号	项　目	品 质 指 标
1	不溶物	I 型硅酸盐水泥不超过 0.75%；II 型硅酸盐水泥不超过 1.5%
2	氧化镁	熟料中氧化镁的含量不得超过 5.0%。如水泥经压蒸安定性试验合格，则允许放宽到 6.0%
3	三氧化硫	水泥中三氧化硫的含量不得超过 3.5%
4	烧失量	I 型硅酸盐水泥不大于 3%，II 型硅酸盐水泥不大于 3.5%，普通水泥不大于 5%
5	细度	硅酸盐水泥比表面积大于 $300m^2/kg$
6	凝结时间	初凝时间不得早于 45min；终凝时间：硅酸盐水泥不得迟于 6.5h，普通硅酸盐水泥不得迟于 10h
7	安定性	用沸煮法检验，必须合格
8	强度	各龄期强度不低于表 1-7 中规定的数值
9	氯离子	不大于 0.06%
10	碱含量	水泥中碱含量按 $Na_2O + 0.658K_2O$ 计算值表示。若使用活性集料，要限制水泥中的碱含量时，由供需双方商定

三、水泥石的腐蚀与防止

硅酸盐水泥硬化后形成的水泥石，在正常环境条件下将继续硬化，强度不断增长。但在某些腐蚀性液体或气体的长期作用下，水泥石就会受到不同程度的腐蚀，严重时会使水泥石强度明显降低，甚至完全破坏，这种现象称为水泥石的腐蚀。

1. 腐蚀类型

在道路与桥隧构筑物中，水泥石常见的腐蚀类型有：淡水侵蚀（溶析性侵蚀）、硫酸盐侵蚀、镁盐侵蚀、碳酸侵蚀。

(1)淡水侵蚀（溶析性侵蚀）。

淡水侵蚀是指硬化后混凝土中的水泥水化产物被淡水溶解而带走，从而造成混凝土孔隙率增大、强度降低的一种侵蚀现象。

水泥石中的各种水化物与水作用时，$Ca(OH)_2$ 溶解度最大，首先被溶出。在静水或无水压的情况下，由于周围的水会被 $Ca(OH)_2$ 所饱和，使溶出作用停止。因此，溶出仅限于表层，对整体水泥石影响不大。但在流水及压力水的作用下，溶出的 $Ca(OH)_2$ 不断被流水带走，水泥石中的 $Ca(OH)_2$ 就会不断被溶析，使混凝土的孔隙率增大，强度降低，而且水泥石液相中 $Ca(OH)_2$ 的浓度降低，还会导致水化硅酸钙和水化铝酸钙的不断分解，使水泥石内部不断受到破坏，强度不断降低，最终可能导致整个结构物的破坏。当环境水中有重碳酸盐时，重碳酸盐与水泥石中的氢氧化钙作用，生成几乎不溶于水的碳酸钙。生成的碳酸钙积聚在水泥石的孔隙中，形成了致密的保护层，阻止了外界水的侵入和内部氢氧化钙的扩散和析出。反应式如下：

$$Ca(HCO_3)_2 + Ca(OH)_2 \rightarrow CaCO_3 + 2H_2O$$

这种“自动填实”可以防止溶析性侵蚀。

(2)硫酸盐侵蚀。

对于海水、沼泽水、工业污水的侵蚀，如果水中含有碱性硫酸盐，就会与水泥石中的 $Ca(OH)_2$ 作用形成硫酸钙，硫酸钙会结晶析出，并与水泥石中的水化铝酸钙发生反应，生成钙矾石，体积膨胀，在水泥石内产生很大的内应力，使混凝土强度降低，造成结构物的破坏。

(3)镁盐侵蚀。

在海水或地下水中，常含有较多的镁盐，主要以氯化镁、硫酸镁形态存在。镁盐与水泥石中的氢氧化钙起置换作用，生成强度低、无胶结能力的氢氧化镁，液相中氢氧化钙浓度降低，还会引起水泥石中氢氧化钙、水化硅酸钙、水化铝酸钙等强度组分的分解，导致水泥石的破坏。此外，氯化钙易溶于水，二水石膏能引起硫酸盐的破坏作用。

(4)碳酸侵蚀。

在工业污水或地下水中常溶解有较多的 CO_2，这种水对水泥石有侵蚀作用。CO_2 与水泥石中的 $Ca(OH)_2$ 作用，可生成碳酸钙，碳酸钙再与水中的碳酸作用，生成可溶的碳酸氢钙，从而使水泥石的强度降低。

2. 腐蚀原因

(1)水泥石内存在易受腐蚀的成分，如氢氧化钙和水化铝酸钙，它们极易与外界侵蚀性介质发生化学反应生成易溶于水的物质、无胶结力的物质或结晶膨胀物质，引起水泥石的破坏。

(2)水泥石存在孔隙，腐蚀介质容易进入水泥石内部与其成分互相作用，加剧腐蚀。

3. 防止腐蚀的措施

(1)根据环境特点，合理选择水泥品种。

当水泥石遭受淡水侵蚀时，可使用水化产物中 $Ca(OH)_2$ 含量少的水泥；若水泥石遭受硫酸盐的腐蚀，可选择 C_3A 含量小的水泥；在水泥生产时掺入适当的混合材料，可以降低水化产物中 $Ca(OH)_2$ 的含量，提高水泥的抗腐蚀能力。

(2)提高水泥石的密实度，降低孔隙率。

在施工过程中，合理选择水泥混凝土的配合比，降低水灰比，改善集料级配，掺加外加剂等措施均可使水泥石的密实度提高。另外，在水泥石表面进行碳化处理或采取其他的表面密实措施，也可以提高水泥石的表面密实度，从而减少腐蚀介质进入水泥石内部，起到防腐作用。

(3)在水泥石表面设置保护层。

当腐蚀作用较强时，可在混凝土表面敷设一层耐腐蚀性强且不透水的保护层，如陶瓷、玻璃、塑料、沥青、耐酸石料等，可以隔断腐蚀介质与水泥石接触，保护水泥石不受腐蚀。

当水泥石处于多种介质同时侵蚀时，应分析清楚对水泥石侵蚀最严重的介质，采取相应措施，提高水泥石的耐腐蚀性。

四、水泥的验收

1. 品种验收

水泥包装袋上应清楚标明：执行标准、水泥品种、代号、强度等级、生产者名称、生产许可证标志(QS)及编号、净含量、出厂编号、包装日期。包装袋两侧应根据水泥的品种采用不同颜色印刷水泥名称和强度等级，即硅酸盐水泥采用红色；矿渣硅酸盐水泥采用绿色；火山灰硅酸盐水泥、粉煤灰硅酸盐水泥和复合硅酸盐水泥采用黑色或蓝色。

散装水泥发运时应提交与袋装标志内容一致的卡片。

2. 数量验收

水泥可以是袋装或散装，袋装水泥每袋净含量 50kg，且不少于标志质量的 99%；随机抽取

20袋总质量不得少于1 000kg,其他包装形式由供需双方协商确定。

3. 质量检验

(1)检验内容和检验批确定。

①同一水泥厂生产的同品种、同等级、同一出厂编号的水泥为一批。但散装水泥一批的总量不得超过500t,袋装水泥一批不得超过200t。

②当采用同一旋窑厂生产的质量长期稳定的、生产间隔不超过10d的散装水泥时,以500t作为一批检验批。

③取样时随机从不少于3个车罐中各取等量水泥,经混合均匀后,再从中称取不少于12kg的水泥作为检验样。

(2)检验项目。

水泥进场时应对品种、级别、包装或散装仓号、出厂日期进行检查,并对其细度、凝结时间、安定性、抗折强度和抗压强度等性能指标进行复检。

4. 质量验收

交货时水泥的质量验收可抽取实物试样,以其检查结果为依据,也可以水泥厂同编号水泥的检验报告为依据。采用何种方法验收,由双方商定,并在合同或协议中注明。

以抽取实物试样的检验结果为验收依据时,买卖双方应在发货前或发货地共同取样和签封,取样数量20kg,缩分为二等份,一份由卖方保存40d,一份由买方按标准规定的项目和方法进行检验。在40d内买方检验认为水泥质量不符合标准要求时,而卖方又有异议时,则双方应将卖方保存的一份试样送省级或省级以上国家认可的水泥质量监督检验机构进行仲裁检验。水泥安定性仲裁检验时,应在取样之日起10d以内完成。

以水泥厂同编号水泥的检验报告为验收依据时,在发货前或交货时买方对同编号水泥抽取试样,双方共同签封后由卖方保存90d,或认可卖方自行取样、签封并保存90d的同编号水泥的封存样。在90d内,买方对水泥质量有疑问时,由买卖双方将共同认可的试样送省级或省级以上国家认可的水泥质量监督检验机构进行仲裁检验。

5. 结论

凡氧化镁、三氧化硫、初凝时间、安定性中任一项不符合标准规定(表1-8)时,均为废品。凡细度、终凝时间、不溶物和烧失量中的任一项不符合标准规定或混合材料掺加量超过最大限量和强度低于商品强度等级的指标时为不合格品。水泥包装标志中水泥品种、强度等级、生产者名称和出厂编号不全的也属于不合格品。废品水泥严禁在工程中使用。

五、水泥的保管和使用

硅酸盐水泥在储存和运输过程中,应按不同品种、不同强度等级及出厂日期分别储运,不得混杂,要注意防潮、防水,地面应铺放防水隔离材料或用木板加设隔离层。袋装水泥的堆放高度不得超过10袋。即使是良好的储存条件,水泥也不宜久存。在空气中水蒸气及CO_2的作用下,水泥会发生部分水化和碳化,使水泥的强度及胶结力降低。一般水泥在储存3个月后,强度降低约10%~20%,6个月后降低15%~30%,1年后降低25%~40%。水泥的有效储存期是3个月,存放期超过3个月的水泥在使用时必须重新鉴定其技术性能。

虽未过期但已受潮结块的水泥,必须重新检验后方可使用。

不同品种的水泥不得混合使用;对同一品种的水泥,强度等级不同,或出厂期相差太久,也不得混合使用。

任务三　水泥的试验及质量检测

无特殊说明时，试验室温度应为17～25℃，相对湿度大于50%。试验用水必须是洁净的淡水，如有争议可使用蒸馏水。水泥试样、标准砂、拌和水、仪器用具的温度均与试验室温度一致。

实训项目一　水泥细度（负压筛法）

一、试验目的

评定水泥的细度。

二、主要仪器设备

负压筛析仪[由筛座、负压筛（方孔边长0.080mm）、负压源及收尘器组成]。

天平，最大称量为100g，分度值不大于0.05g。

料勺、金属方盘。

方孔筛，0.9mm。

三、试验步骤

(1)水泥样品应充分拌匀，通过0.9mm方孔筛，记录筛余物情况，要防止过筛时混进其他水泥。

(2)筛析试验前，应把负压筛放在筛座上，盖上筛盖，接通电源，检查控制系统，调节负压至4 000～6 000Pa。

(3)称取试样 $m=25g$，置于洁净的负压筛中，盖上筛盖，放在筛座上，开动筛析仪连续筛析2min，在此期间如有试样附着在筛盖上，可轻轻地敲击，使试样落下。筛毕，用天平称取筛余物质量 m_0。

(4)当工作负压小于4 000Pa时，应清理吸尘器内水泥，使负压恢复正常。

四、结果评定

(1)计算：

$$F=\frac{m_0}{m}\times 100\% \qquad (计算至0.1\%) \tag{1-1}$$

式中：F——水泥试样的筛余百分数，%；

m_0——水泥筛余物的质量，g；

m——水泥试样的质量，g。

(2)评定：根据国家标准评定是否合格。

实训项目二　水泥标准稠度用水量

一、试验目的

测定水泥净浆达到标准稠度时的用水量，为测定水泥凝结时间和体积安定性做准备。试验方法分代用法和标准法。

二、主要仪器设备

(1)标准法维卡仪(图1-4)。

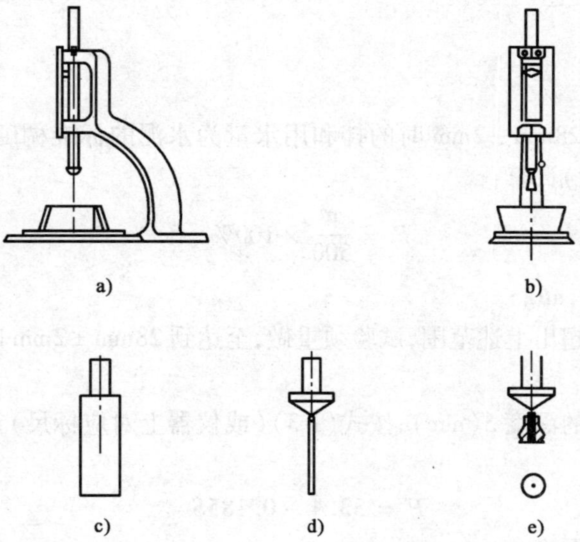

图1-4 测定水泥标准稠度和凝结时间用的维卡仪

a)初凝时间测定用立式试模侧视图;b)终凝时间测定用反转试模前视图;c)标准稠度试杆;d)初凝用试针;e)终凝用试针

(2)净浆搅拌机。

(3)湿气养护箱:应使温度控制在20℃ ±1℃,相对湿度大于90%。

(4)天平:称量精确至1g。

(5)量水器:最小刻度为0.1mL,精度为1%。

三、试验步骤

1.代用法

(1)调整用水量方法。

①试验前须进行检查。仪器金属棒应能自由滑动,试锥降至顶面位置时,指针应对准标尺零点,搅拌机运转正常。

②水泥净浆的拌制。用湿布将水泥净浆搅拌机的搅拌锅及叶片擦湿,将称好的500g水泥试样倒入锅内。将锅固定在搅拌机的锅座上,升至搅拌位置。

③开动机器,同时慢慢地加水,慢速搅拌120s,停拌5s,接着快速搅拌120s停机。

④拌和结束后,立即将拌好的净浆装入锥模内,用小刀插捣,振捣数次,刮去多余净浆;抹平后迅速放到试锥下面固定的位置上,将试锥降至净浆表面拧紧螺钉,然后突然放松,让试锥自由沉入净浆中,到试锥停止下沉时记录试锥下沉的深度。全部操作应在1.5min内完成。

(2)固定用水量法。

水泥用量为500g,拌和用水量为142.5cm^3。测定方法与调整用水量法相同。

2.标准法

拌和结束后,立即将拌制好的水泥净浆装入已放在玻璃片上的试模中,用小刀插捣,轻轻捣数次，刮去多余的净浆；抹平后，将试模放到维卡仪上，并将中心定在试杆下，降低试杆至与水泥接触，拧紧螺钉 1 ~ 2s 后，突然放松，使试杆自由地沉入水泥浆中。在试杆停止沉入或释放试杆 30s 时，记录试杆与底板的距离，升起试杆后，将试杆擦净，整个过程在 1.5min 内完成。

四、结果评定

1. 代用法

（1）调整用水量法。

试锥下沉的深度为 28mm ±2mm 时的拌和用水量为水泥的标准稠度用水量 P，以水泥质量的百分数计，按式（1-2）计算：

$$P = \frac{W}{500} \times 100\% \tag{1-2}$$

式中：W——拌和用水量，mL。

如试锥下沉的深度超出上述范围，试验须重做，至达到 28mm ±2mm 时为止。

（2）固定用水量法。

根据测得试锥下沉的深度 S（mm），按式（1-3）（或仪器上对应标尺）计算得到标准稠度用水量 P（%）：

$$P = 33.4 - 0.185S \tag{1-3}$$

式中：S——试锥下沉的深度，mm。

当试锥深度 S 小于 13mm 时，应用调整用水量法。

2. 标准法

试杆沉入净浆与底板距 6mm ±1mm 的水泥净浆为标准稠度净浆。其拌和用水量为该水泥标准稠度用水量 P，按水泥质量的百分比计。

实训项目三　凝结时间测定

一、试验目的

测定水泥净浆达到标准稠度时的用水量，为测定水泥凝结时间和体积安定性做准备。

二、主要仪器设备

（1）标准法维卡仪：如图 1-4 所示，测定凝结时间时取下试杆，用试针［图 1-4d）、e）］代替试杆。

（2）其他仪器设备与标准稠度用水量相同。

三、试验步骤

（1）测定前准备工作。调整凝结时间测定仪的试针，接触玻璃板时将指针对准零点。

（2）试件的制备。以标准稠度的水泥净浆一次装满试模，振动数次刮平，立即放入湿气养护箱中。记录水泥全部加入水中的时间作为凝结时间的起始时间。

（3）初凝时间的测定。试件在湿气养护箱中养护至加水后 30min 时进行第一次测定。测定时，从湿气养护箱中取出试模放到试针下，降低试针与水泥净浆表面接触，拧紧螺钉 1 ~ 2s，突然放松，试针垂直自由地沉入水泥净浆。观察试针停止下沉或释放试针 30s 时指针的读数。当试针沉至距底板 4mm ±1mm 时，为水泥达到初凝状态，由水泥全部加入水中至初凝状态所经历时间为水泥的初凝时间，用“min”表示。

(4)终凝时间的测定。为了准确观测试针沉入的状况，在终凝针上安装了一个环形附件[图1-4e)]。在完成初凝时间测定后，立即将试模连同浆体以平移的方式从玻璃板上取下，翻转180°，直径大端向上，小端向下放在玻璃板上，再放入湿气养护箱中继续养护，临近终凝时间每隔15min测定一次，当试针沉入试体0.5mm时，即环形附件开始不能在试体上留下痕迹时，为水泥达到终凝状态，由水泥全部加入水中至终凝状态所经历的时间为水泥的终凝时间，用“min”表示。

(5)测定时应注意，最初的测定操作应用手轻轻扶持金属柱，使其徐徐下降，以防试针撞弯，但结果要以自由下落为准。在整个测试过程中，试针沉入的位置至少要距试模内壁10mm，临近初凝时，每隔5min测定一次，临近终凝时每隔15min测定一次，到达初凝或终凝时应立即重复测一次，当两次结论相同时才能定为到达初凝或终凝状态。每次测定不能让试针落入原针孔，每次测试完毕须将试针擦净并将试模放回湿气养护箱内，整个测试过程要防止试模受振。

注：可以使用能得出与标准中规定方法相同结果的凝结时间自动测定仪，使用时不必翻转试体。

四、结果评定

评定：根据国家标准评定是否合格。

实训项目四　水泥安定性试验

一、试验目的

检定由于游离氧化钙而引起的水泥体积变化，以表示水泥体积安定性是否合格。

安定性的测定有两种方法，即雷氏法和试饼法。雷氏法是标准法，试饼法为代用法，有争议时以雷氏法为准。雷氏法是测定水泥净浆在雷氏夹中沸煮后的膨胀值；试饼法是通过观察水泥净浆试饼沸煮后的外形变化来检验水泥的体积安定性。

二、主要仪器设备

(1)雷氏夹(图1-5)。

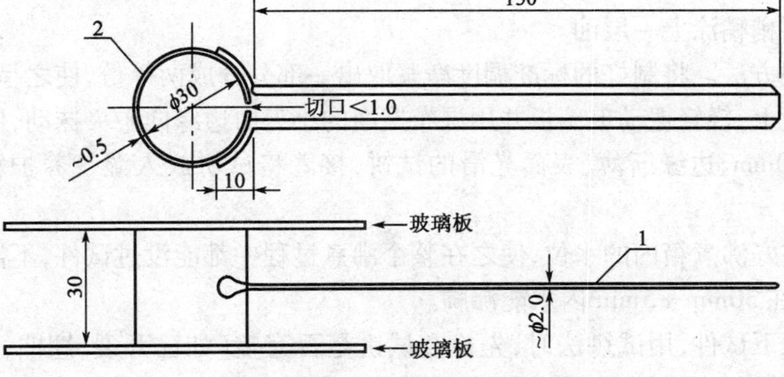

图1-5　雷氏夹(尺寸单位：mm)

1-指针；2-环模

(2)雷氏夹膨胀值测定仪。其标尺最小刻度为0.5mm。

(3)沸煮箱。有效容积约为410mm×240mm×310mm,篦板的结构应不影响试验结果,篦板与加热器之间的距离大于50mm。箱的内层由不易锈蚀的金属材料制成,能在30min±5min内将箱内的试验用水由室温升至沸腾并可以保持沸腾状态3h±5min以上,整个试验过程中不需补充水量。

(4)玻璃板、抹刀、直尺。

(5)其他仪器设备与标准稠度用水量相同。

三、试验步骤及结果判定

1.雷氏法(标准法)

(1)试验步骤。

①测定前的准备工作。每个试样需成型两个试件,每个雷氏夹需配备质量约75~80g的玻璃板两块,凡与水泥净浆接触的玻璃板表面和雷氏夹内表面都要稍稍涂上一层油。

②雷氏夹试件的成型。以标准稠度用水量加水,按水泥净浆的拌制方法制备标准稠度净浆。将预先准备好的雷氏夹放在已稍擦油的玻璃板上,并立即将已制备好的标准稠度净浆装满雷氏夹。装浆时一只手轻轻扶持雷氏夹,另一只手用宽约10mm的小刀插捣数次,然后抹平,盖上稍涂油的玻璃板,接着立即将试件移至湿气养护箱内养护24h±2h。

③沸煮。调整好沸煮箱内的水位,使之在整个沸煮过程中都能没过试件,不需中途添补试验用水,同时保证在30min±5min内水能沸腾。

脱去玻璃板取下试件,先测量雷氏夹指针尖端间的距离A,精确到0.5mm,接着将试件放入沸煮箱水中的试件架上,指针朝上,试件之间互不交叉,30min±5min内加热至沸腾并恒沸腾3h±5min。

(2)结果判别。

沸煮结束后,立即放掉沸煮箱中的热水,打开箱盖,待箱体冷却至室温,取出试件进行判别。测量雷氏夹指针尖端的距离C,精确到0.5mm,当两个试件煮后增加距离$C-A$的平均值不大于5.0mm时,即认为该水泥安定性合格;当两个试件的$C-A$值相差超过4.0mm时,应用同一样品立即重做一次试验。再如此,则认为该水泥安定性不合格。

2.试饼法(代用法)

(1)试验步骤。

①测定前的准备工作。每个样品需准备两块约100mm×100mm的玻璃板,凡与水泥净浆接触的玻璃板都要稍稍涂上一层油。

②试饼的成型方法。将制好的标准稠度净浆取出一部分分成两等份,使之呈球形,放在预先准备好的玻璃板上,轻轻振动玻璃板并用湿布擦净的小刀由边缘向中央抹动,做成直径70~80mm、中心厚约10mm、边缘渐薄、表面光滑的试饼,接着将试饼放入湿气养护箱内养护24h±2h。

③沸煮。调整好沸煮箱内的水位,使之在整个沸煮过程中都能没过试件,不需中途添补试验用水,同时保证在30min±5min内水能沸腾。

脱去玻璃板取下试件,用试饼法时,先检查试饼是否完整(如已开裂、翘曲,要检查原因,确定无外因时,该试饼已属不合格品,不必沸煮),在试饼无缺陷的情况下,将试饼放在沸煮箱水中的篦板上,然后在30min±5min内加热至水沸腾并恒沸3h±5min。

(2)结果判别。沸煮结束后，立即放掉沸煮箱中的热水，打开箱盖，待箱体冷却至室温，取出试件进行判别。目测试饼未发现裂缝，用钢直尺检查也没有弯曲(使钢直尺和试饼底部紧靠，以两者间不透光为不弯曲)的试饼为安定性合格，反之为不合格。当两个试饼判别结果有矛盾时，该水泥的安定性为不合格。

实训项目五　水泥胶砂强度(ISO法)

一、试验目的

测定水泥的抗折强度和抗压强度，从而确定水泥的强度等级。

二、主要仪器设备

(1)水泥胶砂搅拌机。由胶砂搅拌锅和搅拌叶片及相应的机构组成，属行星式搅拌机。

(2)振实台。胶砂试体成型振实台由可以跳动的台盘和使其跳动的轮等组成。

(3)试模及下料漏斗。试模由三个水平的模槽组成。可同时成型三条截面为40mm×40mm×160mm的棱形试体。下料漏斗由漏斗和模套两部分组成。

(4)抗折强度试验机。

(5)抗压强度试验机及夹具。

(6)称量盒、金属盘、料勺、修土刀。

(7)试验筛、天平、量筒等。

三、试验步骤

1. 试件成型准备

成型前将试模擦净，用黄干油等密封材料涂覆试模的外接缝，试模的内表面应涂上一薄层机油。

2. 胶砂组成

(1)水泥。当试验水泥从取样至试验要保持24h以上时，应把水泥储存在基本装满和气密的容器里，这个容器不与水泥反应。

(2)中国ISO标准砂。中国ISO标准砂完全符合ISO基准砂颗粒分布和含水率的规定。

(3)水。仲裁试验或其他重要试验用蒸馏水，其他试验可用饮用水。

3. 胶砂制备

(1)每成型三条试体的各种材料用量如表1-9所示。

每锅胶砂的材料数量(g)　　表1-9

水泥品种＼材料	水　泥	标 准 砂	水
硅酸盐水泥	450±2	1 350±5	225±1
普通硅酸盐水泥			
矿渣硅酸盐水泥			
粉煤灰硅酸盐水泥			
复合硅酸盐水泥			
石灰石硅酸盐水泥			

(2)水泥、砂、水和试验用具的温度与试验室相同，称量用的天平精度应为±1g。当用自动滴管加225mL水时，滴管精度应达到±1mL。

(3)每锅胶砂用搅拌机进行机械搅拌。先使搅拌机处于待工作状态，然后按下面的程序进行操作：先把水倒入锅内，再加入水泥，把锅放在固定架上，上升至固定位置后立即开动机器，低速搅拌30s后，在第二个30s开始的同时均匀地将砂子加入，当各级砂分装时，从最粗粒级开始，依次将所需的每级砂倒入锅内，再高速拌和30s，停拌90s，在第1个15s内用一胶皮刮具将叶片和锅壁上的胶砂刮入锅中间，再高速继续搅拌60s。各个搅拌阶段，时间误差应在±1s以内。

4. 试件制备

胶砂制备后立即成型。将空试模和模套固定在振实台上，用小勺从搅拌锅里把胶砂分两层装入试模。装第一层时，每个槽里约放300g胶砂，用大播料器垂直架在模套顶部，沿每个模槽来回一次将料层播平，接着振实60次。再装入第二层胶砂，用小播料器播平，再振实60次，移走模套，从振实台上取下试模，用一金属直尺以近似90°的角度架在试模模顶的一端，然后沿试模长度方向以横向锯割动作慢慢向另一端移动，一次将超过试模部分的胶砂刮去，并用同一直尺以近乎水平的情况下将试体表面抹平。在试模上做标记或加字条对试件编号。

5. 试件的养护

(1)脱模前的处理和养护。去掉留在试模四周的胶砂，立即将做好标记的试模放入雾室或湿箱的水平架子上养护，湿空气应能与试模各边接触。养护时不应将试模放在其他试模上，一直养护到规定的脱模时间时，取出并脱模。脱模前，用防水墨汁或颜料笔对试件进行编号或做其他标记，对两个龄期以上的试件，在编号时应将同一试模中的三条试件分在两个以上龄期内。

(2)脱模。脱模应非常小心。对于24h龄期的，应在破型试验前20min内脱模，对于24h以上龄期的，应在成型后20～24h内脱模。

注：如经24h养护，会因脱模对强度造成损害时，可以延迟至24h以后脱模，但在试验报告中应予说明。

已确定作为24h龄期试验（或其他不下水直接做试验）的已脱模试体，应用湿布覆盖至做试验时为止。

(3)水中养护。将做好标记的试件立即水平或竖直放在20℃±1℃水中养护，水平放置时刮平面应朝上，试件放在不易腐烂的篦子上，并彼此间保持一定间距，以让水与试件的六个面接触。养护期间试件之间间隔或试件上表面的水深不得小于5mm。

注：不宜用木篦子。

每个养护池只养护同类型的水泥试件。最初用自来水装满养护池（或容器），随后随时加水保持适当的恒定水位。不允许在养护期间全部换水，除24h龄期或延迟至48h脱模的试件外，任何到龄期的试件应在试验（破型）前15min从水中取出，揩去试件表面沉积物，并用湿布覆盖。

(4)试件龄期从水泥加水搅拌开始试验时算起，不同龄期强度试验在表1-10所示时间里进行。

不同龄期水泥强度试验完成时间一览表 表 1-10

序 号	龄 期	时 间
1	24h	24h ± 15min
2	72h	3d ± 45min
3	48h	48h ± 30min
4	7d	7d ± 2h
5	28d	28d ± 8h

6. 强度测定

(1)抗折强度测定(图 1-6)

将试件一个侧面放在试验机支撑圆柱上,试件长轴垂直于支撑圆柱,通过加荷圆柱以 50N/s ± 10N/s 的速率均匀地将荷载垂直地加在棱柱体相对侧面上,直至折断。

保持两个半截棱柱体处于潮湿状态直至抗压试验。

(2)抗压强度测定(图 1-7)

在半截棱柱体的侧面上进行,半截棱柱体中心与压力机压板受压中心差应在 ± 0.5mm 内,棱柱体露在压板外的部分约 10mm,以 2400N/s ± 200N/s 的速率均匀地加荷,直至破坏。

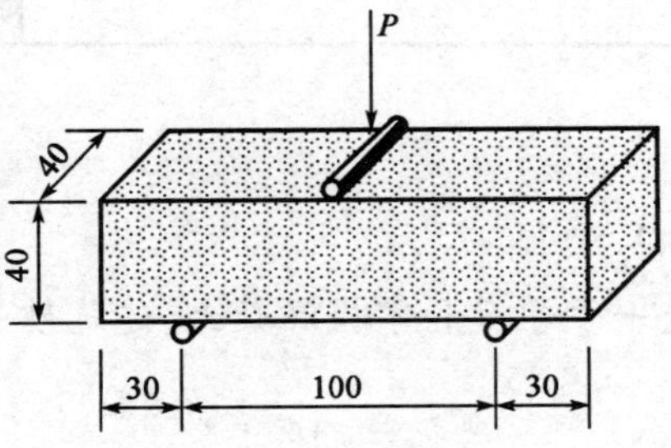

图 1-6 水泥胶砂抗折强度(尺寸单位:mm)

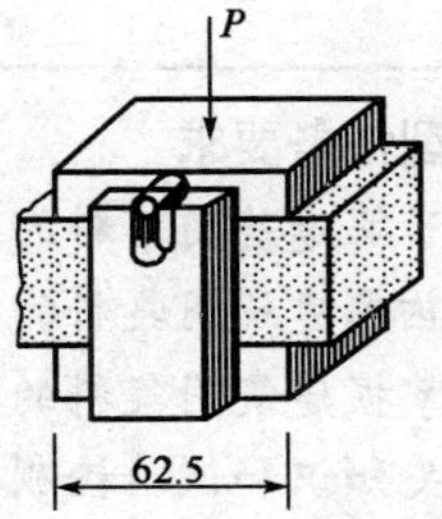

图 1-7 水泥胶砂抗压强度(尺寸单位:mm)

四、结果评定

(1)计算

①抗折强度 $f_{ce,m}$ 以 MPa 表示,按式(1-4)计算:

$$f_{ce,m} = \frac{1.5FL}{b^3} \tag{1-4}$$

式中:$f_{ce,m}$——标准试件的抗折强度,MPa;

F——试件折断时施加在棱柱体中部的荷载,N;

L——支撑圆柱之间的距离,标准状况为 100mm,mm;

b——水泥胶砂试件正方形截面的边长,40mm。

②抗压强度 $f_{ce,c}$ 以 MPa 表示,按式(1-5)计算:

$$f_{ce,c} = \frac{F_c}{A} \tag{1-5}$$

式中:$f_{ce,c}$——试件的抗压强度,MPa;

F_c——试件破坏时的最大荷载,N;

A——试件受压部分面积,mm^2,$40mm \times 40mm = 1\,600mm^2$。

(2)水泥合格性检验

①以一组三个棱柱体抗折强度的平均值作为试验结果。当三个强度值中有一个超出平均值的±10%时,应将其剔除后再取平均值作为抗折强度试验结果。

②以一组三个棱柱体上得到的6个抗压强度测定值的算术平均值作为试验结果。如6个测定值中有1个超出平均值的±10%,将其剔除,以剩下5个的平均值作为测定结果;如果5个测定值中再有超过它们平均值的±10%的,则此组结果作废。

③各试体的抗折强度记录至0.1MPa,按规定计算平均值,计算精确至0.1MPa。各个半棱柱体得到的单个抗压强度结果计算至0.1MPa,按规定计算平均值,计算精确至0.1MPa。

子情境二 建筑工程用骨料(集料)

建筑用的骨料,又称集料,按粒径大小分为细集料和粗集料。粒径为150μm~4.75mm的集料称为细集料,粒径大于4.75mm的集料称为粗集料。建筑用集料主要用于配制结构材料混凝土、建筑砂浆,在混凝土、建筑砂浆中起骨架的作用。通过本情境学习,为进一步学习和掌握混凝土、建筑砂浆的相关知识和试验检测打下基础。

学习型任务要求

了解建筑用集料的基本概念及分类;

熟悉建筑用集料的主要技术性质及其应用;

掌握建筑用集料的技术要求与选用,为进一步学习和掌握混凝土、建筑砂浆有关知识和试验检测打下基础。

工作型任务要求

在掌握建筑用集料技术性质等基础知识后,进一步进行其技术性质的试验检验,掌握其检验方法和步骤。

任务一 认识粗细集料

一、细集料——砂

细集料通常称为砂。按砂的生成过程特点,可将砂分为以下种类。

细集料{ 天然砂:河砂、海砂、山砂; 人工砂:机制砂、混合砂 }

天然砂根据产地特征分为河砂、湖砂、山砂和海砂。河砂、湖砂材质最好,洁净、无风化、颗粒表面圆滑。山砂风化较严重,含泥量较多,含有机杂质和轻物质也较多,质量最差。海砂中常含有贝壳等杂质,所含氯盐、硫酸盐、镁盐会引起水泥的腐蚀,故材质较河砂为次。

人工砂是经除土处理的机制砂和混合砂的统称。机制砂是由机制破碎、筛分而得的岩石颗粒,但不包括软质岩石、风化岩石的颗粒。混合砂是由机制砂和天然砂混合而成的砂。

二、粗集料——石子

粗集料通常指石子,包括碎石和卵石。碎石是由天然岩石或卵石经破碎、筛分而得到的粗集料,即人工石子;卵石是天然岩石由自然条件作用而形成的颗粒,按其产地可分为河卵石、海卵石和山卵石。

任务二　粗细集料的技术性质及技术标准

一、细集料技术性质及技术标准

1. 细集料的技术性质

(1)细集料的物理常数。

细集料的物理常数包括不同密度及与密度有关的空隙率等内容。各种密度和描述与其体积组成有关,单体材料的体积主要由绝对密实的体积 V、开口孔隙体积(之和)$V_{开}$、闭口孔隙体积(之和)$V_{闭}$ 组成,其示意图见图 1-8。

散粒材料体积主要由绝对密实体积 V、开口孔隙体积 $V_{开}$、闭口孔隙体积 $V_{闭}$、颗粒空隙体积 $V_{空}$ 构成,其示意图见图 1-9。

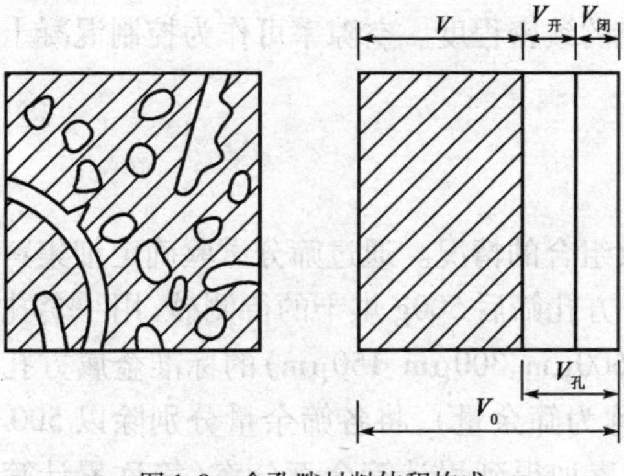

图 1-8　含孔隙材料体积构成

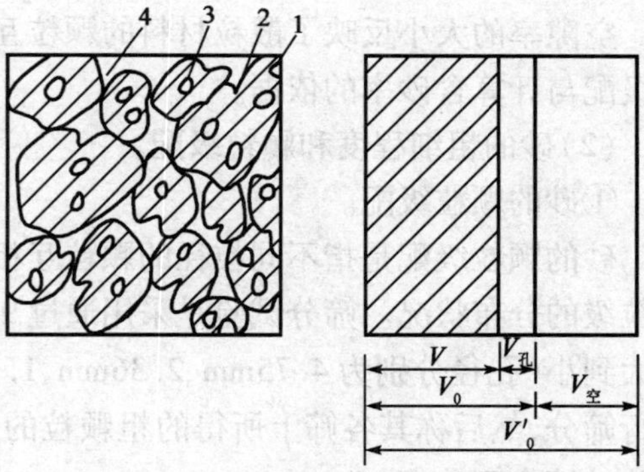

图 1-9　散粒材料体积构成示意图

1-颗粒中固体物质;2-颗粒的开口孔隙;3-颗粒的闭口孔隙;4-颗粒间的空隙

①密度。

密度是指细集料在绝对密实状态下,单位体积的质量,按式(1-6)计算:

$$\rho = \frac{m}{V} \tag{1-6}$$

式中:ρ——密度,g/cm³;

m——材料的质量,g;

V——材料绝对密实体积,cm³。

②表观密度(又称视密度)。

表观密度是指细集料在自然状态下,单位体积的质量,按式(1-7)计算:

$$\rho_0 = \frac{m}{V_0} \tag{1-7}$$

式中:ρ_0——密度,g/cm³;

m——材料的质量，g；

V_0——材料的表观体积，指绝对密实的体积 V 和内部闭口孔隙体积 $V_{闭}$ 的体积之和，cm^3。

③堆积密度。

堆积密度是指散粒材料在堆积状态下，单位体积的质量，按式(1-8)计算：

$$\rho'_0 = \frac{m}{V'_0} \tag{1-8}$$

式中：ρ'_0——密度，g/cm^3；

m——材料的质量，g；

V'_0——材料的堆积体积，指材料的空隙体积 $V_{空}$、绝对密实体积 V、开口孔隙体积 $V_{开}$、闭口孔隙体积 $V_{闭}$ 之和，cm^3。

④空隙率。

空隙率是指集料按照一定的方式堆积在一起，颗粒之间的空隙体积占试样总体积的百分率，对于砂、石等致密材料，可按式(1-9)计算：

$$P' = (1 - \frac{\rho'_0}{\rho_0}) \times 100\% \tag{1-9}$$

式中：P'——细集料在堆积状态下的空隙率，%。

空隙率的大小反映了散粒材料的颗粒互相填充的致密程度。空隙率可作为控制混凝土集料级配与计算含砂率的依据。

(2)砂的粗细程度和颗粒级配。

①砂的颗粒级配。

砂的颗粒级配是指不同粒径的颗粒互相搭配及组合的情况。通过筛分试验确定细集料颗粒粒级的分布状况。筛分试验是采用通过9.50mm方孔筛后500g烘干的待测砂，用一套孔径从大到小(孔径分别为4.75mm、2.36mm、1.18mm、600μm、300μm、150μm)的标准金属方孔筛进行筛分，然后称其各筛上所得的粗颗粒的质量(称为筛余量)，将各筛余量分别除以500得到分计筛余百分率(%)a_1、a_2、a_3、a_4、a_5、a_6，再将其累加得到累计筛余百分率(简称累计筛余率)A_1、A_2、A_3、A_4、A_5、A_6，其计算过程见表1-11。

累计筛余百分率(%)与分计筛余百分率(%)的关系 表1-11

筛孔尺寸	分计筛余		累计筛余百分率(%)
	分计筛余量(g)	分计筛余百分率(%)	
4.75mm	m_1	a_1	$A_1 = a_1$
2.36mm	m_2	a_2	$A_2 = a_1 + a_2$
1.18mm	m_3	a_3	$A_3 = a_1 + a_2 + a_3$
600μm	m_4	a_4	$A_4 = a_1 + a_2 + a_3 + a_4$
300μm	m_5	a_5	$A_3 = a_1 + a_2 + a_3 + a_4 + a_5$
150μm	m_6	a_6	$A_6 = a_1 + a_2 + a_3 + a_4 + a_5 + + a_6$

砂的颗粒级配用级配区表示，以级配区或筛分曲线判定砂级配的合格性。根据计算和试验结果《建筑用砂》(GB/T 14684—2001)规定将砂的合理级配以600μm级的累计筛余率为准，划分为三个级配区，分别称为Ⅰ、Ⅱ、Ⅲ区，任何一种砂，只要其累计筛余率 $A_1 \sim A_6$ 分别分布

在某同一级配区的相应累计筛余率的范围内，即为级配合理，符合级配要求。砂的颗粒级配要求见表1-12。除4.75mm和600μm级外，其他级的累计筛余可以略有超出，但超出总量应小于5%。由表中数值可见，在三个级配区内，只有600μm级的累计筛余率是不重叠的，故称其为控制粒级，控制粒级使任何一个砂样只能处于某一级配区内，避免出现属于两个级配区的现象。

工程中，若砂的级配不合适，可采用人工掺配的方法予以改善，即将粗、细砂按适当的比例掺和使用。也可将砂过筛，筛除过粗或过细的颗粒。

砂的颗粒级配 表1-12

级配区 / 方孔筛(mm)	I	II	III
9.50	0	0	0
4.75	10~0	10~0	10~0
2.36	35~5	25~0	15~0
1.18	65~35	50~10	25~0
0.6	85~71	70~41	40~16
0.3	95~80	92~70	85~55
0.15	100~90	100~90	100~90

注：①表中的数据为累计筛余数(%)。

②砂的实际颗粒级配与表列累计百分率相比，除4.75mm和0.6mm筛孔外，允许稍有超出分界线，但其总量百分率不应大于5%。

③I区砂中0.15mm筛孔累计筛余可放宽为100%~85%，II区砂中0.15mm筛孔累计筛余可放宽为100%~80%，III区砂中0.15mm筛孔累计筛余可放宽为100%~75%。

②砂的粗细程度。

砂的粗细程度，是指不同粒径砂粒混合在一起的平均粗细程度。砂子通常按细度模数(M_x)分为粗砂、中砂、细砂三种规格。当$M_x=3.7\sim3.1$时，为粗砂；$M_x=3.0\sim2.3$时，为中砂；$M_x=2.2\sim1.6$时，为细砂。细度模数越大，砂越粗，反之越细。细度模数按式(1-10)计算：

$$M_x=\frac{(A_2+A_3+A_4+A_5+A_6)-5A_1}{100-A_1} \tag{1-10}$$

式中： M_x——细度模数；

A_1、A_2、A_3、A_4、A_5、A_6——分别为4.75mm、2.36mm、1.18mm、600μm、300μm、150μm筛的累计筛余百分率，%。

【例1-1】 用500g烘干砂进行筛分析试验，各筛上的筛余量见表1-13。试分析此砂样的粗细程度与级配情况。

筛余量 表1-13

筛孔尺寸(mm)	4.75	2.36	1.18	0.6	0.3	0.15以下
分计筛余百分率a_i(%)	1.90	5.08	8.02	16.08	28.32	40.60
累计筛余百分率A_i(%)	1.90	6.98	15.00	31.08	59.40	100.00

解：根据表1-13给定的各筛分计筛余百分率，计算出各筛上的累计筛余百分率填入表中，细度模数为：

$$M_x=\frac{(A_{0.15}+A_{0.3}+A_{0.6}+A_{1.18}+A_{2.36})-5A_{4.75}}{100-A_{4.75}}=\frac{(100+59.4+31.08+15+6.98)-5\times1.90}{100-1.90}=2.07$$

由于该砂的细度模数为2.07且在2.2~1.6之间,故该砂为细砂。

2.细集料的质量要求

混凝土用砂要求砂粒的质地坚实、清洁,有害杂质含量要少。我国国家标准《建筑用砂》(GB/T 14684—2001)质量技术要求如下:

砂按技术要求分为I类、II类、III类。

(1)密度 $\rho_s > 2.5\text{g/cm}^3$;堆积密度 $\rho_{os} > 1.4\text{g/cm}^3$;空隙率 $P_s < 45\%$。

(2)含泥量、泥块含量和石粉含量。

含泥量是指砂中粒径小于75μm的岩屑、淤泥和黏土颗粒总含量的百分数。泥块含量是颗粒粒径大于1.18mm,水浸碾压后可成为小于600μm块状黏土或淤泥颗粒的含量。石粉含量是人工砂生产过程中不可避免产生的粒径小于75μm的颗粒的含量,粉粒径虽小,但与天然砂中的泥成分不同,粒径分布(40~75μm)也不同。含量要求应符合表1-13的规定。

(3)有害杂质含量。

砂在生成过程中,由于环境的影响和作用,常混有对混凝土性质有害的物质,主要有黏土、淤泥、黑云母、轻物质、有机质、硫化物和硫酸盐、氯盐等。云母为光滑的小薄片,与水泥的黏结性差,影响混凝土的强度和耐久性;硫化物和硫酸盐对水泥有腐蚀作用等。有害杂质含量限制见表1-14。

砂中有害杂质含量限制表 表1-14

项目			指标		
			I类	II类	III类
亚甲蓝试验	MB值<1.40或合格	石粉含量(按质量计)(%)	<3.0	<5.0	<7.0
		泥块含量(按质量计)(%)	0	<1.0	<2.0
	MB值>1.40或不合格	石粉含量(按质量计)(%)	<1.0	<3.0	<5.0
		泥块含量(按质量计)(%)	0	<1.0	<2.0
云母(按质量计)(%)			<1.0	<2.0	<2.0
轻物质(按质量计)(%)			<1.0	<1.0	<1.0
有机物(比色法)(%)			合格	合格	合格
硫化物和硫酸盐(按 SO_3 质量计)(%)			<0.5	<0.5	<0.5
氯化物(按氯离子质量计)(%)			<0.01	<0.02	<0.06
含泥量(按质量计)(%)			<1.0	<3.0	<5.0
泥块含量(按质量计)(%)			0	<1.0	<2.0

(4)坚固性。

天然砂的坚固性采用硫酸钠溶液法进行试验检测,砂样经5次循环后其质量损失应符合表1-15中的规定;人工砂采用压碎指标法进行试验检测,压碎指标值应小于表1-15的规定。

坚固性指标 表1-15

项目	指标		
	I类	II类	III类
质量损失(小于)(%)	8	8	10

二、粗集料——石子的技术性质及技术标准

1. 粗集料——石子的技术性质

(1)粗集料的物理常数。

粗集料的表观密度、堆积密度和空隙率等物理常数的含义与细集料完全相同,但因其粒径较大,试验检测时所需的试样数量相对较多,且精度要求较细集料低。

(2)最大粒径及颗粒级配。

①最大粒径。粗集料公称粒径的上限称为该粒级的最大粒径。如公称粒级 5~20mm 的石子其最大粒径即 20mm。最大粒径反映了粗集料的平均粗细程度。

②颗粒级配。粗集料与细集料一样,也要求有良好的颗粒级配,以减小空隙率,增强密实度。粗集料的颗粒级配也是通过筛分试验来确定的,所采用的方孔标准筛孔径为 2.36mm、4.75mm、9.50mm、16.0mm、19.0mm、26.5mm、31.5mm、37.5mm、53.0mm、63.0mm、75.0mm、90.0mm 共 12 个。根据各筛的分计筛余量计算而得的分计筛余百分率及累计筛余百分率的计算方法也与砂相同。

粗集料的颗粒级配,按供应情况分为连续粒级和单粒粒级。按实际使用情况分为连续级配和间断级配两种。连续级配是石子的粒径从大到小连续分级,每一级都占适当的比例。间断级配是石子粒级不连续,人为剔去某些中间粒级的颗粒而形成的级配方式。

2. 粗细集料的技术要求

(1)强度及坚固性。

①强度。粗集料在混凝土中要形成紧实的骨架,故其强度要满足一定的要求。粗集料的强度有立方体抗压强度和压碎指标值两种。

立方体抗压强度是指浸水饱和状态下的集料母体岩石制成的 50mm×50mm×50mm 立方体试件,在标准试验条件下测得的极限抗压强度值。根据标准规定,要求岩石抗压强度火成岩不小于 80MPa,变质岩不小于 60MPa,水成岩不小于 30MPa。

压碎指标是对粒状粗集料强度的另一种测定方法。该种方法是将气干状态下 9.5~13.5mm的石子按规定方法填充于压碎指标测定仪(内径 152mm 的圆筒)内,其上放置压头,在压力试验机上均匀加荷至 200kN 并稳荷 5s,卸荷后称量试样质量 m_1,然后再用孔径为 2.36mm 的筛进行筛分,称其筛余量 m_2,则压碎指标 Q_c 可用式(1-11)表示:

$$Q_c = \frac{m_1 - m_2}{m_1} \times 100\% \tag{1-11}$$

式中:Q_c——压碎值指标,%;

m_1——试样质量,g;

m_2——试样的筛余量,g。

压碎指标值越大,说明集料的强度越小。该种方法操作简便,在实际生产质量控制中应用较普遍。标准粗集料的压碎指标值控制可参照表 1-16 选用。

卵石和碎石的压碎指标　　表 1-16

项　目	指　标		
	Ⅰ类	Ⅱ类	Ⅲ类
碎石压碎指标(%)	<10	<20	<30
卵石压碎指标(%)	<12	<16	<16

②坚固性。集料颗粒在气候、外力及其他物理力学因素作用下抵抗碎裂的能力称为坚固性。集料由于干湿循环或冻融交替等作用，引起体积变化，会导致混凝土破坏。集料越密实，强度越高、吸水率越小时，其坚固性越好；而结构疏松，矿物成分越复杂、构造不均匀，其坚固性越差。

集料的坚固性，采用硫酸钠溶液浸泡法来检验。该种方法是将集料颗粒在硫酸钠溶液中浸泡若干次，取出烘干后，测其在硫酸钠结晶晶体的膨胀作用下集料的质量损失率来说明集料的坚固性，其指标应符合表1-17。

碎石和卵石的坚固性指标 表1-17

项　目	指　标		
	Ⅰ类	Ⅱ类	Ⅲ类
质量损失（%）	<5	<8	<12

（2）针片状颗粒。

为提高混凝土强度和减小集料间的空隙，粗集料颗粒的理想形状应为三维长度相等或相近的立方体形或球形颗粒。但实际集料产品中常会出现颗粒长度大于平均粒径4倍的针状颗粒和厚度小于平均粒径0.4倍的片状颗粒。针片状颗粒的外形和较低的抗折能力，会降低混凝土的密实度和强度，并使其工作性变差，故其含量应予控制。针、片状颗粒含量按标准规定的针状规准仪及片状规准仪来逐粒测定，凡颗粒长度大于针状规准仪上相应间距者为针状颗粒；颗粒厚度小于片状规准仪上相应孔宽者，为片状颗粒。卵石或碎石的针片状颗粒允许含量应符合表1-18的规定。

（3）含泥量和泥块含量。

卵石、碎石的含泥量是指粒径小于75μm的颗粒含量；泥块含量指粒径大于4.75mm经水洗、手捏后小于2.36mm的颗粒含量。各类产品中含泥量和泥块含量应符合表1-18的规定。

卵石或碎石中有害杂质质量限值 表1-18

项　目	指　标		
	Ⅰ类	Ⅱ类	Ⅲ类
针片状颗粒含量（按质量计）（%）	5	15	25
含泥量（按质量计）（%）	<0.5	<1.0	<1.5
泥块含量（按质量计）（%）	0	0.5	0.7
有机物	合格	合格	合格
硫化物和硫酸盐（按 SO_3 质量计）（%）	0.5	1.0	1.0

当粗细集料中含有活性二氧化硅（如蛋白石、凝灰岩、鳞石英等岩石）时，可与水泥中的碱性氧化物NaOH或KOH发生化学反应，生成体积膨胀的碱——硅酸凝胶体。该种物质吸水体积膨胀，会造成硬化混凝土的严重开裂，甚至造成工程事故，这种有害作用称为碱-集料反应。国标《建筑用卵石、碎石》（GB/T 14685—2001）规定，当集料中含有活性二氧化硅，而水泥含碱量超过0.6%时，需进行专门试验，以免发生碱-集料反应。

任务三　粗细集料的试验检测

实训项目一　粗集料的物理常数(GB/T 14685—2001)

一、试验目的与要求

通过表观密度、堆积密度的测定,计算出粗集料的孔隙率及空隙率,从而了解材料的构造特征。

二、试验仪器

(1)粗集料表观密度:广口瓶、玻璃片、天平、浅盘、毛巾、电子秤等。

(2)粗集料堆积密度:容量筒、台秤、小铲、烘箱等。

三、试验步骤

1. 粗集料表观密度

(1)称取烘干粗集料质量 m_0。

(2)将水注满广口瓶,用玻璃片封住瓶口,擦干瓶外水分后称其质量 m_1。

(3)倒出广口瓶内水约1/2,倾斜放置广口瓶,将粗集料装入其中,然后注满水,用玻璃片覆盖瓶口,以上下、左右摇晃的方法排除气泡。再静置一段时间,将水注满广口瓶,用玻璃片封住瓶口,擦干瓶外水分,称其质量 m_2。

2. 粗集料堆积密度

(1)称取标准容器的质量 m_0 及测定标准容器的体积 V。

(2)取一份试样,用小铲将试样从容量筒上方50mm处加入,至容器上部试样呈锥体且四周溢满时为止。

(3)使表面凸起部分体积和凹陷部分体积大致相等,称取总质量 m。

四、结果评定

(1)计算粗集料表观密度:

$$\rho_0 = m_0/(m_0 + m_2 - m_1) \tag{1-12}$$

(2)计算粗集料石堆积密度:

$$\rho' = \frac{m - m_0}{V} \tag{1-13}$$

实训项目二　细集料的物理常数

一、试验目的与要求

通过表观密度、堆积密度的测定,计算出细集料的孔隙率及空隙率,从而了解材料的构造特征。

二、试验仪器

(1)细集料表观密度:容器瓶(500mL)、烧杯、电子秤、温度计、铝制料勺、浅盘、滴管等。

(2)细集料松堆密度:标准容器、标准漏斗、台秤、铝制料勺、直尺等。

三、试验步骤

1. 细集料表观密度

(1)将650g试样在温度为105℃ +5℃的烘箱中烘至恒重,冷却至室温备用。

(2)称取试样300g(m_0),装入盛有半瓶凉开水的容量瓶中。

(3)摇转容量瓶排除气泡,塞紧瓶塞,静置24h左右。然后加水至与瓶颈平齐,再塞紧瓶塞,擦干瓶外水分,称其质量(m_1)。

(4)倒出瓶中的水和试样,再注入与上次水温相差不超过2℃的凉开水至瓶颈刻度线。塞紧瓶塞,擦干瓶外水分,称其质量(m_2)。

2. 细集料松堆密度

(1)将试样在温度为105℃ ±5℃的烘箱中烘至恒重,冷却至室温后筛除4.75mm的颗粒,分成大致相等的两份备用。

(2)称容量筒质量m_1,将容量筒置于浅盘中的标准漏斗下,将漏斗出口处的挡板插严,取烘干试样装满漏斗。

(3)打开漏斗挡板,试样流入容量筒中至上面成锥形为止。

(4)用直尺将多余的试样沿筒口中心线向两个方向刮平,称其质量m_2。

四、结果评定

(1)计算细集料表观密度:

$$\rho_0 = [m_0/(m_0 + m_2 - m_1)] \times \rho_h \tag{1-14}$$

式中:m_0——干试样的质量,kg;

m_1——试样、水和容量瓶的质量,kg;

m_2——水和容量瓶的质量,kg;

ρ_h——水的密度,1 000kg/m^3。

以两次试验结果的算术平均值作为测定结果。两次试验结果的差值不得大于20kg/m^3,否则应重新取样进行试验。

(2)计算细集料松堆密度。

按式(1-15)计算细集料的松堆密度ρ_1(精确至10kg/m^3):

$$\rho_1 = (m_2 - m_1)/V \tag{1-15}$$

式中:m_1——容量筒的质量,kg;

m_2——试样和容量筒的质量,kg;

V——容量筒的体积,L。

以两次试验结果的算术平均值作为测定结果。

实训项目三　细集料的筛分析

一、试验目的

测定细集料的颗粒级配并计算细度模数，为混凝土配合比设计提供依据。

二、主要仪器设备

电热鼓风干燥箱［能使温度控制在105℃ ±5℃］；方孔筛（孔径为150μm、300μm、600μm、1.18mm、2.36mm、4.75mm及9.50mm的筛各一只，并附有筛底和筛盖），天平（称量1 000g，感量1g），摇筛机，搪瓷盘，毛刷等。

三、试样制备

按规定方法取样约1 100g，放入电热鼓风干燥箱内于105℃ ±5℃的温度下烘干至恒量，待冷却至室温后，筛除大于9.50mm的颗粒，记录筛余百分数；将过筛的砂分成两份备用。

注：恒量系指试样在烘干1～3h的情况下，其前后两次质量之差不大于该项试验所要求的称量精度。

四、试验步骤

（1）称取试样500g，精确至1g。将试样倒入按孔径从大到小顺序排列、有筛底的套筛上，然后进行筛分。

（2）将套筛置于摇筛机上，筛分10min；取下套筛，按孔径大小顺序再逐个手筛，筛至每分钟通过量小于试验总量的0.1%为止。通过筛的试样并入下一号筛中，并和下一号筛中的试样一起筛分；依次按顺序进行，直至各号筛全部筛完为止。

（3）称取各号筛的筛余量，精确至1g。

五、结果评定

（1）计算分计筛余率。以各号筛筛余量占筛分试样总质量百分率表示，精确至0.1%。

（2）计算累计筛余率。累计未通过某号筛的颗粒质量占筛分试样总质量的百分率，精确至0.1%。如各号筛的筛余量同筛底的剩余量之和，与原试样质量之差超过1%时，须重新试验。

（3）细集料的细度模数按式（1-10）计算（精确至0.01）。

实训项目四　粗集料（石子）筛分析

一、试验目的

测定粗集料的颗粒级配及粒级规格，以便于选择优质粗集料，达到节约水泥和提高混凝土强度的目的，同时为使用集料和混凝土配合比设计提供依据。

二、主要仪器设备

电热鼓风干燥箱［能使温度控制在105℃ ±5℃］,方孔筛(孔径为2.36mm、4.75mm、9.50mm、16.0mm、19.0mm、26.5mm、31.5mm、37.5mm、53.0mm、63.0mm、75.0mm及90mm筛各一只,并附有筛底)和筛盖(筛框内径为300mm),台秤(称量10kg,感量1g),摇筛机,搪瓷盘,毛刷等。

三、试样制备

按规定方法取样,并将试样缩分至略大于表1-19规定的数量,烘干或风干后备用。

颗粒级配所需试样数量　　表1-19

最大粒径(mm)	9.5	16.0	19.0	26.5	31.5	37.5	63.0	75.0
最少试样质量(kg)	1.9	3.2	3.8	5.0	6.3	7.5	12.6	16.0

四、试验步骤

(1)称取按表1-19规定数量的试样一份,精确至1g。将试样倒入按孔径大小从上到下组合、附底筛的套筛上进行筛分。

(2)将套筛置于摇筛机上,筛分10min;取下套筛,按筛孔尺寸大小顺序逐个手筛,筛至每分钟通过量小于试样总质量的0.1%为止。通过的颗粒并入下一号筛中,并和下一号筛中的试样一起过筛,按此顺序进行,直至各号筛全部筛完为止。

注:当筛余颗粒的粒径大于19.00mm时,在筛分过程中,允许用手指拨动颗粒。

(3)称出各号筛的筛余量,精确至1g。

五、结果评定

(1)计算分计筛余百分率。以各号筛的筛余量占试样总质量的百分率表示,计算精确至0.1%。

(2)计算累计筛余百分率。该号筛的分计筛余百分率加上该号筛以上各分计筛余百分率之和,精确至1%。筛分后,如每号筛的筛余量与筛底的筛余量之和,与原试样质量之差超过1%时,需重新试验。

(3)根据各号筛的累计筛余百分率,评定该试样的颗粒级配。

子情境三　钢　材

建筑钢材包括:钢结构用型钢(如钢板、型钢、钢管等)和钢筋混凝土用钢筋(如钢筋、钢丝等)。钢材是在严格的技术控制条件下生产的材料,与非金属材料相比,具有品质均匀稳定、强度高、塑性韧性好、可焊接和铆接等优异性能。钢材主要的缺点是易锈蚀、维护费用大、耐火性差、生产能耗大。

钢材广泛应用于铁路、桥梁、房屋建筑等各种工程中,是主要的建筑材料之一。本子情境主要讲述钢材的分类、技术性能及选择与应用等。

学习型任务要求

了解建筑钢材的分类；

掌握建筑钢材的主要力学性能、工艺性能及其应用；

熟悉钢材的技术要求与选用。

工作型任务要求

在掌握钢筋基本知识的前提下，能查找相关标准、规范，完成建筑工程中最常见热轧钢筋的取样与检测。

任务一　认识钢材

钢材的品种繁多，分类方法很多，通常有按化学成分、质量、用途等进行分类的几种方法。钢的分类见表1-20。

钢的分类　　表1-20

分类方法	类别		特性
按化学成分分类	碳素钢	低碳钢	含碳量<0.25%
		中碳钢	含碳量为0.25%～0.60%
		高碳钢	含碳量>0.60%
	合金钢	低合金钢	合金元素总含量<5%
		中合金钢	合金元素总含量为5%～10%
		高合金钢	合金元素总含量>10%
按脱氧程度分类	沸腾钢		脱氧不完全，硫、磷等杂质偏析较严重，代号为"F"
	镇静钢		脱氧完全，同时去硫，代号为"Z"
	半镇静钢		脱氧程度介于沸腾钢和镇静钢之间，代号为"B"
	特殊镇静钢		比镇静钢脱氧程度还要充分彻底，代号为"TZ"
按质量分类	普通钢		含硫量≤0.055%～0.065%，含磷量≤0.045%～0.085%
	优质钢		含硫量≤0.03%～0.045%，含磷量≤0.035%～0.045%
	高级优质钢		含硫量≤0.02%～0.03%，含磷量≤0.027%～0.035%
按用途分类	结构钢		工程结构构件用钢、机械制造用钢
	工具钢		各种刀具、量具及模具用钢
	特殊钢		具有特殊物理、化学或机械性能的钢，如不锈钢、耐热钢、耐酸钢、耐磨钢、磁性钢等

任务二　建筑钢材的主要技术性能及标准

钢材的技术性质主要包括力学性能（抗拉性能、冲击韧性、耐疲劳性和硬度等）和工艺性能（冷弯和焊接）两个方面。

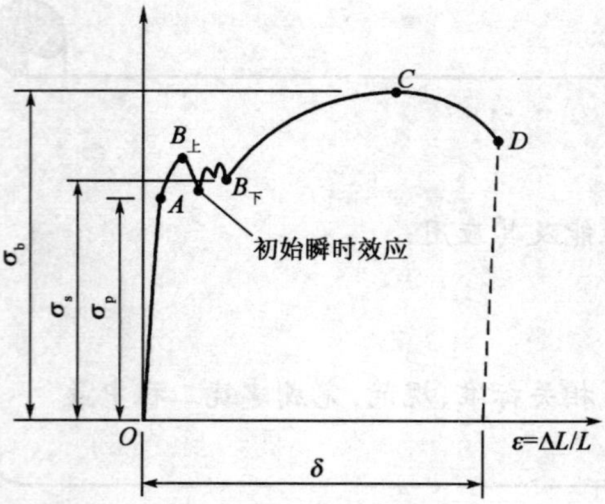

图 1-10 低碳钢受拉的应力-应变图

一、力学性能

1. 拉伸性能

拉伸是建筑钢材的主要受力形式，所以拉伸性能是表示钢材性能和选用钢材的重要指标。

将低碳钢（软钢）制成一定规格的试件，放在材料试验机上进行拉伸试验，可以绘出如图 1-10 所示的应力-应变关系曲线。从图中可以看出，低碳钢受拉至拉断，经历了四个阶段：弹性阶段（$O \sim A$）、屈服阶段（$A \sim B$）、强化阶段（$B \sim C$）和颈缩阶段（$C \sim D$）。

（1）弹性阶段（$O \sim A$）。

曲线中 OA 段是一条直线，应力与应变成正比。如卸去外力，试件能恢复原来的形状，这种性质即为弹性，此阶段的变形为弹性变形。与 A 点对应的应力称为弹性极限，以 σ_p 表示。应力与应变的比值为常数，即弹性模量 E，$E=\sigma/\varepsilon$。弹性模量反映钢材抵抗弹性变形的能力，是钢材在受力条件下计算结构变形的重要指标。

（2）屈服阶段（$A \sim B$）。

应力超过 A 点后，应力、应变不再成正比关系，开始出现塑性变形。应力的增长滞后于应变的增长，当应力达 $B_上$ 点后（上屈服点），瞬时下降至 $B_下$ 点（下屈服点），变形迅速增加，而此时外力则大致在恒定的位置上波动，直到 B 点，这就是所谓的“屈服现象”，AB 段称为屈服阶段。与 $B_下$ 点（此点较稳定、易测定）对应的应力称为屈服点（屈服强度），用 σ_s 表示。

钢材受力大于屈服点后，会出现较大的塑性变形，已不能满足使用要求，因此，屈服强度是设计上钢材强度取值的依据，是工程结构计算中非常重要的一个参数。

（3）强化阶段（$B \sim C$）。

当应力超过屈服强度后，由于钢材内部组织中的晶格发生了畸变，阻止了晶格进一步滑移，钢材得到强化，所以钢材抵抗塑性变形的能力又重新提高，$B \sim C$ 曲线呈上升趋势，称为强化阶段。对应于最高点 C 的应力值（σ_b）称为极限抗拉强度，简称抗拉强度。

显然，σ_b 是钢材受拉时所能承受的最大应力值。屈服强度和抗拉强度之比（即屈强比 $=\sigma_s/\sigma_b$）能反映钢材的利用率和结构安全可靠程度。屈强比越小，其结构的安全可靠程度越高，但屈强比过小，又说明钢材强度的利用率偏低，造成钢材浪费。建筑结构钢合理的屈强比一般为 0.60～0.75。

（4）颈缩阶段（$C \sim D$）。

试件受力达到最高点 C 点后，其抵抗变形的能力明显降低，变形迅速发展，应力逐渐下降，试件被拉长，在有杂质或缺陷处，断面急剧缩小，直到断裂。故 CD 段称为颈缩阶段。

中碳钢与高碳钢（硬钢）的拉伸曲线与低碳钢不同，屈服现象不明显，难以测定屈服点，则规定产生残余变形为原标距长度的 0.2% 时所对应的应力值，作为硬钢的屈服强度，也称条件屈服点，用 $\sigma_{0.2}$ 表示，如图 1-11 所示。

2. 塑性

建筑钢材应具有很好的塑性。钢材的塑性通常用伸长率和断面收缩率表示。将拉断后的试件拼合起来，测定出标距范围内的长度 L_1（mm），其与试件原标距 L_0（mm）之差为塑性变形值，塑性变形值与 L_0 之比称为伸长率(δ)，如图 1-12 所示。伸长率(δ)按式(1-16)计算。

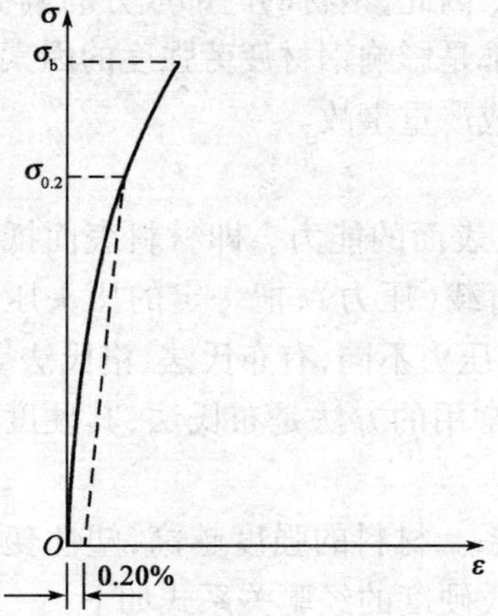

图 1-11 中、高碳钢的应力-应变图

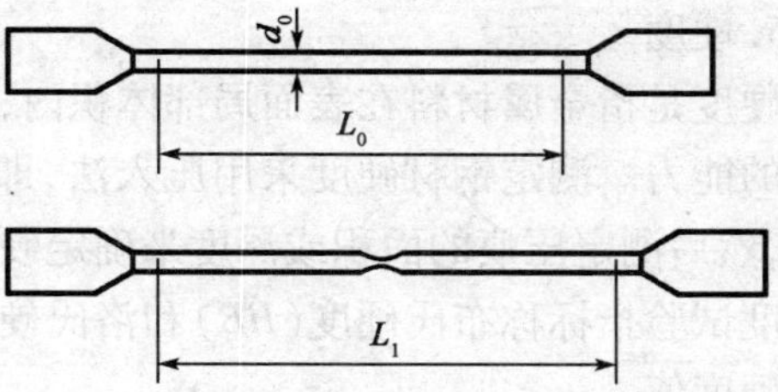

图 1-12 钢材的伸长率

计算伸长率：

$$\delta = \frac{L_1 - L_0}{L_0} \times 100\% \tag{1-16}$$

式中：δ——伸长率(当 $L_0 = 5d_0$ 时，为 δ_5；当 $L_0 = 10d_0$ 时，为 δ_{10})；

L_0——试件原标距间长度($L_0 = 5d_0$ 或 $L_0 = 10d_0$)，mm；

L_1——试件拉断后标距间长度，mm。

伸长率是衡量钢材塑性的一个重要指标，δ 越大，说明钢材的塑性越好。对于钢材而言，一定的塑性变形能力，可保证应力重新分布，避免应力集中，从而钢材用于结构的安全性越大。钢材的塑性除主要取决于其组织结构、化学成分和结构缺陷等外，还与标距的大小有关。变形在试件标距内的分布是不均匀的，颈缩处的变形最大，离颈缩部位越远其变形越小。所以原标距与直径之比越小，则颈缩处伸长值在整个伸长值中的比重越大，计算出来的 δ 值就越大。通常以 δ_5 和 δ_{10} 分别表示 $L_0 = 5d_0$ 和 $L_0 = 10d_0$ 时的伸长率。对于同一种钢材，其 $\delta_5 > \delta_{10}$。

3. 冲击韧性

冲击韧性是指钢材抵抗冲击荷载而不被破坏的能力。钢材的冲击韧性是用有刻槽的标准试件，在冲击试验机的一次摆锤冲击下，以破坏后缺口处单位面积上所消耗的功(J/cm^2)来表示，其符号为 a_k。试验时将试件放置在固定支座上，然后以摆锤冲击试件刻槽的背面，使试件承受冲击弯曲而断裂。a_k 值越大，冲击韧性越好。对于经常受较大冲击荷载作用的结构，要选用 a_k 值大的钢材。

影响钢材冲击韧性的因素很多，如化学成分、冶炼质量、冷作及时效、环境温度等。

4. 耐疲劳性

钢材在交变荷载的反复作用下，往往在最大应力远小于其抗拉强度时就发生破坏，这种现象称为钢材的疲劳性。疲劳破坏的危险应力用疲劳强度(或称疲劳极限)来表示，它是指疲劳试验时试件在交变应力作用下，于规定的周期基数内不发生断裂所能承受的最大应力。一般把钢材承受交变荷载 106 ~ 107 次时不发生破坏的最大应力作为疲劳强度。设计承受反复荷载且需进行疲劳验算的结构时，应了解所用钢材的疲劳极限。

研究证明，钢材的疲劳破坏是拉应力引起的，首先在局部开始形成微细裂纹，其后由于裂纹尖端处产生应力集中而使裂纹迅速扩展直至钢材断裂。因此，钢材的内部成分的偏析、夹杂物的多少以及最大应力处的表面光洁程度、加工损伤等，都是影响钢材疲劳强度的因素。疲劳破坏经常是突然发生的，因而具有很大的危险性，往往造成严重事故。

5. 硬度

硬度是指金属材料在表面局部体积内，抵抗硬物压入表面的能力。即材料表面抵抗塑性变形的能力。测定钢材硬度采用压入法，即以一定的静荷载(压力)，把一定的压头压在金属表面，然后测定压痕的面积或深度来确定硬度。按压头或压力不同，有布氏法、洛氏法等，相应的硬度试验指标称布氏硬度(*HB*)和洛氏硬度(*HR*)。较常用的方法是布氏法，其硬度指标是布氏硬度值。

各类钢材的 *HB* 值与抗拉强度之间有一定的相关关系。材料的强度越高，塑性变形抵抗力越强，硬度值也就越大。由试验得出，其抗拉强度与布氏硬度的经验关系式如下：

当 $HB<175$ 时，$\sigma_b \approx 0.36HB$；

当 $HB>175$ 时，$\sigma_b \approx 0.35HB$。

根据这一关系，可以直接在钢结构上测出钢材的 *HB* 值，并估算该钢材的 σ_b 值。

二、工艺性能

良好的工艺性能，可以保证钢材顺利通过各种加工，而使钢材制品的质量不受影响。冷弯、冷拉、冷拔及焊接性能均是建筑钢材的重要工艺性能。

1. 冷弯性能

冷弯性能是指钢材在常温下承受弯曲变形的能力。钢材的冷弯性能指标是以试件弯曲的角度(α)、弯心直径与试件厚度(或直径)的比值(d/a)来表示的。

钢材的冷弯性能是通过直径(或厚度)为 a 的试件，采用标准规定的弯心直径 d($d=na$)，弯曲到规定的弯曲角(180°或 90°)时，试件的弯曲处不发生裂缝、裂断或起层，即认为冷弯性能合格。钢材弯曲时的弯曲角度越大，弯心直径越小，则表示其冷弯性能越好。图 1-13 为弯曲时不同弯心直径的钢材冷弯试验。

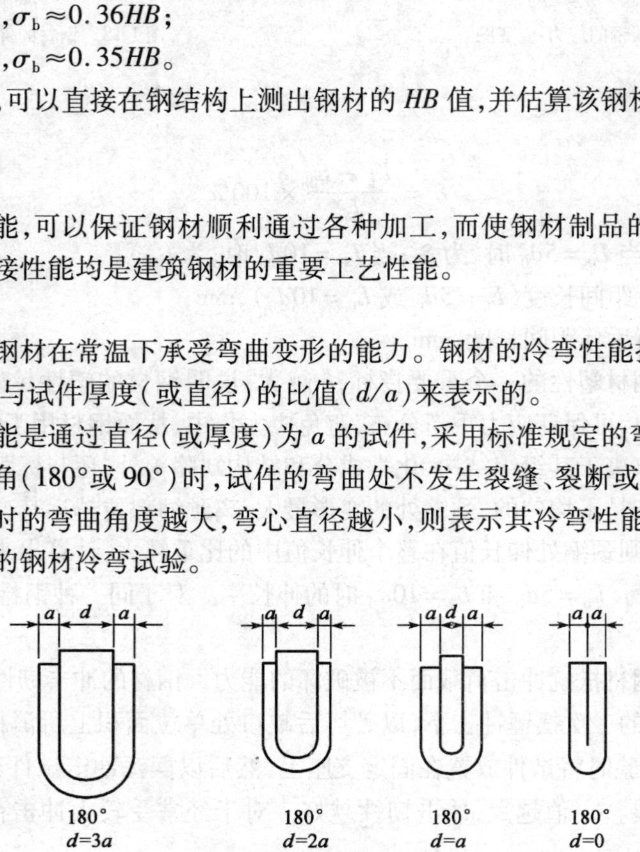

图 1-13　钢材的冷弯试验

通过冷弯试验更有助于暴露钢材的某些内在缺陷。相对于伸长率而言，冷弯是对钢材塑性更严格的检验，它能揭示钢材是否存在内部组织不均匀、内应力和夹杂物等缺陷。冷弯试验对焊接质量也是一种严格的检验，能揭示焊件在受弯表面存在未熔合、微裂纹及夹杂物等缺陷。

2. 焊接性能

在建筑工程中，各种型钢、钢板、钢筋及预埋件等需用焊接加工。钢结构有 90% 以上是焊接结构。焊接的质量取决于焊接工艺、焊接材料及钢的焊接性能。

钢材的可焊性是指钢材是否适应通常的焊接方法与工艺的性能。可焊性好的钢材指用于一般焊接方法和工艺施焊，焊口处不易形成裂纹、气孔、夹渣等缺陷；焊接后钢材的力学性能，特别是强度不低于原有钢材，硬脆倾向小。钢材可焊性能的好坏，主要取决于钢的化学成分。含碳量高将增加焊接接头的硬脆性，含碳量小于0.25%的碳素钢具有良好的可焊性。

钢筋焊接应注意的问题是：冷拉钢筋的焊接应在冷拉之前进行；钢筋焊接之前，焊接部位应清除铁锈、熔渣、油污等；应尽量避免不同国家的进口钢筋之间或进口钢与国产钢筋之间的焊接。

3. 冷加工性能及时效处理

(1)冷加工强化处理。

将钢材在常温下进行冷加工（如冷拉、冷拔或冷轧），使之产生塑性变形，从而提高屈服强度，但钢材的塑性、韧性及弹性模量则会降低，这个过程称为冷加工强化处理。建筑工地或预制构件厂常用的方法是冷拉和冷拔。

冷拉是将热轧钢筋用冷拉设备加力进行张拉，使之伸长。钢材经冷拉后屈服强度可提高20%～30%，可节约钢材10%～20%，钢材经冷拉后屈服阶段缩短，伸长率降低，材质变硬。

冷拔是将光面圆钢筋通过硬质合金拔丝模孔强行拉拔，每次拉拔断面缩小应在10%以下。钢筋在冷拔过程中，不仅受拉，同时还受到挤压作用，因而冷拔的作用比纯冷拉作用强烈。经过一次或多次冷拔后的钢筋，表面光洁度高，屈服强度提高40%～60%，但塑性大大降低，具有硬钢的性质。

建筑工程中常采用对钢筋进行冷拉和对盘条进行冷拔的方法，以达到节约钢材的目的。

(2)时效。

钢材经冷加工后，在常温下存放15～20d或加热至100～200℃，保持2h左右，其屈服强度、抗拉强度及硬度进一步提高，而塑性及韧性继续降低，这种现象称为时效。前者称为自然时效，后者称为人工时效。

钢材经冷加工及时效处理后，其性质变化的规律可明显地在应力-应变图上得到反映，如图1-14所示。图中 $OABCD$ 为未经冷拉和时效试件的应力-应变曲线。当试件冷拉至超过屈服强度的任意一点 K，卸去荷载，此时由于试件已产生塑性变形，则曲线沿 KO' 下降，KO' 大致与 AO 平行。如立即再拉伸，则应力-应变曲线将成为 $O'KCD$（虚线），屈服强度由 B 点提高到 K 点。但如在 K 点卸荷后进行时效处理，然后再拉伸，则应力-应变曲线将成为 $O'KK_1C_1D_1$，这表明冷拉时效以后，屈服强度和抗拉强度均得到提高，但塑性和韧性则相应降低。

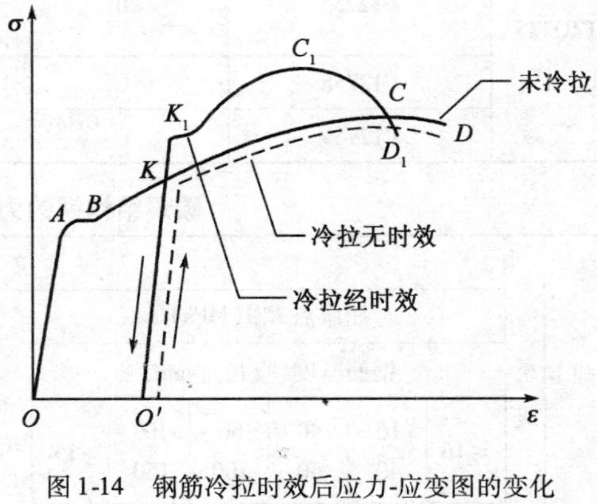

图1-14　钢筋冷拉时效后应力-应变图的变化

钢材经过冷加工后，一般进行时效处理，通常强度较低的钢材宜采用自然时效，强度较高的钢材则采用人工时效。

三、建筑钢材的标准与选用

建筑工程用钢有:钢结构用钢和钢筋混凝土结构用钢两类,前者主要应用型钢和钢板,后者主要采用钢筋和钢丝。

1. 钢结构用钢

钢结构用钢主要有碳素结构钢和低合金结构钢两种。

(1)碳素结构钢(非合金钢)。

①碳素结构钢的牌号及其表示方法。碳素结构钢的牌号由四个部分组成,即屈服点的字母(Q)、屈服点数值(MPa)、质量等级符号(A、B、C、D)、脱氧程度符号(F、Z、TZ)。碳素结构钢的质量等级是按钢中硫、磷含量由多至少划分的,随 A、B、C、D 的顺序质量等级逐级提高。当为镇静钢或特殊镇静钢时,则牌号表示“Z”与“TZ”符号可予以省略。

按标准规定,我国碳素结构钢分四个牌号,即 Q195、Q215、Q235 和 Q275。例如 Q235-A·F,它表示:屈服点为 235MPa 的平炉或氧气转炉冶炼的 A 级沸腾碳素结构钢。

②碳素结构钢的技术标准与选用。按照现行国家标准《碳素结构钢》(GB/T 700—2006)的规定,碳素结构钢的技术要求包括化学成分、力学性能、冶炼方法、交货状态、表面质量五个方面。各牌号碳素结构钢的化学成分及力学性能应分别符合表 1-21、表 1-22 的要求。

碳素结构钢的化学成分(GB/T 700—2006)　　表 1-21

牌号	统一数字代号	等级	化学成分(%),不大于					脱氧方法
			C	Mn	Si	S	P	
Q195	U11952	—	0.12	0.50	0.30	0.040	0.035	F、Z
Q215	U12152	A	0.15	1.20	0.33	0.500	0.045	F、Z
	U12155	B				0.045		
Q235	U12352	A	0.22	1.40	0.35	0.050	0.045	F、Z
	U12355	B	0.20			0.045		
	U12358	C	0.17			0.40	0.040	Z
	U12359	D	—			0.035	0.035	T、Z
TZQ275	U12752	A	0.24	1.50	0.35	0.050	0.045	F、Z
	U12755	B	0.21 0.22			0.045	0.045	Z
	U12758	C	0.20			0.040	0.040	Z
	U12759	D				0.035	0.035	TZ

碳素结构钢的力学性能(GB/T 700—2006)　　表 1-22

牌号	等级	拉伸试验													冲击试验	
		屈服点 R_{eH}(MPa)						抗拉强度 R_m(MPa)	伸长率 δ_5(%)					温度(℃)	V形冲击功(纵向)(J)
		钢筋厚度(直径)(mm)							钢材厚度(直径)(mm)						
		≤16	>16~40	>40~60	>60~100	>100~150	>150		≤40	>40~60	>60~100	>100~150	>150~200		
		≥							≥						
Q195	—	195	185	—	—	—	—	315~430	33	—	—	—	—	—	—

续上表

牌号	等级	拉伸试验													冲击试验	
		屈服点 R_{eH}(MPa)						抗拉强度 R_m(MPa)	伸长率 δ_5(%)						温度(℃)	V形冲击功(纵向)(J)
		钢筋厚度(直径)(mm)							钢材厚度(直径)(mm)							
		≤16	>16~40	>40~60	>60~100	>100~150	>150		≤40	>40~60	>60~100	>100~150	>150~200			
		≥							≥							
Q215	A	215	205	195	185	175	165	335~450	31	30	29	27	26		—	—
	B														+20	27
Q235	A	235	225	215	205	195	185	375~500	26	25	24	22	21		—	—
	B														+20	27
	C														0	
	D														−20	
Q275	A	275	265	255	245	225	215	410~40	22	21	20	18	17		—	—
	B														+20	27
	C														0	
	D														−20	

③碳素结构钢各类牌号的特性与用途。建筑工程中常用的碳素结构钢牌号为 Q235,由于该牌号钢既具有较高的强度,又具有较好的塑性和韧性,可焊性也好,故能较好地满足一般钢结构和钢筋混凝土结构的用钢要求。相反,用 Q195 和 Q215 号钢,虽塑性很好,但强度太低;而 Q275 号钢,其强度很高,但塑性较差,可焊性亦差,所以均不适用。

Q235 号钢冶炼方便,成本较低,故在建筑中应用广泛。由于塑性好,在结构中能保证在超载、冲击、焊接、温度应力等不利条件下的安全;并适于各种加工,大量被用作轧制各种型钢、钢板及钢筋。其力学性能稳定,对轧制、加热、急剧冷却时的敏感性较小。其中 Q235-A 级钢,一般仅适用于承受静荷载作用的结构,Q235-C 和 Q235-D 级钢可用于重要焊接的结构。另外,由于 Q235-D 级钢含有足够的形成细晶粒结构的元素,同时对硫、磷有害元素控制严格,故其冲击韧性很好,具有较强的抗冲击、抗振动荷载的能力,尤其适宜在较低温度下使用。

Q195 和 Q215 号钢常用作生产一般使用的钢钉、铆钉、螺栓及铁丝等;Q275 号钢多用于生产机械零件和工具等。

(2)低合金高强度结构钢。

低合金高强度结构钢是在碳素结构钢的基础上,添加少量的一种或多种合金元素(总含量<5%)的一种结构钢。其目的是提高钢的屈服强度、抗拉强度、耐磨性、耐蚀性与耐低温性等。低合金高强度结构钢是综合性较为理想的建筑钢材,在大跨度、承重动荷载和冲击荷载的结构中更适用。此外,与使用碳素钢相比,可以节约钢材 20%~30%,而成本并不很高。

①低合金高强度结构钢的牌号及其表示方法。按照国家标准《低合金高强度结构钢》(GB/T 1591—1994)的规定,低合金高强度结构钢共有五个牌号。所加元素主要有锰、硅、钒、钛、铌、铬、镍及稀土元素。其牌号的表示方法由代表屈服点的汉语拼音字母(Q)、屈服点数值(MPa)、质量等级(分 A、B、C、D、E 五级)三个部分按顺序排列,其中屈服点数值共分 295MPa、345MPa、390MPa、420MPa、460MPa 五种,质量等级按硫、磷等杂质含量由多至少划分,随 A、B、C、D、E 的顺序质量等级逐级提高。例如 Q390A 表示屈服点为 390MPa 的 A 级钢。

②低合金高强度结构钢的技术标准与选用。低合金高强度结构钢的化学成分和力学性能应分别符合表 1-23 和表 1-24 中的技术要求。

低合金高强度结构钢的化学成分（GB 1591—1994）　　表 1-23

牌号	质量等级	化学成分（%）										
		C≤	Mn	Si≤	P≤	S≤	V	Nb	Ti	Al≥	Cr≤	Ni≤
Q295	A	0.16	0.80~1.50	0.55	0.045	0.045	0.02~0.15	0.015~0.060	0.02~0.20	—	—	—
	B	0.16	0.80~1.50	0.55	0.040	0.040	0.02~0.15	0.015~0.060	0.02~0.20	—	—	—
Q345	A	0.20	1.00~1.60	0.55	0.045	0.045	0.02~0.15	0.015~0.060	0.02~0.20	—	—	—
	B	0.20	1.00~1.60	0.55	0.040	0.040	0.02~0.15	0.015~0.06C	0.02~0.20	—	—	—
	C	0.20	1.00~I.60	0.55	0.035	0.035	0.02~0.15	0.015~0.060	0.02~0.20	0.015	—	—
	D	0.18	1.00~1.60	0.55	0.030	0.030	0.02~0.15	0.015~0.060	0.02~0.20	0.015	—	—
	E	0.18	1.00~1.60	0.55	0.025	0.025	0.02~0.15	0.015~0.060	0.02~0.20	0.015		
Q390	A	0.20	1.00~1.60	0.55	0.045	0.045	0.02~0.20	0.015~0.060	0.02~0.20	—	0.30	0.70
	B	0.20	1.00~1.60	0.55	0.040	0.040	0.02~0.20	0.015~0.060	0.02~0.20	—	0.30	0.70
	C	0.20	1.00~1.60	0.55	0.035	0.035	0.02~0.20	0.015~0.060	0.02~0.20	0.015	0.30	0.70
	D	0.20	1.00~1.60	0.55	0.030	0.030	0.02~0.20	0.015~0.060	0.02~0.20	0.015	0.30	0.70
	E	0.20	1.00~1.60	0.55	0.025	0.025	0.02~0.20	0.015~0.060	0.02~0.20	0.015	0.30	0.70
Q420	A	0.20	1.00~1.70	0.55	0.045	0.045	0.02~0.20	0.015~0.060	0.02~0.20	—	0.40	0.70
	B	0.20	1.00~1.70	0.55	0.040	0.040	0.02~0.20	0.015~0.060	0.02~0.20	—	0.40	0.70
	C	0.20	1.00~1.70	0.55	0.035	0.035	0.02~0.20	0.015~0.060	0.02~0.20	0.015	0.40	0.70
	D	0.20	1.00~1.70	0.55	0.030	0.030	0.02~0.20	0.015~0.060	0.02~0.20	0.015	0.40	0.70
	E	0.20	1.00~1.70	0.55	0.025	0.025	0.02~0.20	0.015~0.060	0.02~0.20	0.015	0.40	0.70
Q460	C	0.20	1.00~1.70	0.55	0.035	0.035	0.02~0.20	0.015~0.060	0.02~0.20	0.015	0.70	0.70
	D	0.20	1.00~1.70	0.55	0.030	0.030	0.02~0.20	0.015~0.060	0.02~0.20	0.015	0.70	0.70
	E	0.20	1.00~1.70	0.55	0.025	0.025	0.02~0.20	0.015~0.060	0.02~0.20	0.015	0.70	0.70

低合金高强度结构钢的力学性能（GB 1591—1994）　　表 1-24

牌号	质量等级	屈服点 σ_s（MPa）				抗拉强度 σ_b（MPa）	伸长率 δ_5（%）	冲击功 A_{kv}（纵向）（J）				180°弯曲试验 d——弯心直径 α——试样厚度（直径）	
		厚度（直径，边长）（mm）						+20℃	0℃	−20℃	−40℃	钢材厚度（直径）（mm）	
		≤16	>16~35	>35~50	>50~100			≥				≤16	>16~100
		≥											
Q295	A	295	275	255	235	390~570	23	34	—	—	—	$d=2a$	$d=3a$
	B	295	275	255	235	390~570	23					$d=2a$	$d=3a$
Q345	A	345	325	295	275	470~630	21					$d=2a$	$d=3a$
	B	345	325	295	275	470~630	21	34				$d=2a$	$d=3a$
	C	345	325	295	275	470~630	22		34			$d=2a$	$d=3a$
	D	345	325	295	275	470~630	22			34		$d=2a$	$d=3a$
	E	345	325	295	275	470~630	22				27	$d=2a$	$d=3a$
Q390	A	390	370	350	330	490~650	19					$d=2a$	$d=3a$
	B	390	370	350	330	490~650	19	34				$d=2a$	$d=3a$
	C	390	370	350	330	490~650	20		34			$d=2a$	$d=3a$
	D	390	370	350	330	490~650	20			34		$d=2a$	$d=3a$
	E	390	370	350	330	490~650	20				27	$d=2a$	$d=3a$

续上表

牌号	质量等级	屈服点 σ_s（MPa）厚度（直径，边长）（mm）≤16	>16~35	>35~50	>50~100	抗拉强度 σ_b（MPa）	伸长率 δ_5（%）	冲击功 A_{kV}（纵向）（J）+20℃	0℃	-20℃	-40℃	180°弯曲试验 d——弯心直径 α——试样厚度（直径）钢材厚度（直径）（mm）≤16	>16~100
		≥						≥					
Q420	A	420	400	380	360	520~680	18					$d=2a$	$d=3a$
	B	420	400	380	360	520~680	18	34				$d=2a$	$d=3a$
	C	420	400	380	360	520~680	19		34			$d=2a$	$d=3a$
	D	420	400	380	360	520~680	19			34		$d=2a$	$d=3a$
	E	420	400	380	360	520~680	19				27	$d=2a$	$d=3a$
Q460	C	490	440	420	400	550~720	17	·	34			$d=2a$	$d=3a$
	D	460	440	420	400	550~720	17			34		$d=2a$	$d=3a$
	E	460	440	420	400	550~720	17				27	$d=2a$	$d=3a$

在钢结构中常采用低合金高强度结构钢轧制各种型钢（角钢、槽钢、工字钢）、钢板、钢管及钢筋，广泛用于钢结构和钢筋混凝土结构中，特别适用于各种重型结构、大跨度结构、高层结构及桥梁工程等，尤其对用于大跨度和大柱网的结构，其技术经济效果更为显著。

（3）钢结构用型钢。

钢结构构件一般应直接选用各种型钢。型钢有热轧和冷轧成型两种。绝大部分型钢用热轧方式生产。较为常用的型钢有角钢（等边和不等边）、工字钢、槽钢、T形钢、H形钢、L形钢等，如图1-15所示。

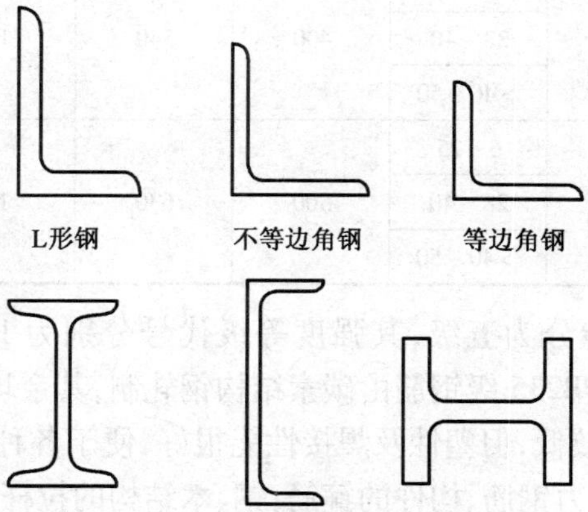

图1-15　型钢截面示意图

2. 钢筋混凝土结构用钢

钢筋混凝土结构用的钢筋和钢丝，主要由碳素结构钢或低合金结构钢轧制而成。主要品种有热轧钢筋、冷加工钢筋、热处理钢筋、预应力混凝土用钢丝和钢绞线。按直条或盘条（也称盘圆）供货。

（1）热轧钢筋。

钢筋混凝土用热轧钢筋，根据其表面状态特征、工艺与供应方式可分为热轧光圆钢筋、热轧带肋钢筋与热轧热处理钢筋等，热轧带肋钢筋通常为圆形横截面，且表面通常带有两条纵肋和沿长度方向均匀分布的横肋。按肋纹的形状分为月牙肋和等高肋，如图 1-16 所示。月牙肋钢筋有生产简便、强度高、应力集中、敏感性小、性能好等优点，但其与混凝土的黏结锚固性能稍逊于等高肋钢筋。根据《钢筋混凝土用钢第 1 部分：热轧光圆钢筋》（GB 1499.1—2008）和《钢筋混凝土用钢第 2 部分：热轧带肋钢筋》（GB 1499.2—2007），热轧钢筋的力学性能及工艺性能应符合表 1-25 的规定。H、R、B 分别为热轧、带肋、钢筋三个词的英文首写字母。

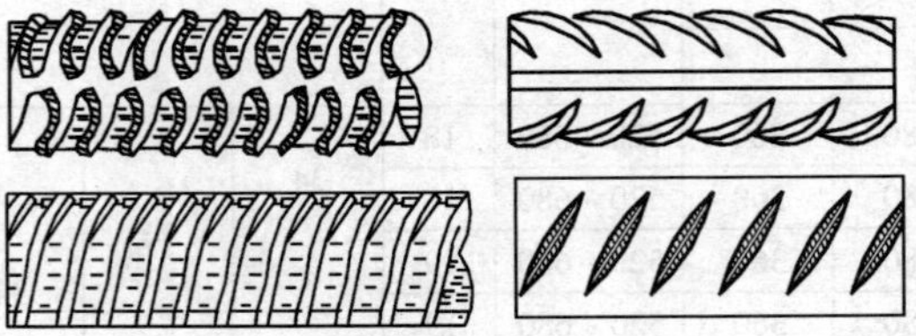

图 1-16　带肋钢筋外形

热轧钢筋的性能（GB 1499.1—2008、GB 1499.2—2007）　　表 1-25

强度等级代号	外形	钢种	公称直径 a（mm）	屈服强度（MPa）	抗拉强度（MPa）	伸长率 δ_5（%）	冷弯试验	
				不小于			角度（°）	弯心直径
HPB235	光圆	低碳钢	6 ~ 22	235	370	25	180	$d = a$
HPB300				300	420			
HRB335	月牙肋	低碳低合金钢	6 ~ 25	335	455	17	180	$d = 3a$
			28 ~ 40					$d = 4a$
			>40 ~ 50					$d = 5a$
HRB400			6 ~ 25	400	540	16	180	$d = 4a$
			28 ~ 40					$d = 5a$
			>40 ~ 50					$d = 6a$
HRB500	等高肋	中碳低合金钢	6 ~ 25	500	630	15	180	$d = 6a$
			28 ~ 40					$d = 7a$
			>40 ~ 50					$d = 8a$

热轧钢筋按其力学性能分为五级，其强度等级代号分别为 HPB235、HPB300、HRB335、HRB400、HRB500。其中，HPB235 级钢筋由碳素结构钢轧制，其余均由低合金钢轧制而成。

HPB235 级钢筋的强度较低，但塑性及焊接性能很好，便于各种冷加工，故广泛用于中、小型普通混凝土结构的主要受力钢筋、构件的箍筋，钢、木结构的拉杆等。HRB335 级和 HRB400 级钢筋的强度较高，塑性和焊接性能也较好，广泛用做大、中型钢筋混凝土结构的受力钢筋。冷拉后也可用做预应力钢筋。

（2）冷轧带肋钢筋。

热轧圆盘条经冷轧后，在其表面带有沿长度方向均匀分布的三面或两面横肋，即成为冷轧带肋钢筋。根据《冷轧带肋钢筋》（GB 13788—2008）的规定，冷轧带肋钢筋按抗拉强度分为四个牌号，分别为 CRB550、CRB650、CRB800、CRB970。C、R、B 分别为冷轧、带肋、钢筋三个词的英文首写字母，数值为抗拉强度的最小值。冷轧带肋钢筋的力学性能及工艺性能见表 1-26。与冷拔低碳钢丝相比，冷轧带肋钢筋具有强度高、塑性好，与钢筋黏结牢固，节约钢材，质量稳定等优点。CRB550 宜用做普通钢筋混凝土结构；其他牌号宜用在预应力混凝土结构中。

冷轧带肋钢筋力学性能和工艺性能（GB 13788—2008） 表 1-26

牌号	$R_{P1.2}$（MPa）不小于	R_m（MPa）≥	伸长率（%）≥		弯曲试验（180°）	反复弯曲次数	应力松弛初始应力应相当于公称抗拉强度的70%
			δ_{10}	δ_{100}			1 000h 松弛率（%）
CRB550	500	550	8.0	—	$d=3a$	—	—
CRB650	585	650	—	4.0	—	3	8
CRB800	720	800	—	4.0	—	3	8
CRB970	875	970	—	4.0	—	3	8

（3）冷拔低碳钢丝。

冷拔低碳钢丝是由直径为 6～8mm 的 Q195、Q215 或 Q235 热轧圆条经冷拔而成。低碳钢经冷拔后，屈服强度可提高 40%～60%，同时塑性大幅度降低。所以，冷拔低碳钢丝变得硬脆，属硬钢类钢丝。目前，已逐渐限用该类钢丝，故它的性能要求和应用在本书中不再细述。

（4）预应力混凝土用热处理钢筋。

预应力混凝土用热处理钢筋是用热轧带肋钢筋经淬火和回火调质处理后的钢筋，其代号为 RB150。根据《预应力混凝土用热处理钢筋》（GB 4463—1984）的规定，有直径为 6mm、8.2mm、10mm 三种规格。热处理钢筋成盘供应，每盘长约 100～120m，开盘后钢筋自然伸直，按要求的长度切断。其力学性能要求见表 1-27。

预应力混凝土用热处理钢筋（GB 4463—1984） 表 1-27

公称直径（mm）	屈服强度 $\sigma_{0.2}$（MPa）	抗拉强度 σ_b（MPa）	伸长率 δ_{10}（%）
	≥		
6 8.2 10	1 325	1 470	6

热处理钢筋经调质热处理后，其强度高、韧性高，可代替高强钢丝使用；配筋根数少，节约钢材；锚固性好，不易打滑，预应力值稳定；施工简便，开盘后钢筋自然伸直，不需调直，不能焊接。主要用做预应力钢筋混凝土轨枕，也用于预应力梁、板结构及吊车梁等。

（5）预应力混凝土用优质钢丝及钢绞线。

①预应力混凝土用钢丝。

预应力混凝土用钢丝是优质碳素结构钢盘条经淬火、酸洗、冷拉加工而制成的高强度钢丝。预应力混凝土用钢丝通常按加工状态可分为冷拉钢丝、消除应力钢丝。消除应力钢丝按照松弛性能又分为低松弛级钢丝（WRL）及普通松弛级钢丝（WNR）；按外形可分为光圆钢丝（P）、刻痕钢丝（H）、螺旋肋钢丝（I）三种。

预应力钢丝具有强度高、柔性好、松弛率低、耐蚀等特点，适用于各种特殊要求的预应力结构，主要用于大跨度屋架及薄腹梁、大跨度吊车梁、桥梁、电杆、轨枕等的预应力钢筋。

冷拉钢丝的技术性能应符合表 1-28 的规定。

消除应力光圆及螺旋肋钢丝的技术性能应符合表 1-29 的规定。

消除应力的刻痕钢丝的技术性能应符合表 1-30 的规定。

冷拉钢丝的力学性能（GB/T 5223—2002） 表 1-28

公称直径（mm）	抗拉强度（MPa）不小于	规定非比例伸长应力（MPa）不小于	最大力下总伸长率（l0=200mm，%）	弯曲次数（180°）不小于	弯曲半径（mm）	断面收缩率（%）不小于	每210mm扭距的扭转次数不小于	初始应力相当于70%公称抗拉强度时，1 000h后应力松弛率 r（%）不大于
3.00	1 470 1 570 1 670 1 770	1 100 1 180 1 250 1 330	1.5	4	7.5	—	—	8
4.00				4	10	35	8	
5.00				4	15		8	
6.00	1 470 1 570 1 670 1 770	1 100 1 180 1 250 1 330		5	15	30	7	
7.00				5	20		6	
8.00				5	20		5	

消除应力光圆及螺旋肋钢丝的力学性能（GB/T 5223—2002） 表 1-29

公称直径（mm）	抗拉强度（MPa）不小于	规定非比例伸长应力（MPa）不小于		最大力下总伸长率（L_0=200mm，%）不小于	弯曲次数（次/180°）不小于	弯曲半径（mm）	应力松弛性能		
		WNR	WLR				初始应力相当于公称抗拉强度的比例	1 000h后应力松弛率不大于 WLR	WNR
4.00	1 470 1 570 1 670 1 770 1 860	1 290 1 380 1 470 1 560 1 640	12 501 33 014 10 150 01 580	3.5	3	10			
4.80					4	15	60	1.0	4.5
5.00									
6.00	1 470 1 570 1 670 1 770	1 290 1 380 1 470 1 560	12 501 33 014 10 150 0		4	15	70	2.0	8
6.25					4	20			
7.00					4	20			
8.00	1 570 1 470	1 290 1 380	12 500 330		4	20	80	4.5	12
9.00					4	25			
10.00	1 470	1 290	1 250		4	25			
12.00					4	30			

消除应力的刻痕钢丝的力学性能（GB/T 5223—2002） 表 1-30

公称直径（mm）	抗拉强度（MPa）不小于	规定非比例伸长应力（MPa）不小于		最大力下总伸长率（L_0=200mm，%）不小于	弯曲次数（次/180°）不小于	弯曲半径（mm）	应力松弛性能		
		WLR	WNR				初始应力相当于公称抗拉强度的比例	1 000h后应力松弛率不大于 WLR	WNR
≤5.0	1 470 1 570 1 670 1 770 1 860	1 290 1 380 1 470 1 560 1 640	12 501 33 014 10 150 01 580	3.5	3	15	60 70	1.5 2.5	4.5 8
>5.0	1 470 1 570 1 670 1 770	1 290 1 380 1 470 1 560	12 501 33 014 10 150 0			20	80	4.5	12

②预应力混凝土用钢绞线。

预应力混凝土用钢绞线是以数根优质碳素结构钢钢丝经绞捻和消除内应力的热处理后制成。按现行国家标准《预应力混凝土用钢绞线》(GB/T 5224—2003)的规定,预应力钢绞线按结构分为五类,代号分别为:

用两根钢丝捻制的钢绞线　　1×2

用3根钢丝捻制的钢绞线　　1×3

用3根刻痕钢丝捻制的钢绞线　　1×3I

用7根钢丝捻制的标准型钢绞线　　1×7

用7根钢丝捻制又经模拔的钢绞线　　(1×7)C

预应力混凝土用钢绞线的力学性能要符合表1-31的规定。

部分预应力钢绞线力学性能(GB/T 5224—2003)　　表1-31

钢绞线结构	钢绞线公称直径(mm)	强度级别(MPa)	整根钢绞线最大力(kN)	固定非比例延伸力(kN)	最大力总伸长率(%)不小于	应力松弛性能 初始负荷相当于公称最大力的百分数(%)	1 000h后应力松弛率(%)不小于
			不小于			对所有结构	
1×2	5.0	1 570	15.4	13.9	3.5	60 70 80	1.0 2.5 4.5
		1 720	16.9	15.2			
		1 860	18.3	16.5			
		1 960	19.2	17.3			
1×2	12.0	1 470	83.1	74.8	3.5		
		1 570	88.7	79.8			
		1 720	97.2	87.5			
		1 860	105	94.5			
1×3	6.20	1 570	31.1	28.0		60	1.0
		1 720	34.1	30.7			
		1 860	36.8	33.1			
		1 960	38.8	34.9			
	12.90	1 470	125	113		70	2.5
		1 570	133	120			
		1 720	146	131			
		1 860	158	142			
		1 960	166	149			
1×3I	8.74	1 570	60.6	54.5		80	4.5
		1 670	64.5	58.1			
		1 860	71.8	64.6			
1×7	9.50	1 720	94.3	84.9			
		1 860	102	91.8			
		1 960	107	96.3			
	17.80	1 720	327	294			
		1 860	353	318			
(1×7)C	12.70	1 860	208	187			
	15.20	1 820	300	270			
	18.00	1 720	384	346			

钢绞线具有强度高、与混凝土黏结性好、断面面积大、使用根数少、在结构中排列布置方便、易于锚固等优点。主要用于大跨度、大负荷、曲线配筋的后张法预应力屋架、桥梁和薄腹梁等结构的预应力筋，还可用于岩土锚固。

3. 钢材的选用原则

钢材的选用一般遵循下列原则：

(1)荷载性质。对于经常承受动力或振动荷载的结构，容易产生应力集中，从而引起疲劳破坏，需要选用材质高的钢材。

(2)使用温度。对于经常处于低温状态的结构，钢材容易发生冷脆断裂，特别是焊接结构更甚，因而要求钢材具有良好的塑性和低温冲击韧性。

(3)连接方式。对于焊接结构，当温度变化和受力性质改变时，焊缝附近的母体金属容易出现冷、热裂纹，促使结构早期破坏。所以焊接结构对钢材化学成分和机械性能要求应较严。

(4)钢材厚度。钢材力学性能一般随厚度增大而降低，钢材经多次轧制后、钢的内部结晶组织更为紧密，强度更高，质量更好。故一般结构用的钢材厚度不宜超过 40mm。

(5)结构重要性。选择钢材要考虑结构使用的重要性，如大跨度结构、重要的建筑物结构，需相应选用质量更好的钢材。

四、钢材的锈蚀及防止

1. 钢材的锈蚀

钢材的锈蚀是指其表面与周围介质发生化学反应而遭到的破坏过程。根据锈蚀作用的机理，钢材的锈蚀可分为化学锈蚀和电化学锈蚀两种。

(1)化学锈蚀。

化学锈蚀是指钢材直接与周围介质发生化学反应而产生的锈蚀。这种锈蚀多数是氧化作用，使钢材表面形成疏松的氧化物。在常温下，钢材表面能形成一薄层起保护作用的氧化膜 FeO，可以防止钢材进一步锈蚀。因而在干燥环境下，钢材锈蚀进展缓慢，但在温度和湿度较高的环境中，这种锈蚀进展加快。

(2)电化学锈蚀。

电化学锈蚀是建筑钢材在存放和使用中发生锈蚀的主要形式。它是指钢材与电解质溶液接触而产生电流，形成微电池而引起的锈蚀。钢材含有铁、碳等多种成分，由于这些成分的电极电位不同，形成许多微电池。在潮湿环境中的钢材表面会被一层电解质水膜所覆盖，在阳极区，铁被氧化成 Fe^{2+} 离子进入水膜，因为水中溶有来自空气中的氧，故在阴极区，氧将被还原为 OH^- 离子，两者结合成为不溶于水的 $Fe(OH)_2$，并进一步氧化成为疏松易剥落的红棕色铁锈 $Fe(OH)_3$。电化学锈蚀是钢材最主要的锈蚀形式。

影响钢材锈蚀的主要因素是水、氧及介质中所含的酸、碱、盐等。同时钢材本身的组织成分对锈蚀影响也很大。埋于混凝土中的钢筋，由于普通混凝土的 pH 值为 12 左右，处于碱性环境，使之表面形成一层碱性保护膜，它有较强的阻止锈蚀继续发展的能力，故混凝土中的钢筋一般不易锈蚀。

2. 防止钢材锈蚀的措施

(1)提高产品本身防锈蚀的能力。

钢材的组织及化学成分是引起锈蚀的内因。通过调整钢的基本组织或加入某些合金元素，可有效地提高钢材的抗腐蚀能力。例如，在钢中加入一定量的合金元素铬、镍、钛等，制成不锈钢，可以提高耐锈蚀能力。

(2)在使用过程中增加保护层。

通常的方法是采用在表面施加保护层，使钢材与周围介质隔离。保护层可分为金属保护层和非金属保护层两类。

非金属保护层常用的是在钢材表面刷漆，常用底漆有红丹、环氧富锌漆、铁红环氧底漆等，面漆有调和漆、醇酸磁漆、酚醛磁漆等。该方法简单易行，但不耐久。此外，还可以采用塑料保护层、沥青保护层、搪瓷保护层等。

金属保护层是用耐蚀性较好的金属，以电镀或喷镀的方法覆盖在钢材表面，如镀锌、镀锡、镀铬等。薄壁钢材可采用热浸镀锌或镀锌后加涂塑料涂层等措施。

混凝土配筋的防锈措施，根据结构的性质和所处环境条件等考虑混凝土的质量要求，主要是保证混凝土的密实度(控制最大水灰比和最小水泥用量，加强振捣)、保证足够的保护层厚度、限制氯盐外加剂的掺量和保证混凝土一定的碱度等；还可掺用阻锈剂(如亚硝酸钠等)。国外有采用钢筋镀锌、镀镍等方法。对于预应力钢筋，一般含碳量较高，又多系经过变形加工或冷加工，因而对锈蚀破坏较敏感，特别是高强度热处理钢筋，容易产生应力锈蚀现象。所以，重要的预应力承重结构，除禁止掺用氯盐外，应对原材料进行严格检验。

(3)仓储中加强防锈蚀措施。

在平时的仓储过程中也应加强防锈蚀的工作，主要从以下几点着手：

①有保护金属材料的防护与包装，不得损坏；

②选择适宜的保管场所，妥善地苫垫、码垛和密封；

③在金属表面涂刷防锈油(剂)；

④加强检查，经常维护保养。

五、钢材的验收与储运

1. 钢材的验收

钢材按批进行检查验收。钢材验收的主要内容如下：

(1)钢材的数量和品种是否与订货单符合。

(2)钢材的质量保证书是否与钢材上打印的记号符合：每批钢材必须具备生产厂家提供的材质证明书，写明钢材的炉号、钢号、化学成分和机械性能等，根据国家技术标准核对钢材的各项指标。

(3)钢材表面质量检验。钢材表面不允许有结疤、裂纹、折叠和分层、油污等缺陷。

(4)根据国家标准按批取样检测其力学性能。同一级别、种类，同一规格、批号、批次不大于60t为一验收批(不足60t也为一批)，取样方法应符合国家标准规定。钢材试验内容主要为拉伸力学性能试验和弯曲试验，试验操作方法必须符合国家标准《钢及钢产品交货一般技术要求》(GB/T 17505—1998)(详见本子情境任务三的内容)。拉伸试验和弯曲试验中，如有一项试验不合格，则从同一批另取双倍数量的试样重做各项试验。如仍有一个试样不合格，则该批钢筋为不合格产品，严禁使用。

2. 钢材的储运

(1)运输。

钢材在运输中要求不同钢号、炉号、规格的钢材分别装卸，以免混乱。装卸中钢材不许摔掷，以免破坏。在运输过程中，其一端不能悬空及伸出车身的外边。同时，装车时要注意荷重限制，不许超过规定，并需注意装载负荷的均衡，使钢材重量分布于几个轮轴上。

(2)堆放。

钢材的堆放要减少钢材的变形和锈蚀，节约用地，也要便于提取钢材。

①钢材应按不同的钢号、炉号、规格、长度等分别堆放。

②露天堆放时，应加上简易的篷盖，或选择较高的堆放场地，四周有排水沟，雪后易于清扫。堆放时尽量使钢材截面的背面向上或向外，以免积雪、积水。

③堆放在有顶棚的仓库时，可直接堆放在地坪上(下垫楞木)，对小钢材亦可放在架子上，堆与堆之间应留出走道；堆放时每隔5~6层放置楞木，其间距以不引起钢材明显的弯曲变形为宜。楞木要上下对齐，在同一垂直平面内。

④为增加堆放钢材的稳定性，可使钢材互相勾连，或采用其他措施。这样，钢材的堆放高度可达堆放宽度的两倍。否则，钢材的堆放高度不应大于其宽度。一堆内上、下相邻的钢材须前后错开，以便在其端部固定标牌和编号。标牌应标明钢材的规格、钢号、数量和材质验收证明书号，并在钢材端部根据其钢号涂以不同颜色的油漆。

⑤钢材的标牌应定期检查。选用钢材时，要按顺序寻找，不准乱翻。

⑥不要把完整的钢材与已有锈伤的钢材混放一处。凡是已经锈蚀者，应捡出另放，进行适当的处理，将锈蚀处用硬钢丝刷刷净。

任务三　钢筋的试验与质量检测

实训项目一　拉 伸 试 验

一、试验目的

测定钢筋的屈服点、抗拉强度和伸长率，评定钢筋的强度等级。

二、主要仪器设备

(1)万能材料试验机。为保证机器安全和试验准确，其吨位选择最好是使试件达到最大荷载时，指针位于第二象限内。试验机的测力示值误差不大于1%。

(2)量具游标卡尺，精确度为0.1mm。

三、试样制备

拉伸试验用钢筋试件不得进行车削加工，可以用两个或一系列等分小冲点或细画线标出试件原始标距，测量标距长度 L_0，精确至0.1mm，见图1-17。根据钢筋的公称直径按表1-32选取公称横截面积(mm^2)。

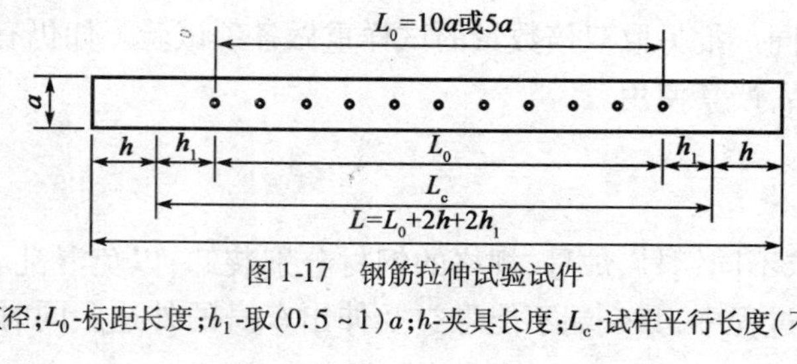

图1-17　钢筋拉伸试验试件

a-试样原始直径；L_0-标距长度；h_1-取$(0.5\sim1)a$；h-夹具长度；L_c-试样平行长度(不小于 L_0+a)

钢筋的公称横截面积　　表1-32

公称直径(mm)	公称横截面积(mm^2)	公称直径(mm)	公称横截面积(mm^2)
8	50.27	22	380.1
10	78.54	25	490.9
12	113.1	28	615.8
14	153.9	32	804.2
16	201.1	36	1 018
18	254.5	40	1 257
20	314.2	50	1 964

四、试验步骤

(1)调整试验机测力度盘指针,使对准零点,并拨动副指针,使其与主指针重叠。装好描绘器、纸、笔等。

(2)将试件固定在试验机夹头内,开动试验机进行拉伸,拉伸速度为:屈服前应力增加速度为10MPa/s;屈服后试验机活动夹头在荷载下移动速度不大于$0.5L_c$/min,直至试件拉断。

(3)拉伸过程中,测力度盘指针停止转动时的恒定荷载,或第一次回转时的最小荷载,即为屈服荷载F_s(N)。向试件继续加荷直至试件拉断,读出最大荷载F_b(N)。

(4)将已拉断的试件两端在断裂处对齐,尽量使其轴线位于同一条直线上,测量拉伸后标距两端点间的长度L_1(精确至0.1mm)。如拉断处形成缝隙,则此缝隙应计入该试件拉断后的标距内。

(5)如试件拉断处到邻近标距端点处距离大于$L_0/3$时,可用游标卡尺直接量出L_1。如拉断处距离邻近标距端点小于或等于$L_0/3$时,可按下述移位法确定L_1:在长段上自断点O起,取等于短段格数得B点,再取等于长段所余格数(偶数见图1-18左图)之半得C点;或者取所余格数(奇数见图1-18右图)减1与加1之半得C与C_1点。则移位后的L_1分别为$AO+OB+2BC$或$AO+OB+BC+BC_1$。

如果直接测量所求得的伸长率能达到技术条件要求的规定值,则可不采用移位法。

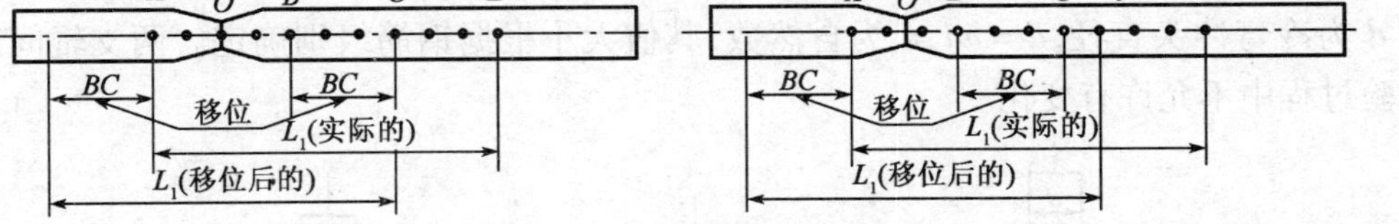

图1-18　用移位法计算标距

五、结果评定

(1)钢筋的屈服点σ_s和抗拉强度σ_b按式(1-17)计算:

屈服点:

$$\sigma_s=\frac{F_s}{A}$$

抗拉强度:

$$\sigma_b=\frac{F_b}{A} \tag{1-17}$$

式中:σ_s、σ_b——分别为钢筋的屈服点和抗拉强度,MPa;

F_s、F_b——分别为钢筋的屈服荷载和最大荷载，N；

A——试件的公称横截面积，mm^2。

当σ_s、σ_b大于1 000MPa时，应计算至10MPa，按“四舍六入五单双法”修约；当σ_s、σ_b为200～1 000MPa时，计算至5MPa，按“二五进位法”修约；当σ_s、σ_b小于200MPa时，计算至1MPa，小数点数字按“四舍六入五单双法”处理。

（2）钢筋的伸长率δ_5或δ_{10}按公式（1-16）计算。

（3）如试件在标距端点上或标距处断裂，则试验结果无效，应重做试验。

实训项目二　冷弯试验

一、试验目的

通过冷弯试验，对钢筋塑性进行严格检验，也间接测定钢筋内部的缺陷及可焊性。

二、主要仪器设备

压力机或万能材料试验机，具有不同弯心直径的冷弯冲头。

三、试验步骤

（1）钢筋冷弯试件不得进行车削加工，试样长度通常按式（1-18）确定：

$$L \approx 5a + 150(\text{mm}) \tag{1-18}$$

式中：a——试件原始直径。

（2）半导向弯曲。

试样一端固定，绕弯心直径进行弯曲，试件弯曲到规定的弯曲角度或出现裂纹、裂缝或裂断为止。

（3）导向弯曲。

①试件放在两个支点上［图1-19a）］，将一定直径的弯心在试样两个支点中间施加压力，使试样弯曲到规定角度［图1-19b）、c）］或出现裂纹、裂缝、裂断为止。

②试验时应在平稳压力作用下，缓慢施加试验力。两支辊间距离$L_1=(d+2.5a)\pm0.5a$，其中d为冷弯冲头直径，$d=na$，n为自然数，其值大小根据钢筋级别确定。两支辊间距离L_1在试验过程中不允许有变化。

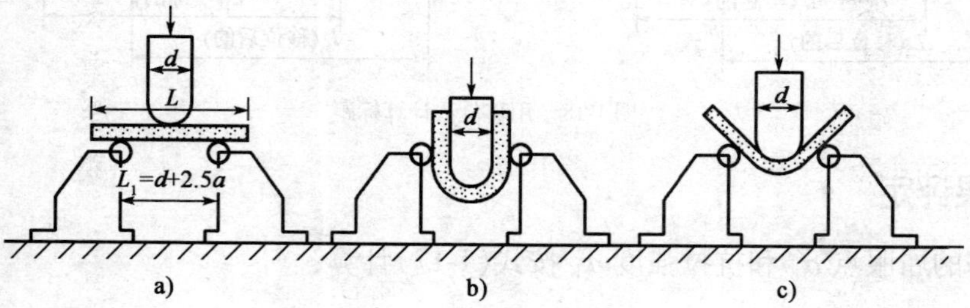

图1-19　钢筋冷弯试验装置示意图

a）冷弯试件和支座；b）弯曲180°；c）弯曲90°

③试验应在10～35℃的温度下进行。在控制条件下，试验在23℃±5℃的温度下进行。

四、结果评定

在常温下，在规定的弯心直径和弯曲角度下对钢筋进行弯曲，检测两根弯曲钢筋的外表面,若无裂纹、断裂或起层,即判定钢筋的冷弯合格,否则冷弯不合格。

子情境四 混 凝 土

混凝土是以胶凝材料、颗粒状集料以及必要时加入化学外加剂和矿物掺和料等组分的混合料经硬化后形成具有堆聚结构的复合材料,它是主要的结构材料,广泛应用于工业与民用建筑工程、水利工程、地下工程、公路、铁路、桥涵及国防工程中。本情境主要讲述混凝土的种类、应用,组成材料的技术要求、配合比设计等。

学习型任务要求

了解普通水泥混凝土组成材料的技术要求;

掌握水泥混凝土的主要技术性质及其影响因素;

掌握水泥混凝土配合比设计;熟悉水泥混凝土的强度评定;

了解混凝土外加剂的作用与效果;

了解其他品种混凝土的主要用途。

工作型任务要求

在掌握混凝土的基本知识下,能查找相关标准、规范,完成建筑工程中最常见水泥混凝土的取样与检测。

任务一 认识混凝土

一、混凝土的分类

(1)按胶凝材料不同分类。

混凝土按胶凝材料的不同,可分为:水泥混凝土、沥青混凝土、聚合物浸渍混凝土、聚合物胶结混凝土、水玻璃混凝土等。

(2)按体积密度分类。

混凝土按体积密度可分为:重混凝土(体积密度 >2 500kg/m^3)、普通混凝土(体积密度 >1 900 ~2 500kg/m^3)、轻混凝土(体积密度 <1 900kg/m^3)。

(3)按施工方法不同分类。

混凝土按施工方法的不同,可分为:现浇混凝土、预制混凝土(商品混凝土)、泵送混凝土、喷射混凝土。

(4)按性能特点分类。

混凝土按性能特点可分为:抗渗混凝土、耐热混凝土、高性能混凝土。

(5)按强度等级分类。

混凝土按强度等级可分为:普通混凝土,其强度等级 < C60;高强混凝土,其强度等级 ≥ C60;超高强混凝土,其强度 ≥100MPa。

(6)按用途分类。

混凝土按用途可分为：结构混凝土、装饰混凝土、防水混凝土、道路混凝土、大体积混凝土、膨胀混凝土等。

二、混凝土的特点

1. 混凝土的优点

混凝土材料在建筑工程中得到了广泛应用，这是因为混凝土与其他材料相比，具有如下许多优点：

(1)材料来源广泛。

(2)性能可调整范围大。

(3)易于加工成型。

(4)匹配性好，可用其他材料增强。

(5)耐久性好，维修费用少。

2. 混凝土的缺点

(1)自重大，比强度小。

(2)抗拉强度低，变形能力差而易产生裂缝。

(3)硬化时间长，在施工中影响质量的因素较多，质量波动较大。

三、对混凝土的基本要求

(1)混凝土拌和物有一定的和易性，便于施工，并获得均匀密实的混凝土。

(2)要满足结构安全所要求的强度，以承受荷载。

(3)要有与工程环境相适应的耐久性。

(4)在保证质量的前提下，尽量节省水泥，满足经济性的要求。

四、普通混凝土的组成材料

普通混凝土是以通用水泥为胶结材料，用普通砂石材料为集料，并以普通水为原材料，按专门设计的配合比，经搅拌、成型、养护而得到的复合材料。现代水泥混凝土中，为了调节和改善其工艺性能和力学性能，还加入各种化学外加剂和磨细矿质掺和料。

砂石在混凝土中起骨架作用，故也称骨料或集料。水泥和水组成水泥浆，包裹在砂石表面并填充砂石空隙，在拌和物中起润滑作用，赋予混凝土拌和物一定的流动性，使混凝土拌和物容易施工；在硬化过程中胶结砂、石，将集料颗粒牢固地黏结成整体，使混凝土有一定的强度。混凝土的组成及各材料的大致比例见表1-33。

混凝土组成及各组分材料绝对体积比　　表1-33

<table>
<tr><td>组成成分</td><td>水　泥</td><td>水</td><td>砂</td><td>石</td><td>空气</td></tr>
<tr><td rowspan="2">占混凝土总体积的百分率(%)</td><td>10 ~ 15</td><td>15 ~ 20</td><td>20 ~ 30</td><td>35 ~ 48</td><td>1 ~ 3</td></tr>
<tr><td colspan="2">25 ~ 35</td><td colspan="2">66 ~ 78</td><td>1 ~ 3</td></tr>
</table>

1. 水泥

(1)正确选择水泥品种。

水泥是混凝土的胶结材料，混凝土的性能很大程度上取决于水泥的质量和数量。在保证混凝土性能的前提下，应尽量节约水泥，降低工程造价。首先根据工程特点、所处环境气候条件，特别是工程竣工后可能遇到的环境因素以及设计、施工的要求进行分析，并考虑当地水泥的供应情况选用适当品种的水泥。

(2)正确选择水泥强度等级。

水泥的强度等级应与混凝土设计强度等级相适应。用高强度等级的水泥配低强度等级混凝土时，水泥用量偏少，会影响和易性及强度，可掺适量混合材料（火山灰、粉煤灰、矿渣等）予以改善。反之，如水泥强度等级选用过低，则混凝土中水泥用量太多，非但不经济，而且降低混凝土的某些技术品质（如收缩率增大等）。

一般情况下（C30以下），水泥强度为混凝土强度的1.5~2.0倍较合适。若采用某些措施（如掺减水剂和掺和材料），情况则大不相同。用42.5级的水泥也能配制出C60~C80的混凝土，其规律主要受水灰比定则控制。

(3)水泥用量的确定。

为保证混凝土的耐久性，水泥用量应满足有关技术标准规定的最小和最大水泥用量的要求。如果水泥用量少于规定的最小水泥用量，则取规定的最小水泥用量值；如果水泥用量大于规定的最大水泥用量，应选择更高强度等级的水泥或采用其他措施使水泥用量满足规定要求。水泥的具体用量由混凝土的配合比设计确定。

2. 细集料——砂

在混凝土中粗细集料的总体积占混凝土体积的70%~80%，因此混凝土用集料的性能对于所配制的混凝土的性能有很大的影响。

(1)细集料的质量要求。

混凝土用砂要求砂粒的质地坚实、清洁、有害杂质含量要少，其质量标准要求参见国家标准《建筑用砂》(GB/T 14684—2001)的质量技术要求。

(2)砂的粗细程度和颗粒级配。

①砂的粗细程度。在混凝土各种材料用量相同的情况下，砂过粗，砂颗粒的表面积较小，混凝土的黏聚性、保水性较差；若砂过细，砂子颗粒表面积过大，虽黏聚性、保水性好，但因砂的表面积大，需较多水泥浆来包裹砂粒表面；当水泥浆用量一定时，富裕的用于润滑的水泥浆较少，混凝土拌和物的流动性差，甚至还会影响混凝土的强度。所以，拌混凝土用的砂，不宜过粗，也不宜过细。

②砂的颗粒级配。级配良好的砂，其大小颗粒的含量适当，一般有较多的粗颗粒，并有适当数量的中等颗粒及少量的细颗粒填充其空隙，砂的总表面积及空隙率均较小。使用级配良好的砂，填充空隙用的水泥浆较少，不仅可以节省水泥，而且混凝土的和易性好，强度耐久性也较高。混凝土配制中宜优先选用级配在II区的砂。

③砂的级配选择。I区为粗砂区，用过粗的砂配制混凝土，拌和物的和易性不易控制，内摩擦角较大，混凝土振捣困难。III区砂较细，为细砂区，适宜配制富混凝土和低流动性混凝土。超出III区范围过细的砂，配成的混凝土不仅水泥用量大，而且强度将显著降低。II区为中砂区，应优先选择级配在II区的砂。当采用II区砂时，应适当提高砂率；当采用III区砂时，应适当减小砂率，以保证混凝土强度。

3. 粗集料——石子

粗集料中卵石与碎石其各自的特点与相应的天然砂类似，各有其优缺点。因用量大，故应按就地取材的原则给予选用。卵石的表面光滑，混凝土拌和物比碎石流动性要好，但与水泥砂浆黏结力差，故强度较低。

卵石和碎石按技术要求分为Ⅰ类、Ⅱ类、Ⅲ类三个等级。Ⅰ类用于强度等级大于C60的混凝土；Ⅱ类用于强度等级为C30～C60及抗冻、抗渗或有其他要求的混凝土；Ⅲ类适用于强度等级小于C30的混凝土。

混凝土中粗集料的技术性能必须满足国家标准《建筑用卵石、碎石》（GB/T 14685—2001）的要求。

与细集料相同，混凝土对粗集料的基本要求也是颗粒的总表面积要小和颗粒大小搭配要合理，以达到节约水泥和逐级填充而形成最大密实度的要求。

（1）最大粒径。

拌和混凝土中粗集料的最大粒径加大，总表面积减小，单位用水量则有效减少。在用水量和水灰比固定不变的情况下，最大粒径加大，集料表面包裹的水泥浆层加厚，混凝土拌和物可获得较高的流动性。若在工作性一定的前提下，可减小水灰比，使强度和耐久性提高。通常加大粒径可获得节约水泥的效果。但最大粒径过大（大于150mm），不但节约水泥的效率不再明显，而且会降低混凝土的抗拉强度，会对施工质量，甚至对搅拌机械造成一定的损害。

根据《混凝土结构工程施工质量验收规范》（GB 50204—2002）的规定，混凝土用的粗集料，其最大粒径不得超过构件截面最小尺寸的1/4，且不得超过钢筋最小净间距的3/4。对混凝土实心板，集料的最大粒径不宜超过板厚的1/3，且不得超过40mm。

（2）颗粒级配。

粗集料与细集料一样，也要求有良好的颗粒级配，以减小空隙率，增强密实度，从而节约水泥，保证混凝土的和易性及强度。特别是配制高强度混凝土，粗集料级配特别重要。

依据国家标准，普通混凝土用碎石及卵石的颗粒级配应符合表1-34的规定。

卵石或碎石颗粒级配范围（GB/T 14685—2001） 表1-34

公称直径(mm) \ 累计筛余(%) \ 筛孔(mm)		2.36	4.75	9.50	16.0	19.0	26.5	31.5	37.5	53.0	63.0	75.0	90.0
连续粒级	5～10	95～100	80～100	0～15	0	—	—	—	—	—	—	—	—
	5～16	95～100	85～100	30～60	0～10	0	—	—	—	—	—	—	—
	5～20	95～100	90～100	40～80	—	0～10	0	—	—	—	—	—	—
	5～25	95～100	90～100	—	30～70	—	0～5	0	—	—	—	—	—
	5～31.5	95～100	90～100	70～90	—	15～45	—	0～5	0	—	—	—	—
	5～40	—	95～100	70～90	—	30～65	—	—	0～5	0	—	—	—
单粒粒级	10～20	—	95～100	85～100	—	0～15	0	—	—	—	—	—	—
	16～31.5	—	95～100	—	85～100	—	—	0～10	0	—	—	—	—
	20～40	—	—	95～100	—	80～100	—	—	0～10	0	—	—	—
	31.5～63	—	—	—	95～100	—	—	75～100	45～75	—	0～10	0	—
	40～80	—	—	—	—	95～100	—	—	70～100	—	30～60	0～10	0

连续级配的颗粒大小搭配连续合理（最小粒径为4.75mm起），颗粒上下限粒径之比接近2，用其配制的混凝土拌和物工作性好，不易发生离析，在工程中应用较多。但其缺点是，当最大粒径较大（大于37.5mm）时，天然形成的连续级配往往与理论最佳值有偏差，且在运输、堆

放过程中易发生离析，影响级配的均匀合理性。实际应用时，除直接采用级配理想的天然连续级配外，常采用由预先分级筛分形成的单粒粒级进行掺配，组合成人工连续级配。

间断级配能更有效降低石子颗粒间的空隙率，使水泥达到最大限度的节约。但由于粒径相差较大，所以混凝土拌和物易发生离析，间断级配需按设计进行掺配而成。

4. 拌和用水

混凝土拌和用水按水源可分为饮用水、地表水、地下水、再生水、混凝土企业设备洗刷水和海水。拌制宜采用饮用水。对混凝土拌和用水的质量要求，是所含物质对混凝土、钢筋混凝土和预应力混凝土不应产生以下有害作用：

(1)影响混凝土的工作性及凝结；

(2)有碍于混凝土强度发展；

(3)降低混凝土的耐久性，加快钢筋腐蚀及导致预应力钢筋脆断；

(4)污染混凝土表面。

根据以上要求，符合国家标准的生活用水(自来水、河水、江水、湖水)可直接拌制各种混凝土。混凝土拌和用水水质要求应符合表1-35的规定。

混凝土拌和用水水质要求(JGJ 63—2006)　　表1-35

项　目	预应力混凝土	钢筋混凝土	素混凝土
pH值	≥5.0	≥4.5	≥4.5
不溶物(mg/L)	≤2 000	≤2 000	≤5 000
可溶物(mg/L)	≤2 000	≤5 000	≤10 000
氯化物(以Cl计)(mg/L)	≤500	≤1 000	≤3 500
硫化物(以SO_4^{2-}计)(mg/L)	≤600	≤2 000	≤2 700
碱含量(mg/L)	≤1 500	≤1 500	≤1 500

注：碱含量按$Na_2O+0.658K_2O$计算值来表示。采用非碱活性集料时，可不检验碱含量。

对于使用年限为100年的结构混凝土，氯离子含量不超过500mg/L；对使用钢丝或经热处理钢筋的预应力混凝土，氯离子含量不超过350mg/L。

被检验水样应与饮用水样进行水泥凝结时间对比试验。对比试验的水泥初凝时间差及终凝时间差均不应大于30min；同时，初凝和终凝时间应符合现行国家标准《通用硅酸盐水泥》(GB 175—2007)的规定。

被检验水样应与饮用水样进行水泥胶砂强度对比试验，被检验水样配制的水泥胶砂3d和28d强度不低于饮用水配制的水泥胶砂3d和28d强度的90%。

5. 混凝土的外加剂

混凝土外加剂是指在混凝土拌和过程中加入的能按要求改善混凝土性能的材料。除特殊情况外，掺量一般不超过水泥用量的5%。

混凝土外加剂的使用是近代混凝土技术的重大突破，随着混凝土工程技术的发展，对混凝土性能提出了许多新的要求，如泵送混凝土要求高流动性，高层建筑要求高强度、高耐久性。这些性能的实现，需要应用高性能外加剂。

外加剂种类繁多，虽掺量很少，对混凝土工作性、强度、耐久性、水泥的节约都有明显的改善，常称为混凝土的第五组分。特别是高效能外加剂的使用成为现代高性能混凝土的关键技术，因此，发展和推广使用外加剂有重要的技术和经济意义。

(1)外加剂的分类。

混凝土外加剂种类繁多，根据国家标准《混凝土外加剂的分类、命名与定义》(GB 8075—1987)的规定，混凝土外加剂按其主要功能可分为如下四类：

①调节混凝土凝结时间、硬化性能的外加剂，如缓凝剂，早强剂、速凝剂等。

②改善混凝土拌和物流变性的外加剂，如减水剂，引气剂、塑化剂等。

③改善混凝土耐久性的外加剂，如引气剂，阻锈剂、防水剂等。

④改善混凝土其他性能的外加剂，如膨胀剂，发泡剂、泵送剂、着色剂等。

混凝土外加剂大部分为化工制品，还有部分为工业副产品。因其掺量小、作用大，故对掺量(占水泥质量的百分比)、掺配方法和适用范围要严格按产品说明和操作规程执行。目前在工程中常用的外加剂有减水剂、缓凝剂、速凝剂、防冻剂、加气剂等。

(2)减水剂。

减水剂是指在保持混凝土拌和物流动性的条件下，能显著减少拌和用水量的外加剂。

①减水剂的作用效果。

a. 增大流动性。在原配合比不变，即水、水灰比、强度均不变的条件下，增加混凝土拌和物的流动性。

b. 提高强度。在保持流动性及水泥用量的条件下，可减少拌和用水，使水灰比下降，从而提高混凝土的强度。

c. 节约水泥。在保持强度不变，即水灰比不变以及流动性不变的条件下，可减少拌和用水，从而使水泥用量减少，达到保证强度、节约水泥的目的。

d. 改善其他性质。掺加减水剂还可改善混凝土拌和物的黏聚性、保水性；提高硬化混凝土的密实度，改善耐久性；降低、延缓混凝土的水化热等。

②减水剂的类型。

常用的减水剂，按减水效果可分为普通减水剂和高效减水剂；按凝结时间可分为标准型、早强型、缓凝型；按其化学成分主要有木质素系、萘系、水溶性树脂类、糖蜜类和复合型减水剂。

a. 木质素系减水剂。该类减水剂又称木质素磺酸盐减水剂(M 型减水剂)，是提取酒精后的木浆废液，经蒸发、磺化浓缩、喷雾、干燥所制成的棕黄色粉状物，常用的掺量为 0.2% ~ 0.3%。M 型减水剂是缓凝型减水剂，在 0.25% 掺量下可缓凝 1 ~ 3h，故可延缓水化热，但掺量过多，会造成严重缓凝，以至强度下降的后果。M 型减水剂不适宜蒸养也不利于冬期施工。由于其采用工业废料，成本低廉，生产工艺简单，曾在我国广泛应用。

该类减水剂的技术经济效果为：在保持工作性不变的前提下，可减水 10% 左右；在保持水灰比不变的条件下，使坍落度增大 100mm 左右；在保持水泥用量不变的情况下，提高 28d 抗压强度 10% ~20%；在保持坍落度及强度不变的条件下，可节约水泥用量 10%。

b. 萘系减水剂。该类减水剂是用萘或萘的同系物经磺化与甲醛缩合而成。常用的适宜掺量为 0.2% ~1.0%，是目前广泛应用的减水剂。

萘系减水剂的技术经济效果是：减水率达到 15% ~20%；混凝土 28d 抗压强度可提高 20% 以上，在坍落度及 28d 抗压强度不变的情况下可节约水泥用量 20%。

萘系减水剂大部分品种是非引气型，可用于要求早强或高强的混凝土。少数品种(MF、NNO 等型号)属引气型，适用于抗渗性、抗冻性要求较高的混凝土，该类减水剂有耐热性，适于蒸养。

c. 树脂系减水剂。该类减水剂是一种水溶性密胺树脂，非引气型高效减水剂。国产的品种有 SM 减水剂等，合适的掺量为 0.5% ~2%。该类减水剂特别适宜配置早强、高强混凝土，泵送混凝土和蒸养预制混凝土。

SM 减水剂技术经济效果为:减水率可达 20% ~27%;混凝土 1d 抗压强度可提高 30% ~100%,28d 抗压强度可提高 30% ~60%;强度不变,可节约水泥 25% 左右;混凝土的抗渗、抗冻等性能也明显提高。

(3)早强剂。

早强剂是能提高混凝土早期强度,并对后期强度无显著影响的外加剂。早强剂或对水泥的水化产生催化作用,或与水泥成分发生反应生成固相产物,有效提高混凝土的早期强度。

早强剂按其化学组成分为无机早强剂和有机早强剂两类。无机早强剂常用的有氯盐、硅酸盐、亚硝酸盐等。有机早强剂有尿素、乙醇、三乙醇胺等。

①氯盐类早强剂。该早强剂包括钙、钾、钠的氯化物。其中以氯化钙应用最广。氯化钙为白色粉状物,其适宜掺量为水泥质量的 1% ~2%,能使混凝土 3d 强度提高 50% ~100%,7d 强度提高 20% ~40%,同时能降低混凝土中水的冰点,防止混凝土早期受冻。

采用氯化钙做早强剂,最大的缺点是可增加水泥浆中的 Cl^- 离子浓度,从而对钢筋造成锈蚀,进而使混凝土发生开裂,严重影响混凝土的强度及耐久性。国家标准《混凝土质量控制标准》(GB 50164—92)中对混凝土拌和物中的氯化物总含量作了以下规定:

a. 对素混凝土,不得超过水泥质量的 2%;

b. 对处于干燥环境或有防潮措施的混凝土,不得超过水泥质量的 1%;

c. 对处于潮湿而不含氯离子或含有氯离子的钢筋混凝土,应分别不超过水泥质量的0.3%或 1%;

d. 对预应力混凝土及处于易腐蚀环境中的钢筋混凝土,不得超过水泥质量的 0.06%;

e. 在使用冷拉钢筋或冷拔低碳钢筋的混凝土结构及预应力混凝土结构中,不允许使用氯化钙。

②硫酸盐早强剂。该早强剂包括硫酸钠、硫代硫酸钠、硫酸钙等。应用最多的是硫酸钠,是缓凝型早强剂,对钢筋无锈蚀作用,可用于不允许使用氯盐早强剂的混凝土中。但硫酸钠与水泥水化产物 $Ca(OH)_2$ 反应后可生成 NaOH,与碱集料可发生反应,故严禁用于含有活性集料的混凝土中。其掺量为 0.05% ~2%,可使混凝土 3d 强度提高 20% ~40%。

(4)引气剂。

引气剂是在混凝土搅拌过程中,能引入大量分布均匀的微小气泡,以减少混凝土拌和物泌水离析、改善工作性,并能显著提高硬化混凝土抗冻耐久性的外加剂。

引气剂按化学组成可分为松香树脂类、烷基苯磺类、脂肪酸磺类等。其中,应用较为普遍的是松香树脂类中的松香热聚物和松香皂,其掺量极小,均为 0.005 ~0.015。

长期处于潮湿严寒环境中的混凝土,应掺用引气剂或引气减水剂。引气剂的掺量根据混凝土的含气量要求并经试验确定。最小含气量与集料的最大粒径有关,含气量不宜超过 7%。

随着外加剂技术的不断发展,近年来引气剂已逐渐被引气型减水剂所代替,减水剂不仅能起到引气作用,而且对强度有提高作用,还可节约水泥,因此应用范围扩大。

(5)缓凝剂。

缓凝剂是能延缓混凝土的凝结时间并对混凝土的后期强度发展无不利影响的外加剂。缓凝剂常用的品种有多羟基碳水化合物、木质素磺酸盐类、羟基羧酸及盐类、无机盐共四类。其中,我国常用的为木钙(木质素磺酸盐类)和糖蜜(多羟基碳水化合物类)。

缓凝剂因其在水泥及其水化物表面的吸附或与水泥矿物反应生成不溶层而延缓水泥的水化达到缓凝的效果。糖蜜的掺量为 0.1% ~0.3%,可缓凝 2 ~4h。木钙既是减水剂又是缓凝剂,其掺量为0.1%~0.3%。当掺量为0.25%时,可缓凝2~4h。羟基羧酸及其盐类柠檬酸或酒石酸钾钠等,当掺量为0.03%~0.1%时,凝结时间可达8~19h。

缓凝剂有延缓混凝土的凝结、保持工作性、延长放热时间、消除或减少裂缝以及增强等多种功能,对钢筋也无锈蚀作用,适于高温季节施工和泵送混凝土、滑模混凝土及大体积混凝土的施工或远距离运输的商品混凝土。但缓凝剂不宜用于日最低气温在50℃以下施工的混凝土,也不宜单独用于有早强要求的混凝土或蒸养混凝土。

(6)其他品种的外加剂。

①膨胀剂。是能使混凝土(砂浆)在水化过程中产生一定的体积膨胀,并在有约束的条件下产生适宜自应力的外加剂。可补偿混凝土的收缩,使抗裂性、抗渗性提高,掺量较大时可在钢筋混凝土中产生自应力。膨胀剂常用的品种有硫铝酸钙类(如明矾石膨胀剂)、氧化镁类(如氧化镁膨胀剂)、复合类(如氧化钙-硫铝酸钙膨胀剂)等。膨胀剂主要应用于屋面刚性防水、地下防水、基础浇缝、堵漏、底座灌浆、梁柱接头及自应力混凝土。

②速凝剂。是使混凝土迅速凝结和硬化的外加剂。速凝剂与水泥和水拌和后立即反应,使水泥中的石膏失去缓凝作用,促成C_3A迅速水化,并在溶液中析出其化合物,导致水泥迅速凝结。国产速凝剂“711”和“782”型,当其掺量为2.5%~4.0%时,可使水泥在5min内初凝,10min内终凝,并能提高早期强度。虽然28d强度比不掺速凝剂时有所降低,但可长期保持稳定值不再下降。速凝剂主要用于道路、隧道、机场的修补、抢修工程以及喷锚支护时的喷射混凝土施工。

③防冻剂。是指在规定温度下能显著降低混凝土的冰点,使混凝土液相不冻结或仅部分冻结,以保证水泥的水化作用,并在一定时间内获得预期强度的外加剂。

防冻剂常由防冻组分、早强组分、减水组分和引气组分组成,形成复合防冻剂。其中防冻组分有以下几种:亚硝酸钠和亚硝酸钙(兼有早强、阻锈功能)、氯化钙和氯化钠、尿素、碳酸钾等。某些防冻剂(如尿素)掺量过多时,混凝土会缓慢向外释放对人产生刺激的气体,如氨气等,使竣工后的建筑室内有害气体含量超标。对于此类防冻剂要严格控制其掺量,并要依有关规定进行检测。

④加气剂。是指在混凝土硬化过程中,与水泥发生化学反应,放出气体(H_2,O_2,N_2等),能在混凝土中形成大量气孔的外加剂。加气剂有铝粉、双氧水、碳化钙、漂白粉等。铝粉可与水泥水化产物$Ca(OH)_2$发生反应,产生氢气,使混凝土体积剧烈膨胀,形成大量气孔。虽使混凝土强度明显降低,但可显著提高混凝土的保温隔热性能。加气剂(铝粉)的掺量为0.005%~0.02%。在工程上主要用于生产加气混凝土和堵塞建筑物的缝隙。引气剂与水泥作用强烈,一般应随拌随用,以免降低使用效果。

(7)使用外加剂的注意事项。

外加剂掺量虽小,但可对混凝土的性质和功能产生显著影响,在具体应用时要严格按产品说明操作,稍有不慎,便会造成事故,故在使用时应注意以下事项:

①对产品质量严格检验。外加剂常为化工产品,应采用正式厂家的产品。粉状外加剂应使用有塑料衬里的编织袋包装,每袋20~25kg;液体外加剂应采用塑料桶或有塑料袋内衬的金属桶盛放。包装容器上应注明产品名称、型号、净重或体积(包括含量或浓度)、推荐掺量范围、毒性、腐蚀性、易燃性状况、生产厂家、生产日期、有效期及出厂编号等。

②对外加剂品种的选择。外加剂品种繁多,性能各异,有的能混用,有的严禁互相混用,如不注意,可能会发生严重事故。选择外加剂应依据现场材料条件、工程特点、环境情况,根据产

品说明、国家有关环境保护的规定以及其他相关规定进行品种的选择。有条件的应在正式使用前进行试验检验。

③外加剂掺量的选择。外加剂用量微小,有的外加剂掺量才几万分之一,而且推荐的掺量往往是在某一范围内,外加剂的掺量和水泥品种、环境温度湿度、搅拌条件等都有关。掺量的微小变化对混凝土的性质会产生明显影响,掺量过小,作用不显著;掺量过大,有时会物极必反起反作用酿成事故。故在大批量使用前,要通过基准混凝土(不掺加外加剂的混凝土)与试验混凝土的试验对比,取得实际性能指标的对比后,再确定应采用的掺量。

④外加剂的掺入方法。外加剂不论是粉状还是液态状,为保持作用的均匀性,一般不能采用直接倒入搅拌的方法。合适的掺入方法应该是:可溶解的粉状外加剂或液态状外加剂,应预先配成一定浓度的溶液,再按所需掺量加入搅拌机内;不可溶解的外加剂,应预先称量好,再与适量的水泥、砂拌和均匀,然后倒入搅拌机中。外加剂在搅拌机内要控制好搅拌时间,以满足混合均匀、时间又在允许范围内的要求。

另外,外加剂的掺入时间,对其效果的发挥也有很大的影响,减水剂有同掺法、后掺法、分掺法三种方法。同掺法为减水剂在混凝土搅拌时一起掺入;后掺法是搅拌好混凝土后间隔一定时间后再掺入;分掺法是一部分减水剂在混凝土搅拌时掺入,另一部分在间隔一段时间后再掺入。实践证明,后掺法最好,能充分发挥减水剂的功能。

6. 掺和料

掺和料包括粉煤灰、火山灰质、粒化高炉矿渣等,应由生产单位专门加工、进行产品检验并出具产品合格证书。使用单位对产品质量有怀疑时,应对其质量进行复查,掺和料技术条件如下所述:

(1)掺入混凝土的粉煤灰掺和料的技术条件。

①烧失量不得超过8%;

②含水率不得超过1%;

③三氧化硫的含量不得超过3%;

④0.08mm 方孔筛筛余量不得超过8%;

⑤水泥胶砂需水量不得超过105%。

(2)火山灰质材料作掺和材料的技术条件。

①人工的火山灰质混合材料烧失量不得超过10%;

②三氧化硫的含量不得超过3%;

③火山灰性能试验必须合格;

④水泥胶砂28d抗压强度不得低于62%。

(3)粒化高炉矿渣作掺和材料的技术条件。

①粒化高炉矿渣质量系数$(CaO + MgO + Al_2O_3)/(SiO_2 + MnO + TiO_2)$不得小于1.2(式中化学成分均为质量百分数)。

②钛化合物含量(以TiO_2计),不得超过10%,氟化物含量(以F计)不得超过2%,锰化合物含量(以MnO计)不得超过4%。

冶炼锰铁所得粒化高炉渣,其锰化物的含量(以MnO计)不得超过15%;硫化物的含量(以S计)不得超过2%。

③高炉矿渣淬冷的块状矿渣,经直观挑选,不得大于5%,其最大尺寸不得大于100mm。

④不得混有任何外来杂物。金属铁的含量应严格控制。

五、其他品种混凝土

随着建筑工程建设不断发展所提出的对混凝土材料功能的特殊要求,各种具有特殊性能的混凝土不断出现。这些有独特性能的混凝土不断满足了建筑工程发展的需要,反过来也极大地促进了建筑科学技术的日新月异。大多数新品种的混凝土是在传统普通混凝土的基础上发展起来的,但性能又各具特色,不同于普通混凝土,它们共同组成的混凝土大家族,扩大了混凝土的应用范围,从长远看是很有发展潜力的。本节简要地介绍几种典型的特殊性能混凝土。

1. 轻混凝土

表观密度小于1 950kg/m^3 的混凝土称为轻混凝土,轻混凝土分轻集料混凝土、多孔混凝土及无砂混凝土三类。

普通混凝土的体积密度大(2 000～2 800kg/m^3)是其一大缺点,由于混凝土广泛用于各类建筑工程中,所以人们一直不懈地探求降低混凝土自重的途径。随着混凝土技术的发展,强度高、密度小的轻混凝土已成为现代混凝土技术一大亮点。轻混凝土,是指干密度小于1 950kg/m^{3}的混凝土。根据原料和制造工艺的不同,可分为轻集料混凝土、多孔混凝土和大孔混凝土。

(1)轻集料混凝土。

轻集料混凝土是指用轻粗集料、轻砂(或普通砂)、水泥和水配制而成的干体积密度不大于1 950 kg/m^3 的混凝土。为进一步改善轻集料混凝土的各项技术性能,轻集料混凝土中还常掺入各种化学外加剂和掺和料(如粉煤灰等)。

(2)多孔混凝土。

多孔混凝土是一种不用集料的轻混凝土,其内部充满大量细小封闭的气孔,孔隙率极大,一般可达混凝土总体积的85%。它的表观密度一般为300～1 200kg/m^3,导热系数为0.08～0.29W/(m·K)。因此,多孔混凝土是一种轻质多孔材料,兼有保温及隔热等功能,同时容易切削和锯解。多孔混凝土可制作屋面板、内外墙板、砌块和保温制品,广泛用于工业及民用建筑和管道保温。

根据气孔产生方法的不同,多孔混凝土可分为加气混凝土和泡沫混凝土。加气混凝土在生产上比泡沫混凝土具有更多的优越性,所以生产和应用发展较快。

①加气混凝土。是用钙质材料(如水泥、生石灰等)和含硅材料(如石英砂、粉煤灰、尾矿粉、粒化高炉矿渣等)加水并加入适量的发气剂和其他附加剂,经过磨细、配料、混合搅拌、浇筑发泡、坯体静停与切割,再经蒸压或常压蒸汽养护而制成的一种不含粗集料的轻混凝土。

加气混凝土的抗压强度一般为0.5～1.5MPa。

加气混凝土具有质轻、耐久、保温隔热、抗振性好等优良性能,可广泛用于各类建筑中。在我国,加气混凝土主要用于框架建筑、高层建筑、地震设防建筑、保温隔热要求高的建筑、软土地基地区的建筑。但不宜用于温度高于80℃的环境、长期潮湿的环境、有酸碱侵蚀的环境和特别寒冷的环境。

②泡沫混凝土。是将水泥浆和泡沫剂拌和后形成的多孔混凝土。其表观密度为300～500kg/m^3,强度不高,仅为0.5～0.8MPa。

通常用氢氧化钠加水拌入松香粉(碱:水:松香 =1:2:4),再与溶化的胶液(皮胶或骨胶)搅拌制成松香泡沫剂。将泡沫剂加温稀释,用力搅拌即成稳定的泡沫。然后加水泥浆(也可掺入磨细的石英砂、粉煤粉、矿渣等硅质材料)与泡沫拌匀,成型后蒸养或压蒸养护,即成泡沫混凝土。

(3)大孔混凝土。

大孔混凝土是以粒径相近的粗集料、水泥、水,有时掺入外加剂,一般不含或仅掺少量细集料配制而成的混凝土,又称无砂混凝土。该种混凝土由于特殊的集料级配,造成较严重的粒径干扰,同时控制水泥浆用量,使其只起黏结集料的作用,而不是起填充空隙的作用,因而在内部形成大量空隙而得名。

大孔混凝土按掺砂与否分为无砂大孔混凝土和少砂大孔混凝土。按粗集料的种类可分为采用普通碎石、卵石的普通大孔混凝土和采用轻粗集料(黏土陶粒、粉煤灰陶粒等)的轻集料大孔混凝土。

大孔混凝土可用来制作墙体、砌筑用的小型空心砌块、混凝土复合墙板等,成为我国墙体材料改革中很有发展前途的一种新型墙体材料。还可根据其具有透气、透水性大的特点,在土木工程中用做滤水管、滤水板及排水暗管等,广泛用于市政工程。

2. 抗渗混凝土

抗渗混凝土是指抗渗等级等于或大于 P6 级的混凝土。主要用于水利工程、地下基础工程、层面防水工程、抗渗漏的高水压容器或储油罐等工程。

普通混凝土由于主要是根据强度和工作性要求配制的,因此水灰比较高,硬化后的混凝土中含有较多的泌水通道,造成了抗渗透性较低的缺点(一般不超过 P4)。

抗渗混凝土一般是通过混凝土组成材料质量的改善,合理选择混凝土配合比和集料级配,以及掺加适量外加剂,达到混凝土内部密实或堵塞混凝土内部毛细管通路,使混凝土具有较高的抗渗性。

3. 高强混凝土

高强混凝土是指强度等级为 C60 及 C60 以上的混凝土。传统混凝土一般只以水泥、砂、石和水作为四大组分,而现代高强混凝土则以高效减水剂等化学外加剂和优质矿物掺和料作为其第五和第六组分。现代高强混凝土技术是在高效减水剂发明之后,从 20 世纪 70 年代开始发展起来的。开始是以高强度和高工作性为标志,而其致密的结构通常又使这一种混凝土兼具其他优良性能,其应用已遍及桥梁、港口、道路、海工、地下等各个土建工程领域,现在发达国家已普遍能提供 C80 ~ C100 高强混凝土。

高强混凝土的特点是强度高,耐久性好,变形小,能适应现代工程结构向大跨度、重载、高耸发展和承受恶劣环境的需要。使用高强混凝土可获得明显的工程效益和经济效益。和传统的混凝土相比,高强混凝土在原材料和配合比上主要有两点不同,即低水灰比和多组分,其目的都是为了增加混凝土的密实程度,改善集料和硬化水泥之间的界面性能,从而达到高强和耐久。

4. 抗冻混凝土

抗冻混凝土是指抗冻等级等于或大于 F50 级的混凝土。

混凝土的冻害主要是孔隙内部水结冰体积膨胀对混凝土孔壁形成的冰胀应力,以及构件受冻后不同部位间存在温差而引起的温度压力。而从材料本身可克服的技术措施看,主要应从提高混凝土的密实度、减少水的渗入或在孔隙中留有释放冰胀体积的空间等方面给予解决。

5. 耐酸混凝土

耐酸混凝土是指能防止酸性介质腐蚀作用的混凝土。由于普通混凝土极不耐酸,所以不能用于有酸性介质作用的环境中。耐酸混凝土的种类很多,按耐酸胶凝材料的不同,可分为水玻璃耐酸混凝土、硫磺混凝土、沥青混凝土和树脂混凝土等。在化工、冶金等行业的大型设备(储酸槽,反应塔等)、构筑物的外壳及内衬或厂房的地面等常采用的是水玻璃耐酸混凝土。

6. 流态混凝土和泵送混凝土

流态混凝土(亦称大流动性混凝土)是指混凝土拌和物坍落度大于或等于160mm、呈高度流动状态的混凝土。主要应用于不便振捣施工、用普通塑性混凝土难以浇筑密实的部位,可自动流满模板并呈密实状态,因此,也称为自流密实混凝土。流态混凝土适用于浇筑钢筋特别密、形状复杂、截面窄小的料仓壁,高层建筑的剪力墙,安装机械设备的预留孔,隧洞衬砌的封顶部位或水下混凝土等。

流态混凝土是在拌和物中加入硫化剂(即高效减水剂)而成。由于加入硫化剂后,混凝土的水灰比不变或改变很小,故能在保证纯度和耐久性的前提下,大大提高拌和物的流动性,使其达到设计要求的坍落度。为避免流态混凝土在施工过程中产生离析及分层现象,除合理选择减水剂品种外,在配合比设计中应适当加大砂率5% ~10%,且砂中应含有一定量的细颗粒,必要时可掺用一定数量的粉煤灰,以提高混凝土拌和物的黏聚性。一般粗集料最大粒径不宜大于40mm,水泥与小于0.315mm的细集料颗粒的总和不宜小于400 ~450kg/m^3。

泵送混凝土是指混凝土拌和物的坍落度不低于100mm并用泵送施工的混凝土。为提高施工效率和减少施工现场组织的复杂性,商品预拌混凝土和混凝土泵送机械的使用逐渐推广,对泵送混凝土的需求也迅速增加。泵送混凝土是在混凝土泵的推动下沿管道传输和浇筑的,因此,它不但要满足强度和耐久性的要求,更要满足管道输送对混凝土拌和物提出的可泵性要求。所谓可泵性,是指混凝土拌和物应具有顺利通过管道、与管的摩擦阻力小、不离析、不泌水、不阻塞的性能。

为保持良好的可泵性,泵送混凝土应在混凝土拌和物中掺加泵送剂。泵送剂包括减水剂或高效减水剂、适量的引气剂(含气量不宜超过4 %,以防在泵送过程中产生众多的气泡降低泵送效率,以致引起堵泵)和其他化学外掺剂。配制泵送混凝土的粗集料应采用连续级配,最大粒径应满足相关规范的要求。细集料应采用中砂,小于0.315mm的颗粒含量不大于15%,砂率宜为35% ~45%。泵送混凝土宜掺用粉煤灰或其他活性矿物掺和料,为防水泥用量(含矿物掺量)过小,造成含浆量过小使拌和物干涩(同样坍落度情况下)而不泵送,水泥和矿物掺和料总量不宜小于300kg/m^3,且水灰比不能太大,应控制用水量和矿物掺和料总量之比不大于0.6,以免浆体黏度小造成离析。

应指出,泵送混凝土的坍落度能满足施工及管道运输的要求即可,不一定达到流态混凝土的水平,但流态混凝土一般都需采用泵送的方式进行浇筑施工。

7. 大体积混凝土

大体积混凝土是指混凝土结构物实体最小尺寸等于或大于1m或预计会因水泥水化热引起混凝土内外温差过大而导致裂缝的混凝土。

大型整体浇筑的模板,桥墩、水利、海工工程中的坝体,高层建筑的基础等工程所用混凝土,应按大体积混凝土设计和施工。

对大体积混凝土,为了减少由于水化热引起的温度应力,在混凝土配合比设计中,主要应采取以下措施以降低和延缓水化热的集中释放:

(1)采用低水化热的水泥品种。

(2)采用能降低早期水化热的外加剂(如缓凝剂等)。

(3)采用掺和料。

(4)采用一切措施增加集料和掺和料的用量,以降低水泥用量。

为此,水泥应选用水化热低和凝结时间长的水泥,如低热矿渣硅酸盐水泥、中热硅酸盐水泥、掺混合材料的硅酸盐水泥。当采用硅酸盐水泥或普通硅酸盐水泥时,应采取措施以延缓水化热的释放。粗集料宜采用连续级配,细集料宜采用中砂。应掺用缓凝剂、减水剂和减少水化热的掺和料。在保证混凝土强度和坍落度的前提下,应提高掺和料和集料的掺量,以降低水泥用量。

大体积混凝土的配合比计算及试配步骤均无特殊要求,但宜在配合比确定后进行水化热的验算或测定。

任务二　混凝土拌和物的技术性质

混凝土的技术性质常以混凝土拌和物和硬化混凝土分别研究。混凝土的各组成材料按一定的比例配合、搅拌而成的尚未凝固的材料,称为混凝土拌和物。混凝土拌和物的主要技术性质是工作性(和易性)。

一、混凝土拌和物的和易性

1. 和易性的概念

和易性又称工作性,是指混凝土拌和物在一定的施工条件和环境下,是否易于各种施工工序的操作,以获得均匀密实混凝土的性能。工作性在搅拌时体现为各种组成材料易于均匀混合,均匀卸出;在运输过程中体现为拌和物不离析,稀稠程度不变化;在浇筑过程中体现为易于浇筑、振实、流满模板;在硬化过程中体现为能保证水泥水化以及水泥石和集料的良好黏结。混凝土的工作性应是一项综合性的技术指标,包括流动性、黏聚性、保水性三个方面的技术性能。

(1)流动性。

流动性是指混凝土拌和物在本身自重或机械振捣作用下产生流动,能均匀、密实地流满模板的性能,它反映了混凝土拌和物的稀稠程度及充满模板的能力。流动性的大小,反映混凝土拌和物的稀稠,直接影响浇捣施工的难易和混凝土的质量。

(2)黏聚性。

黏聚性是指混凝土拌和物的各种组成材料在施工过程中具有一定的黏聚力,能保持成分的均匀性,在运输、浇筑、振捣、养护过程中不发生离析、分层现象,它反映了混凝土拌和物的均匀性。黏聚性差的拌和物,易发生分层、离析,硬化后产生“蜂窝”、“空洞”等缺陷,影响强度与耐久性。

(3)保水性。

保水性是指混凝土拌和物在施工过程中具有一定的保持水分的能力,在施工过程中不产生严重泌水的性能。保水性也可理解为水泥、砂、石子与水之间的黏聚性。保水性差的混凝土,会造成水的泌出,造成毛细管通道或由于受集料的阻挡,集聚于粗集料之下,影响水泥的水化,并严重影响水泥浆与集料的胶结;同时会使混凝土表层疏松,泌水通道会形成混凝土的连通孔隙而降低其耐久性。它反映了混凝土拌和物的稳定性。

混凝土的工作性是一项由流动性、黏聚性、保水性构成的综合指标体系,各性能间有联系也有矛盾。如提高水灰比可提高流动性,但往往又会使黏聚性和保水性变差。在实际操作中,要根据具体工程特点、材料情况、施工要求及环境条件，既有所侧重，又要全面考虑。

2. 工作性的测定

根据我国现行标准《普通混凝土拌和物性能试验方法》的规定，用坍落度试验法和维勃稠度测定法来测定混凝土拌和物的流动性，并辅以直观经验来评定其黏聚性和保水性。

(1) 坍落度试验法。

坍落度法是将按规定配和比配制的混凝土拌和物按规定方法分层装填至坍落筒内，并分层用捣棒插捣密实，然后提起坍落度筒，测量筒高与坍落后混凝土试体最高点之间的高度差，即为坍落度值（以 mm 计），如图 1-20 所示。当混凝土的坍落度大于 220mm 时，应采用坍落度扩展度值。坍落度是流动性（亦称稠度）的指标，坍落度值越大，流动性越大。

在测定坍落度的同时，观察确定黏聚性。用捣棒侧击混凝土拌和物的侧面，如其逐渐下沉，表示黏聚性良好；若混凝土拌和物发生坍塌，部分崩裂，或出现离析，则表示黏聚性不好。保水性以在混凝土拌和物中稀浆析出的程度来评定。坍落度筒提起后如有较多稀浆自底部析出，部分混凝土因失浆而集料外露，则表示保水性不好。若坍落度筒提起后无稀浆或仅有少数稀浆自底部析出，则表示保水性好。具体操作过程，可参看试验部分。

采用坍落度试验法测定混凝土拌和物的工作性，操作简便，故应用广泛。但该种方法的结果受操作技术的影响较大，尤其是黏聚性和保水性，主要靠试验者的主观观测而定，不定量，人为因素较大。该法一般仅适用于集料最大粒径不大于 37.5mm、坍落度值不小于 10mm 的混凝土拌和物流动性的测定。

(2) 维勃稠度试验法。

维勃稠度试验法主要适用于干硬性的混凝土，若采用坍落度试验，测出的坍落度值过小，不易准确说明其工作性。维勃稠度试验法是将坍落度筒置于一振动台的圆桶内，按规定方法将混凝土拌和物分层装填，然后提起坍落度筒，启动振动台。测定从起振开始至混凝土拌和物在振动作用下逐渐下沉变形，直到其上部的透明圆盘的底面被水泥浆布满时的时间为维勃稠度[单位为秒(s)]，如图 1-21 所示。维勃稠度值越大，说明混凝土拌和物的流动性越小。根据国家标准，该种方法适用于集料粒径不大于 37.5mm、维勃稠度在 5 ~ 30s 间的混凝土拌和物工作性的测定。

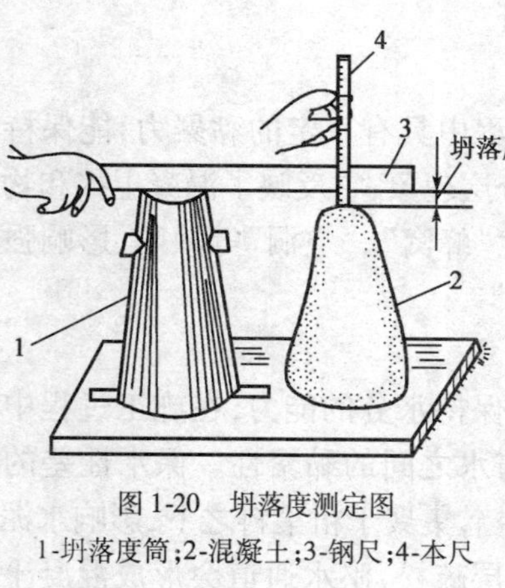

图 1-20　坍落度测定图

1-坍落度筒；2-混凝土；3-钢尺；4-本尺

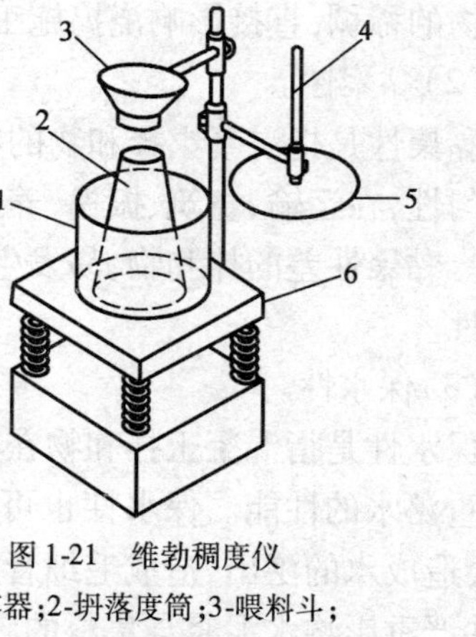

图 1-21　维勃稠度仪

1-容器；2-坍落度筒；3-喂料斗；4-测杆；5-透明圆盘；6-振动台

(3) 混凝土拌和物坍落度的选择，应根据施工条件、构件截面尺寸、配筋情况、施工方法等来确定，见表 1-36。

混凝土浇筑时的坍落度 表 1-36

结构种类	坍落度(mm)
基础或地面等垫层,无配筋的大体积结构(挡土墙、基础等)或配筋稀疏的结构	10 ~ 35
板、梁和大型及中型截面的柱子等	35 ~ 50
配筋密列的结构(如薄壁、斗仓、筒仓、细柱等)	55 ~ 70
配筋特密的结构	75 ~ 90

二、影响混凝土拌和物工作性的因素

影响混凝土拌和物工作性的因素较复杂,大致分为组成材料、环境条件和时间三方面。

1. 组成材料

(1)水泥的特性。

不同品种和质量的水泥,其矿物组成、细度、所掺混合材料种类的不同都会影响混凝土拌和物用水量。即使拌和水量相同,所得水泥浆的性质也会直接影响混凝土拌和物的工作性。例如矿渣硅酸盐水泥拌和的混凝土其流动性较小而保水性较差。粉煤灰硅酸盐水泥拌和的混凝土则其流动性、黏聚性、保水性都较好。水泥的细度越细,在相同用水量情况下其混凝土的流动性小,但黏聚性及保水性较好。

(2)用水量及水泥浆用量。

在水灰比不变的前提下,用水量加大,则水泥浆量增多,会使集料表面包裹的水泥浆层厚度加大,从而减小集料间的摩擦,增加混凝土拌和物的流动性。大量试验证明,当水灰比在一定范围(0.40 ~ 0.80)内而其他条件不变时,混凝土拌和物的流动性只与单位用水量(每立方米混凝土拌和物的拌和水量)有关,这一现象称为“恒定用水量法则”,它为混凝土配合比设计中单位用水量的确定提供了一种简单的方法,即单位用水量可主要由流动性来确定。现行行业标准《普通混凝土配合比设计规程》(JGJ 55—2000)提供的塑性混凝土用水量见表 1-37。

塑性混凝土用水量(kg/m^3)(JGJ 55—2000) 表 1-37

拌和物稠度		卵石最大粒径(mm)				碎石最大粒径(mm)			
项目	指标	10	20	31.5	40	16	20	31.5	40
坍落度(mm)	10 ~ 30	190	170	160	150	200	185	175	165
	35 ~ 50	200	180	170	160	210	195	185	175
	55 ~ 70	210	190	180	170	220	205	195	185
	75 ~ 90	215	195	185	175	230	215	205	195

注:①本表用水量系采用中砂时的平均取值。采用细砂时,每立方米混凝土用水量增加 5 ~ 10kg;采用粗砂时,则可减少 5 ~ 10kg。

②采用各种外加剂或掺和料时,用水量应相应调整。

(3)水灰比及水泥浆稠度。

水灰比即每立方米混凝土中水和水泥质量之比,用 W/C 表示。水灰比的大小,代表水泥浆的稀稠程度,水灰比越大,水泥浆越稀软,混凝土拌和物的流动性越大。这一依存关系,在水灰比为0.4～0.8的范围内时,又呈现得非常不敏感,这是“恒定用水量法则”的又一体现,为混凝土配合比设计中水灰比的确定提供了一条捷径,即在确定的流动性要求下,灰水比(水灰比的倒数)与混凝土的试配强度间呈简单的线性关系。

(4)集料性质。

①砂率。是每立方米混凝土中砂与砂石总质量之比。砂率的变动,会使集料的空隙率和集料的总表面积有显著改变,因而对混凝土拌和物的和易性产生显著影响。

砂率的高低说明混凝土拌和物中细集料所占比例的多少。在集料中,细集料越多,则集料的总表面积就越大,吸附的水泥浆也越多,同时细集料充填于粗集料间也会减小粗集料间的摩擦。砂率对混凝土拌和物的工作性是主要影响因素,图1-22是砂率对混凝土拌和物流动性和水泥用量影响的试验曲线。

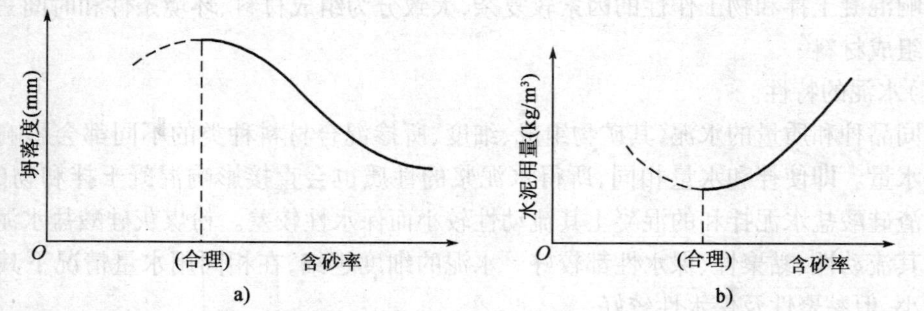

图1-22 砂率对混凝土拌和物流动性和水泥用量的试验曲线

a)砂率与坍落度的关系(水与水泥用量一定);b)砂率与水泥用量的关系(达到相同的坍落度)

当砂率适宜时,砂不但填满石子间的空隙,而且还能保证粗集料间有一定厚度的砂浆层,以减小粗集料间的摩擦阻力,使混凝土拌和物有较好的流动性。这个适宜的砂率,称为合理砂率。当采用合理砂率时,在用水量及水泥用量一定的情况下,能使混凝土拌和物获得最大的流动性,保持良好的黏聚性和保水性,或者当采用合理砂率时,能使混凝土拌和物获得所要求的流动性及良好的黏聚性与保水性,而水泥用量为最少。

②集料粒径、级配和表面状况。在用水量和水灰比不变的情况下,加大集料粒径可提高流动性,采用细度模数较小的砂,黏聚性和保水性可明显改善。级配良好的集料,空隙率小,在水泥浆量相同的情况下,包裹集料颗粒水泥浆较厚,流动性好。表面光滑圆整的集料(如卵石)所配制的混凝土流动性较表面粗糙的集料(如碎石)要好。

(5)外加剂。

外加剂可改变混凝土组成材料间的作用关系,加入少量的外加剂能使混凝土拌和物在不增加水泥用量的条件下,获得良好的和易性,不仅流动性显著增加而且能有效改善混凝土拌和物的黏聚性和保水性。

2.环境条件及时间

新搅拌的混凝土的工作性在不同的施工环境条件下往往会发生变化。尤其是当前推广使用集中搅拌的商品混凝土,与现场搅拌最大的不同,就是要经过长距离的运输,才能到达施工面。混凝土拌和物的和易性受温度的影响较明显,环境温度升高,水分蒸发及水化反应加快,相应使流动性降低。另外还受空气湿度、风速等环境条件的影响。

新拌制的混凝土随着时间的推移,部分拌和水挥发、被集料吸收,同时水泥矿物会逐渐水化,进而使混凝土拌和物变稠,流动性减小,造成坍落度损失,影响混凝土的施工质量。

三、改善混凝土拌和物工作性的措施

根据上述影响混凝土拌和物工作性的因素，可采取以下相应的技术措施来改善混凝土拌和物的工作性。

(1)通过试验，采用合理砂率。

(2)在水灰比不变的前提下，适当增加水泥浆的用量。

(3)改善砂、石料的级配，调整砂、石料的粒径，一般情况下尽可能采用连续级配。如要加大流动性可加大粒径，若欲提高黏聚性和保水性可减小集料的粒径。

(4)根据具体环境条件，尽可能缩小新拌混凝土的运输时间。若不允许，可掺缓凝剂、流变剂，减少坍落度损失

(5)有条件时尽量掺用外加剂。采用减水剂、引气剂、缓凝剂都可有效地改善混凝土拌和物的工作性。

任务三　硬化混凝土的技术性质

一、混凝土的强度

1. 混凝土的抗压强度及强度等级

混凝土的抗压强度，是指其标准试件在压力作用下直到破坏时单位面积所能承受的最大应力，混凝土的结构常以抗压强度为主要参数进行设计，而且抗压强度与其他强度及变形有良好的相关性。因此，抗压强度常作为评定混凝土质量的指标，并作为确定强度等级的依据，在实际工程中提到的混凝土强度一般是指抗压强度。

(1)立方体抗压强度。

按照国家标准《普通混凝土力学性能试验方法》(GB/T 50081—2002)的规定，边长为150mm的立方体试件，在标准养护条件(温度20℃ ±3℃，相对湿度大于90%)下养护28d进行抗压强度试验所测得的抗压强度称为混凝土的立方体抗压强度，以“f_{cu}”表示。

(2)轴心抗压强度。

立方体抗压强度是评定混凝土强度系数的依据，而实际工程中绝大多数混凝土构件都是棱柱体或圆柱体。同样的混凝土，试件形状不同，测出的强度值会有较大差别。为与实际情况相符，结构设计中采用混凝土的轴心抗压强度作为混凝土轴心受压构件设计强度的取值依据。根据《普通混凝土力学性能试验方法》(GB/T 50081—2002)规定，混凝土的轴心抗压强度是采用150mm×150mm×300mm的棱柱体标准试件，在标准养护条件下所测得的28d抗压强度值，以“f_{cp}”表示，根据大量的试验资料统计，轴心抗压强度与立方体抗压强度之间的关系为：$f_{cp}=(0.7-0.8)f_{cu}$。

(3)立方体抗压强度标准值和强度等级

立方体抗压强度的标准值是指按标准试验方法测得的立方体抗压强度总体分布中的一个值，强度低于该值的百分率不超过5%(即具有95%的强度保证率)。立方体抗压强度标准值用$f_{cu,k}$表示。

为便于设计和施工中选用混凝土，将混凝土按立方体抗压强度的标准值分成若干等级，即强度等级。混凝土的强度等级采用符号C与立方体抗压强度的标准值(以MPa计)表示，普通

混凝土划分为C7.5、C10、C15、C20、C25、C30、C35、C40、C45、C50、C55、C60、C65、C70、C75、C80共16个等级。

如强度等级为C20的混凝土，是指混凝土立方体抗压强度标准值$f_{cu.k}=20MPa$。

2. 影响混凝土强度的因素

影响混凝土强度的因素很多，大致有各组成材料的性质、配合比、养护条件、施工质量等几个方面。

(1) 水泥强度和水灰比。

水灰比是反映水与水泥质量之比的一个参数。一般来说，水泥水化需要的水分仅占水泥质量的25%左右，即水灰比为0.25即可保证水泥完全水化，但此时水泥浆稠度过大，混凝土的工作性满足不了施工的要求。为满足浇筑混凝土对工作性的要求，水灰比通常需在0.4以上，这样在混凝土完全硬化后，多余的水分就挥发而形成众多的孔隙，影响混凝土强度和耐久性。大量试验表明，水灰比大于0.25时，随着水灰比的加大，混凝土的强度将下降。图1-23a)所示即1919年美国学者D·阿布拉姆斯提出的普通混凝土的抗压强度与水灰比间的指数关系。1930年瑞士的J·鲍罗米又提出了图1-23b)所示的普通混凝土的抗压强度与灰水比间的线性关系，该种关系极易通过试验样本值用线性拟合的方法求出，因此在国际上广泛应用。

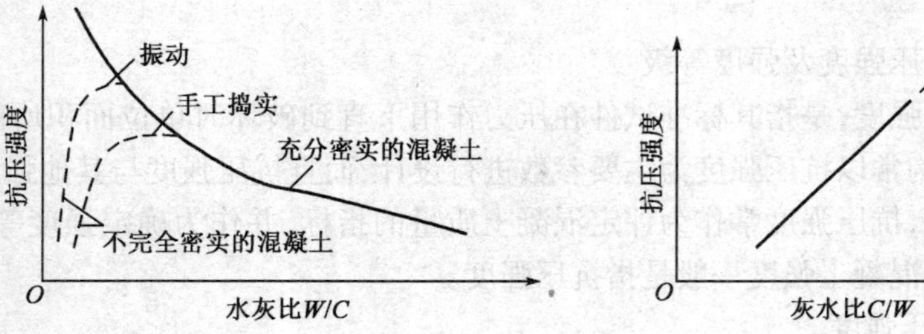

图1-23　混凝土抗压强度与水灰比(W/C)或灰水比(C/W)间的关系

根据各国大量工程实践及我国大量的实践资料统计结果，提出水灰比、水泥实际强度与混凝土28d立方体抗压强度的关系式为：

$$f_{cu,28}=\alpha_a \cdot f_{ce}(\frac{C}{W}\cdot \alpha_b) \tag{1-19}$$

式中：$f_{cu,28}$——混凝土的抗压强度，MPa；

f_{ce}——水泥的实际强度，MPa；

$\frac{C}{W}$——灰水比；

α_a、α_b——粗集料回归系数，按《普通混凝土配合比设计规程》(JG J55—2000)规定，α_a、α_b可按表1-38选用。

回归系数α_a、α_b选用表　　表1-38

石子品种 系数	碎　石	卵　石
α_a	0.46	0.48
α_b	0.07	0.33

该经验公式一般只适用于流动性混凝土及低流动性混凝土，对于干硬性混凝土则不适用。

(2)集料的影响。

当集料级配良好、砂率适当时，由于组成了坚强密实的骨架，有利于混凝土强度的提高。如果混凝土集料中有害杂质较多、品质低、级配不好时，会降低混凝土的强度。

由于碎石表面粗糙有棱角，提高了集料与水泥浆之间的机械啮合力和黏结力，所以在原材料坍落度相同的情况下，用碎石拌制的混凝土比用卵石的强度高。

集料的强度影响混凝土的强度，一般集料强度越高，所配制的混凝土强度越高，这在低水灰比和配制高强度混凝土时，特别明显。

集料粒形以三维长度相等或相近的球形或立方体形为好，若含有较多扁平或细长的颗粒，会增加混凝土的孔隙率，扩大混凝土中集料的表面积，增加混凝土的薄弱环节，导致混凝土强度下降。

(3)养护条件。

混凝土强度是一个渐进发展的过程，其发展的程度和速度取决于水泥的水化状况，而温度和湿度是影响水泥水化速度和程度的重要因素。因此，混凝土浇筑后必须保持足够的湿度和温度，才能保持水泥的不断水化，以使混凝土的强度不断发展。混凝土的养护条件一般情况下可分为标准养护和同条件养护，标准养护主要为确定混凝土的强度等级时采用。同条件养护是为检验混凝土浇筑工程或预制构件中混凝土强度时采用。

为满足水泥水化的需要，浇筑后的混凝土，必须保持一定时间的湿润，过早失水，会造成强度的下降，而且形成的结构疏松，产生大量的干缩裂缝，进而影响混凝土的耐久性。

图 1-24 是以潮湿状态下，养护龄期为 28d 的强度为 100%，得出的不同湿度条件对强度的影响曲线。

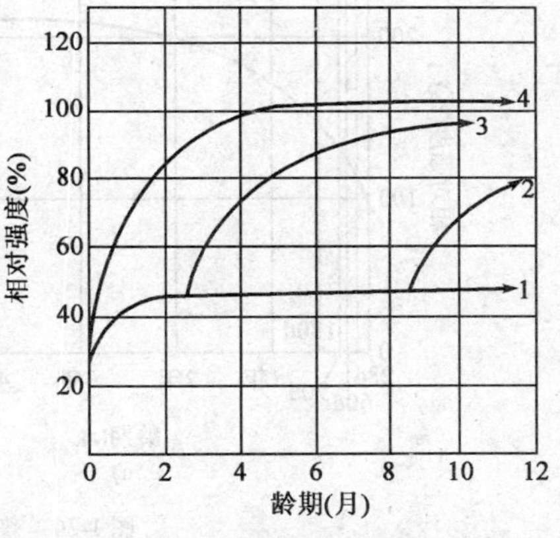

图 1-24　养护湿度条件对混凝土强度的影响

1-空气养护；2-9 个月后水中养护；3-3 个月后水中养护；4-标准湿度条件下养护

按《混凝土结构工程施工质量验收规范》(GB 50240—2002)规定，浇筑完毕的混凝土应采取以下保水措施：

①浇筑完毕 12h 以内对混凝土加以覆盖并保温养护。

②混凝土浇水养护的时间，对采用硅酸盐水泥、普通硅酸盐水泥或矿渣硅酸盐水泥拌制的混凝土，不得少于 7d；对掺用缓凝型外加剂或有抗渗要求的混凝土，不得少于 14d。浇水次数应能保持混凝土处于湿润状态。

③日平均气温低于 5℃，不得浇水。

④混凝土表面不便浇水养护时，可采用塑料布覆盖或涂刷养护剂(薄膜养护)。

水泥的水化是放热反应，维持较高的养护温度，可有效提高混凝土强度的发展速度。当温度降至 0℃以下时拌和用水结冰，水泥水化停止并受冻遭破坏作用。图 1-25 是不同养护温度对混凝土的强度发展的影响曲线。在生产预制混凝土构件时，可采用蒸汽高温养护来缩短生产周期。而在冬期现浇混凝土施工中，则需采用保温措施来维持混凝土中水泥的正常水化。

(4)龄期。

龄期是指混凝土在正常养护条件下所经历的时间。在正常不变的养护条件下，混凝土的

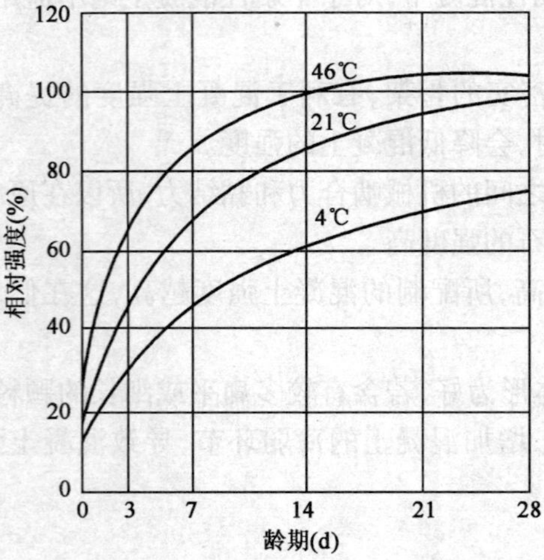

图 1-25　混凝土强度与养护温度的关系

强度随龄期的增长而提高，一般早期（7～14d）增长较快，以后逐渐变缓，28d 后增长更加缓慢，但可延续几年，甚至几十年之久，如图 1-26 所示。

在标准养护条件下，混凝土强度与其龄期的对数大致成正比，工程中常常利用这一关系，根据混凝土早期强度，估算其后期强度，其表达式为：

$$f_{\mathrm{cu,n}} = f_{\mathrm{cn,a}} \frac{\lg n}{\lg a} \tag{1-20}$$

式中：$f_{\mathrm{cu,n}}$——n 天龄期的混凝土抗压强度，MPa，$n \geqslant a$；

$f_{\mathrm{cu,a}}$——a 天龄期的混凝土抗压强度，MPa，$a \geqslant 3$。

根据式（1-20），可以由所测混凝土的早期强度，估算其 28d 龄期的强度。或者可由混凝土的 28d 强度，推算 28d 前混凝土达到某一强度需要养护的天数，如确定混凝土拆模、构件起吊、放松预应力钢筋、制品养护、出厂日期。但式（1-20）适用于标准养护条件下所测强度的龄期小于等于 3d，且为中等强度等级硅酸盐水泥所拌和的混凝土强度和龄期间的关系，在其他测定龄期和具体条件下，仅可作为参考。

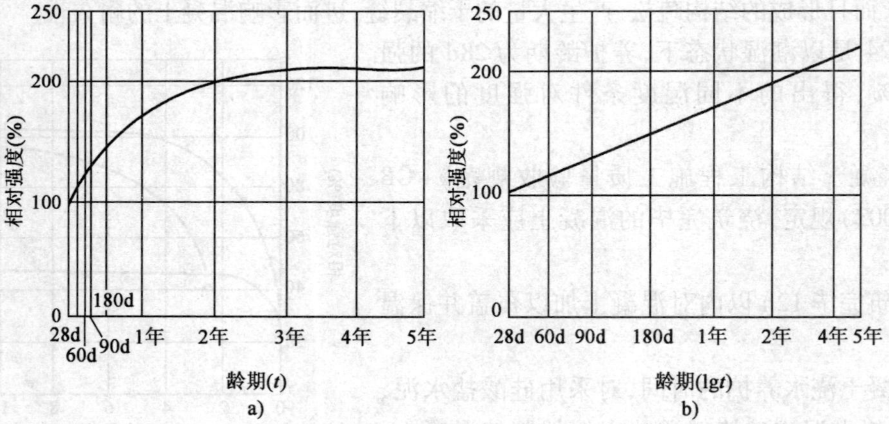

图 1-26　普通混凝土强度与龄期的变化关系
a）龄期为常数坐标；b）龄期为对数坐标

在工程实践中，通常采用同条件养护，以更准确地检验混凝土的质量。为此，《混凝土结构工程施工质量验收规范》（GB 50204—2002）提出了同条件下混凝土养护龄期的确定原则：

①等效养护龄期应根据同条件养护试件强度与在标准养护条件下 28d 龄期试件强度相等的原则确定。

②等效养护龄期可采用按日平均温度逐日累计达到 600℃·d 时所对应的龄期，0℃及以下的龄期不计入；等效养护龄期不应小于 14d，也不宜大于 60d。

（5）施工质量。

混凝土的搅拌、运输、浇筑、振捣、现场养护是一个复杂的施工过程，受到各种不确定性随机因素的影响。配料是否准确、振捣密实程度、拌和物的离析、现场养护条件的控制以至施工单位的技术和管理水平都会造成混凝土强度的变化。因此,必须采取严格有效的控制措施和手段,以保证混凝土的施工质量。

3. 提高混凝土强度的措施

(1)采用高强度等级的水泥。

提高水泥的强度等级可有效增加混凝土的强度,但由于水泥强度等级的增加受到原料、生产工艺的制约,故单纯靠提高水泥强度来达到提高混凝土强度的目的,往往是不现实的,也是不经济的。

(2)降低水灰比。

降低水灰比是提高混凝土强度的有效措施。混凝土拌和物的水灰比降低,可降低硬化混凝土的孔隙率,明显增加水泥与集料间的黏结力,使强度提高。但降低水灰比,会使混凝土拌和物的工作性下降。因此,必须有相应的技术措施配合,如采用机械强力振捣、掺加提高工作性的外加剂等。

(3)湿热养护。

除采用蒸汽养护、蒸压养护、冬季集料预热等技术措施外,还可利用蓄存水泥本身的水化热来提高强度的增长速度。

(4)龄期调整。

如前所述,混凝土随着龄期的延续,强度会持续上升。实践证明,混凝土的龄期在3~6个月时,强度较28d会提高25%~50%。工程某些部位的混凝土如在6个月后才能满载使用,则该部位的强度等级可适当降低,以节约水泥。但具体应用时,应得到设计、管理单位的批准。

(5)改进施工工艺。

如采用机械搅拌和强力振捣,都可使混凝土拌和物在低水灰比的情况下更加均匀、密实地浇筑,从而获得更高的强度。近年来,国外研制的高速搅拌法、二次投料搅拌法及高频振捣法等新的施工工艺在国内工程中的应用,都取得了较好的效果。

(6)掺加外加剂。

掺加外加剂是提高混凝土强度的有效方法之一,减水剂和早强剂都对混凝土的强度发展起到明显的作用。尤其在高强混凝土(强度等级大于C60)的设计中,采用高效减水剂已成为关键的技术措施。但需指出的是,早强剂只可提高混凝土的早期(≤10d)强度,对28d的强度影响不大。

二、混凝土的耐久性

混凝土作为各类工程的主要结构材料,不但要有设计要求的强度,以保证其能安全地承受设计的荷载,还应有在所处环境及使用条件下经久耐用的性能。所谓经久耐用的概念,也已从几十年扩展到了上百年,甚至数百年(如大型水库、海底隧道)。这就将混凝土的耐久性提到了更重要的位置,而且国内外的专家一致认为高耐久性的混凝土是当代高性能混凝土发展的主要方向,高性能混凝土就是以耐久性作为设计的主要指标。它不但可保证建筑物、构筑物的安全、长期的使用,对资源的保护和环境污染的治理都有重要意义。

混凝土的耐久性,主要对抗渗性、抗冻性、抗腐蚀性、抗碳化性、抗磨性及抗碱-集料反应等性能进行综合评定。每一项性能又都可从内部和外部影响因素两方面去分析。

1. 混凝土的抗渗性

混凝土的抗渗性是指混凝土抵抗有压介质(水、油、溶液等)渗透作用的能力,它是决定混凝土耐久性最基本的因素。它不但关系混凝土本身的防渗性能(地下工程、海洋工程等),还直接影响混凝土的抗冻性、抗腐蚀性等其他耐久性指标。若混凝土抗渗性差,不仅周围水等溶液物质易渗入内部,而且当遇有负气温或环境水中含有侵蚀性介质时,混凝土就易遭受冰冻或侵蚀作用而破坏,对钢筋混凝土还会引起其内部钢筋锈蚀,并导致表面混凝土保护层开裂与剥落。因此,要求混凝土必须具有一定的抗渗性。

混凝土渗透的主要原因是其本身内部的连接孔隙形成的渗水通道,这些通道是由于拌和水的占据作用和养护过程中的泌水造成的,同时外界环境的温度和湿度不宜也会造成局部水泥石的干缩裂缝,加剧混凝土的抗渗能力下降。混凝土的抗渗性除与水灰比关系密切外,还与水泥品种、集料的级配、养护条件、外加剂的种类等因素有关。

混凝土的抗渗性能试验,是采用圆台体或圆柱体试件(视抗渗试验设备要求而定)以6个为一组,养护至28d,套装于抗渗试验仪上,从下部通压力水,以6个试件中3个试件正面出现渗水而第4个试件未出现渗水时的最大水压力(MPa)计,称为抗渗等级。表1-39列出水灰比与混凝土的抗渗等级间的大致关系。

水灰比与混凝土的抗渗等级间的大致关系 表1-39

水灰比	0.50~0.55	0.55~0.60	0.60~0.65	0.65~0.75
抗渗等级	P8	P6	P4	P2

改善混凝土抗渗性的主要技术措施是采用低水灰比的干硬性混凝土,同时加强振捣和养护,以提高密实度,减少渗水通道的形成。

2. 抗冻性

混凝土的抗冻性,是指混凝土在饱水状态下,能经受多次冻融循环而不被破坏,同时也不严重降低所具有性能的能力。在寒冷地区,特别是接触水又受冻的环境下的混凝土,要求具有较高的抗冻性。即使是温暖地区的混凝土,虽没有冰冻的影响,但长期处于干湿循环状态,具有一定的抗冻能力也可提高其耐久性。

混凝土冻融破坏的原因,是由于混凝土内部孔隙中的水在负气温下结冰后,体积膨胀形成的静水压力,当这种压力产生的内应力超过混凝土的抗拉强度,混凝土就会产生裂缝,多次冻融循环使裂缝不断扩展直至破坏。

影响混凝土抗冻性的因素很多。从混凝土内部来说,主要因素是孔隙的多少、连通情况、孔径大小和孔隙的充水饱满程度。孔隙率越低,连通孔隙越少,毛细孔越少,孔隙的饱满程度越差,抗冻性越好。从外部环境看,所经受的冻融、干湿变化越剧烈,冻害越严重。在养护阶段,水化热高,会有效提高混凝土的抗冻性。提高混凝土抗冻性的主要措施是降低水灰比,提高密实度,同时采用合适品种的外加剂也可改善混凝土的抗冻能力。

混凝土的抗冻性可由抗冻试验得出的抗冻等级来评定。它是将养护28d的混凝土试件浸水饱和后置于冻融箱内,在标准条件下测其质量损失率不超过5%、强度损失率不超过25%时所能经受的冻融循环的最多次数。如抗冻等级为F8的混凝土,代表其所能经受的冻融循环次数为8次。不同使用环境和工程特点的混凝土,应根据要求选择相应的抗冻等级。

3. 抗腐蚀性

当混凝土所处的环境中含有侵蚀性介质时,混凝土便会遭受侵蚀,因此要求混凝土具有抗腐蚀的性能。混凝土的抗腐蚀性取决于水泥品种及混凝土的密实性。密实度越高,连通孔隙越少,外界的侵蚀性介质越不易侵入,故混凝土的抗腐蚀性好。

提高混凝土抗腐蚀性的主要措施是合理选择水泥品种，降低水灰比，提高混凝土的密实性和改善孔结构。

4. 抗碳化

混凝土的碳化是指空气中的二氧化碳及水通过混凝土的裂隙，与水泥石中的氢氧化钙反应生成碳酸钙，从而使混凝土的碱度降低的过程。

混凝土的碳化可使混凝土表面的强度适度提高，但对混凝土的有害作用却更大。碳化造成的碱度降低可使钢筋混凝土中的钢筋丧失碱性保护作用而发生锈蚀，锈蚀的生成物体积膨胀，进一步造成混凝土的微裂。碳化还能引起混凝土的收缩，使碳化层处于受拉压力状态而开裂，降低混凝土的受拉强度。采用水化后氢氧化钙含量高的硅酸盐水泥，比采用掺混合材料的硅酸盐水泥的混凝土碱度要高，碳化速度慢，抗碳化能力强。

低水灰比的混凝土孔隙率低，二氧化碳不易侵入，故抗碳化能力强。此外，环境的相对湿度在50% ~75%时碳化最快，相对湿度小于25%或达到饱和时，碳化会因为水分过少或水分过多，堵塞了二氧化碳的通道而停止。此外，二氧化碳浓度以及养护条件也是影响混凝土碳化速度及抗碳化能力的原因。研究表明，钢筋混凝土当碳化达到钢筋位置时，钢筋发生锈蚀，其寿命终结。所以对于钢筋混凝土来说，提高其抗碳化能力的措施之一就是提高保护层的厚度。

混凝土的碳化试验是将经烘烤处理后的28d龄期的混凝土试件置于碳化箱内，在标准条件下（温度为20℃ ±5℃，湿度为70% ±5%）通入二氧化碳气，在3d、7d、14d及28d时，取出试件，用酚酞酒精溶液作用于碳化层，测出碳化深度，然后以各龄期的平均碳化深度来评定混凝土的抗碳化能力及对钢筋的保护作用。

在实际工程中，为减少碳化作用对钢筋混凝土结构的不利影响，可以采取以下措施：

（1）在钢筋混凝土结构中加适当的保护层，使碳化深度在建筑物使用年限内达不到钢筋表面。

（2）根据工程使用环境及使用条件，合理选择水泥品种。

（3）使用减水剂，改善混凝土的和易性，提高混凝土的密实度。

（4）采用水灰比小、单位水泥用量较大的混凝土配合比。

（5）加强施工质量控制，加强养护，保证振捣质量，减少或避免混凝土出现蜂窝等质量事故。

（6）在混凝土表面涂刷保护层，防止二氧化碳侵入。

5. 碱—集料反应

碱—集料反应是指水泥中的碱（Na_2O、K_2O）与集料中的活性硅发生化学反应，在集料表面生成复杂的碱-硅酸凝胶，吸水，产生体积膨胀，从而导致混凝土膨胀开裂破坏，使混凝土的耐久性严重下降的现象。

产生碱-集料反应必须具备以下三个条件：

（1）水泥中碱（Na_2O或K_2O）的含量较高。

（2）集料中含有活性氧化硅成分。

（3）存在水分的作用。

解决碱-集料反应的技术措施主要是选用低碱度水泥（含碱量 <0.6%）；在水泥中掺活性混合材料以吸取水泥中钠、钾离子；掺加引气剂，释放碱-硅酸凝胶的膨胀压力。

6. 提高混凝土耐久性的措施

混凝土耐久性的要求应主要根据工程特点、环境条件而定。工程上主要应从材料的质量、配合比设计、施工质量控制等多方面采取措施给以保证。具体措施如下：

(1)选择合适品种的水泥。

(2)控制混凝土的最大水灰比和最小水泥用量。水灰比的大小直接影响混凝土密实性，而保证水泥的用量，也是提高混凝土密实性的前提条件。大量实践证明，耐久性的两个有效指标是最大水灰比和最小水泥用量，这两项指标在国家相关规范中都有规定（详见混凝土配合比设计部分）。

(3)选用质量良好的集料，并注意颗粒级配的改善。

近年来国内外研究成果表明，在集料中掺加粒径在砂和水泥之间的超细矿物粉能有效改善混凝土的颗粒级配，提高混凝土的耐久性。

(4)掺加外加剂。改善混凝土耐久性的外加剂有减水剂和引气剂。

(5)严格控制混凝土施工质量，保证混凝土达到均匀、密实。

任务四　普通混凝土的配合比设计

普通混凝土的配合比是指混凝土的各组成材料数量之间的比例关系。确定比例关系的过程称为配合比设计。普通混凝土配合比，应根据原材料性能及对混凝土的技术要求进行计算，并经试验室试配、调整后确定。普通混凝土的组成材料主要包括水泥、粗集料、细集料和水。随着混凝土技术的发展，外加剂和掺和料的应用日益普遍，因此，其掺量也是配合比设计时需选定的。

混凝土配合比常用的表示方法有两种：一种以 $1m^3$ 混凝土中各项材料的质量表示，混凝土中水泥、水、细集料、粗集料的实际用量按顺序表达，如水泥 300kg、水 182kg、砂 680kg、石子 1 310kg；另一种表示方法是以水泥、水、砂、石之间的相对质量比及水灰比表达，如前例可表示为 1:2.26:4.37，$W/C=0.61$，我国目前采用的是质量比。

一、混凝土配合比设计的基本要求

配合比设计的任务，就是根据原材料的技术性能及施工条件，确定能满足工程所要求的技术经济指标的各项组成材料的用量。其基本要求如下：

(1)达到混凝土结构设计要求的强度等级。

(2)满足混凝土施工所要求的和易性。

(3)满足工程所处环境和使用条件对混凝土耐久性的要求。

(4)符合经济原则，节约水泥，降低成本。

二、混凝土配合比设计的步骤

混凝土的配合比设计是一个计算、试配、调整的复杂过程，大致可分为初步计算配合比、基准配合比、试验室配合比、施工配合比设计四个设计阶段。首先按照已选择的原材料性能及对混凝土的技术要求进行初步计算，得出“初步计算配合比”。基准配合比是在初步计算配合比的基础上，通过试配、检测，进行工作性的调整、修正得到；试验室配合比是通过对水灰比的微量调整，在满足设计强度的前提下，进一步调整配合比以确定水泥用量最少的方案；而施工配合比是考虑砂、石的实际含水率对配合比的影响，对配合比作最后的修正，是实际应用的配合比。配合比设计的过程是逐一满足混凝土的强度、工作性、耐久性、节约水泥等要求的过程。

三、混凝土配合比设计的基本资料

在进行混凝土配合比设计前，需确定和了解的基本资料，即设计的前提条件，主要有以下几个方面：

（1）混凝土设计强度等级和强度的标准差。

（2）材料的基本情况，包括：水泥品种、强度等级、实际强度、密度；砂的种类、表观密度、细度模数、含水率；石子种类、表观密度、含水率；是否掺外加剂，外加剂种类。

（3）混凝土的工作性要求，如坍落度指标。

（4）与耐久性有关的环境条件，如冻融状况、地下水情况等。

（5）工程特点及施工工艺，如构件几何尺寸、钢筋的疏密程度、浇筑振捣的方法等。

四、混凝土配合比设计中三个基本参数的确定

混凝土配合比的设计，实质上就是确定单位体积混凝土拌和物中水、水泥，粗集料（石子），细集料（砂）这四项组成材料之间的三个参数。即水和水泥之间的比例——水灰比；砂和石子间的比例——砂率；集料与水泥浆之间的比例——单位用水量。在配合比设计中能正确确定这三个基本参数，就能使混凝土满足配合比设计的四项基本要求。

确定这三个参数的基本原则是，在混凝土的强度和耐久性的基础上，确定水灰比；在满足混凝土施工和易性要求的基础上，确定混凝土的单位用水量；砂的数量应以填充石子空隙后略有富余为原则。

具体确定水灰比时，从强度角度看，水灰比应小些；从耐久性角度看，水灰比小些，水泥用量多些，混凝土的密度就高，耐久性则优良，这可通过控制最大水灰比和最小水泥用量来满足（表1-40）。由强度和耐久性分别决定的水灰比往往是不同的，此时应取较小值。但当强度和耐久性都已满足的前提下，水灰比应取较大值，以获得较高的流动性。

混凝土的最大水灰比和最小水泥用量 表1-40

环境条件		结构物类别	最大水灰比			最小水泥用量（kg/m^3）		
			素混凝土	钢筋混凝土	预应力混凝土	素混凝土	钢筋混凝土	预应力混凝土
1.干燥环境		正常的居住或办公用房屋内部件	不作规定	0.65	0.60	200	260	300
2.潮湿环境	无冻害	（1）高湿度的室内部件； （2）室外部件； （3）在非侵蚀性土和（或）水中的部件	0.70	0.60	0.60	225	280	300
	有冻害	（1）经受冻害的室外部件； （2）在非侵蚀性土和（或）水中且经受冻害的部件； （3）高湿度且经受冻害的室内部件	0.55	0.55	0.55	250	280	300
3.有冻害和除冰剂的潮湿环境		经受冻害和除冰剂作用的室内和室外部件	0.50	0.50	0.50	300	300	300

注：①当用活性掺和料取代部分水泥时，表中的最大水灰比及最小水泥用量即为替代前的水灰比和水泥用量。

②配制C15级及其以下等级的混凝土，可不受本表限制。

确定砂率主要应从满足工作性和节约水泥两个方面考虑。在水灰比和水泥用量(即水泥浆用量)不变的前提下,砂率应取坍落度最大,而黏聚性和保水性又好的砂率即合理砂率。在满足工作性的情况下,砂率尽可能取小值以达到节约水泥的目的。

单位用水量是在水灰比和水泥用量不变的情况下,实际反映水泥浆量与集料间的比例关系。水泥浆量要满足包裹粗、细集料表面并保持足够流动性的要求,但用水量过大,会降低混凝土的耐久性。水灰比在0.40~0.80范围内时,根据粗集料的品种、粒径、坍落度,单位用水量可通过表1-37确定。

五、混凝土配合比设计的步骤

1. 初步计算配合比

(1)确定混凝土配制强度$f_{cu,o}$。

混凝土的配制强度按式(1-21)计算:

$$f_{cu,o} \geqslant f_{cu,k} + 1.645\sigma \tag{1-21}$$

式中:$f_{cu,o}$——混凝土配制强度,MPa;

$f_{cu,k}$——混凝土立方体抗压强度标准值,MPa;

σ——混凝土强度标准差,MPa。

混凝土配合比的确定方法如下:

①可根据同类混凝土的强度资料确定。对C20和C25级的混凝土,其强度标准差下限值取2.5MPa;对大于或等于C30级的混凝土,其强度标准差的下限值取3.0MPa。

②当施工单位无历史统计资料时,σ可按表1-41取值。

混凝土的σ取值 表1-41

混凝土的强度等级	<C20	C20~C35	>C35
σ	4.0	5.0	6.0

③遇有下列情况时应适当提高混凝土配制强度:

a. 现场条件与试验室条件有显著差异时;

b. C30及其以上强度等级的混凝土,采用非统计方法评定时。

(2)确定水灰比W/C。

当混凝土强度等级小于C60级时,混凝土水灰比按式(1-22)计算:

$$\frac{W}{C} = \frac{\alpha_a \cdot f_{ce}}{f_{cu,o} + \alpha_a \cdot \alpha_b \cdot f_{ce}} \tag{1-22}$$

式中:α_a、α_b——回归系数,取值见表1-38;

f_{ce}——水泥28d抗压强度实测值,MPa。

当无水泥28d抗压强度实测值时,按式(1-23)确定f_{ce}:

$$f_{ce} = \gamma_c \times f_{ce,g} \tag{1-23}$$

式中:$f_{ce,g}$——水泥强度等级值,MPa;

γ_c——水泥强度等级值富余系数,按实际统计资料确定。

由上式计算出的水灰比应小于表1-40中规定的最大水灰比。若计算而得的水灰比大于最大水灰比,则取最大水灰比,以保证混凝土的耐久性。

(3)确定用水量 m_{wo}。

根据施工要求,混凝土拌和物的坍落度、所用集料的种类及最大粒径,由表 1-37 查得。水灰比小于 0.40 的混凝土及采用特殊成型工艺的混凝土的用水量应通过试验确定。流动性和大流动性混凝土的用水量以表 1-37 中坍落度为 90mm 的用水量为基础,按坍落度每增大 20mm,用水量增加 5kg,计算出用水量。掺外加剂时的用水量可按式(1-24)计算:

$$m_{wa} = m_{wo}(1-\beta) \tag{1-24}$$

式中:m_{wa}——掺外加剂时每立方米混凝土的用水量,kg;

m_{wo}——未掺外加剂时每立方米混凝土的用水量,kg;

β——外加剂的减水率,%,经试验确定。

(4)确定水泥用量 m_{co}。

由已求得的水灰比W/C和用水量 m_{wo} 可计算出水泥用量:

$$m_{co} = m_{wo} \times \frac{C}{W} \tag{1-25}$$

由式(1-25)计算出的水泥用量应大于表 1-40 中规定的最小水泥用量。若计算而得的水泥用量小于最小水泥用量时,应选取最小水泥用量,以保证混凝土的耐久性。

(5)确定砂率。

砂率可由试验或历史经验资料选取。如无历史资料,坍落度为 10~60mm 的混凝土的砂率可根据粗集料品种、最大粒径及水灰比按表 1-42 选取。坍落度大于 60mm 的混凝土的砂率,可经试验确定,也可在表 1-40 的基础上,按坍落度每增大 20mm,砂率增大 1% 的幅度予以调整。坍落度小于 10mm 的混凝土,其砂率应经试验确定。

混凝土的砂率(%)(JGJ 55—2000) 表 1-42

水灰比(W/C)	卵石最大粒径(mm)			碎石最大粒径(mm)		
	10	20	40	16	20	40
0.40	26~32	25~31	24~30	30~35	29~34	27~32
0.50	30~35	29~34	28~33	33~38	32~37	30~35
0.60	33~38	32~37	31~36	36~41	35~40	33~38
0.70	36~41	35~40	34~39	39~41	38~43	36~41

注:①本表数值系中砂的选用砂率,对细砂或粗砂,可相应地减少或增大砂率。

②只用一个单粒级粗集料配制混凝土时,砂率应适当增大。

③对薄壁构件,砂率取偏大值。

(6)计算砂、石用量 m_{so}、m_{go}。

①体积法。该种方法假定混凝土拌和物的体积等于各组成材料的体积与拌和物中所含空气的体积之和。如取混凝土拌和物的体积为 $1m^3$,则可得以下关于 m_{so}、m_{go}的二元方程组。

$$\begin{cases} m_{co}/\rho_c + m_{go}/\rho_g + m_{so}/\rho_s + m_{wo}/\rho_w + 0.01\alpha = 1m^3 \\ \beta_s = \dfrac{m_{so}}{m_{so}+m_{go}} \times 100\% \end{cases} \tag{1-26}$$

式中:m_{co}、m_{so}、m_{go}、m_{wo}——每立方米混凝土中的水泥、细集料(砂)、粗集料(石子)、水的质量,kg;

ρ_g、ρ_s——粗集料、细集料的表观密度,kg/m^3;

ρ_c、ρ_w——水泥、水的密度,kg/m^3;

α——混凝土中的含气量百分数,在不使用引气型外加剂时,α 可取1。

②质量法。该种方法假定 $1m^3$ 混凝土拌和物质量等于其各种组成材料质量之和,据此可得以下方程组。

$$\begin{cases} m_{co}+m_{so}+m_{go}+m_{wo}=m_{cp} \\ \beta_s=\dfrac{m_{so}}{m_{so}+m_{go}}\times 100\% \end{cases} \tag{1-27}$$

式中:m_{co}、m_{so}、m_{go}、m_{wo}——每立方米混凝土中的水泥、细集料(砂)、粗集料(石子)、水的质量,kg;

m_{cp}——每立方米混凝土拌和物的假定质量,可根据实际经验在2 350~2 450kg之间选取。

由以上关于 m_{so} 和 m_{go} 的二元方程组,可解出 m_{so} 和 m_{go}。

则混凝土的初步计算配合比(初步满足强度和耐久性要求)为:m_{co}∶m_{so}∶m_{go}∶m_{wo}。

2.基准配合比

按初步计算配合比进行混凝土配合比的试配和调整。试配时,混凝土的搅拌量可按表1-43选取。当采用机械搅拌时,其搅拌不应小于搅拌机额定搅拌量的1/4。

混凝土试拌的最小搅拌量(JGJ 55—2000) 表1-43

集料最大粒径(mm)	拌和物数量(L)	集料最大粒径(mm)	拌和物数量(L)
31.5及以下	15	40	25

试拌后立即测定混凝土的工作性。当试拌得出的拌和物坍落度比要求值大时,应在水灰比不变的前提下,增加水泥浆用量;当比要求值大时,应在砂率不变的前提下,增加砂、石用量;当黏聚性、保水性差时,可适当加大砂率。调整时,应即时记录调整后的各材料用量(m_{cb},m_{wb},m_{sb},m_{gb}),并实测调整后混凝土拌和物的体积密度 ρ_{oh}(kg/m³)。令工作性调整后的混凝土试样总质量为:

$$m_{Qb}=m_{cb}+m_{wb}+m_{sb}+m_{gb} \tag{1-28}$$

由此得出基准配合比(调整后 $1m^3$ 混凝土中各材料用量):

$$m_{cj}=m_{cb}/m_{Qb}\cdot\rho_{oh}$$

$$m_{wj}=m_{wb}/m_{Qb}\cdot\rho_{oh}$$

$$m_{sj}=m_{sb}/m_{Qb}\cdot\rho_{oh}$$

$$m_{gj}=m_{gb}/m_{Qb}\cdot\rho_{oh}$$

3.试验室配合比

经调整后的基准配合比虽工作性已满足要求,但经计算而得出的水灰比是否真正满足强度的要求,需要通过强度试验检验。在基准配合比的基础上做强度试验时,应采用三个不同的配合比,其中一个为基准配合比中的水灰比,另外两个较基准配合比的水灰比分别增加和减少0.05。其用水量应与基准配合比的用水量相同,砂率可分别增加和减少1%。

制作混凝土强度试验试件时,应检验混凝土拌和物的坍落度或维勃稠度、黏聚性、保水性及拌和物的体积密度,并以此结果作为代表相应配和比的混凝土拌和物的性能。进行混凝土强度试验时,每种配合比至少应制作一组(三块)试件,标准养护28d时试压。需要时可同时制作几组试件,供快速检验或早龄试压,以便提前定出混凝土配合比供施工使用,但应以标准养护28d的强度的检验结果为依据调整配合比。

根据试验得出的混凝土强度与其相对应的灰水比(C/W)关系,用作图法或计算法求出与混凝土配制强度($f_{cu,o}$)相对应的灰水比,并应按下列原则确定每立方米混凝土的材料用量:

(1)用水量(m_w)应在基准配合比用水量的基础上,根据制作强度试件时测得的坍落度或维勃稠度进行调整确定。

(2)水泥用量(m_c)应以用水量乘以选定出来的灰水比计算确定。

(3)粗集料和细集料用量(m_g 和 m_s)应在基准配合比的粗集料和细集料用量的基础上,按选定的灰水比经调整后确定。

经试配确定配合比后,尚应按下列步骤进行校正。

根据前述已确定的材料用量按式(1-29)计算混凝土的表观密度计算值:

$$\rho_{cc} = m_c + m_w + m_s + m_g \tag{1-29}$$

再按式(1-30)计算混凝土配合比校正系数 δ:

$$\delta = \rho_{ct}/\rho_{cc} \tag{1-30}$$

式中:ρ_{ct}——混凝土表观密度实测值,kg/m^3;

ρ_{cc}——混凝土表观密度计算值,kg/m^3。

当混凝土表观密度实测值与计算值之差的绝对值不超过计算值的 2% 时,按以前的配合比即为确定的试验室配合比;当二者之差超过 2% 时,应将配合比中每项材料用量均乘以校正系数 δ,即最终确定的试验室配合比。

试验室配合比在使用过程中,应根据原材料情况及混凝土质量检验的结果予以调整。但遇有下列情况之一时,应重新进行配合比设计:

①对混凝土性能指标有特殊要求时;

②水泥、外加剂或矿物掺和料品种、质量有显著变化时;

③该配合比的混凝土生产间断半年以上时。

4. 施工配合比

设计配合比是以干燥材料为基准的,而工地存放的砂石都含有一定的水分,且随着气候的变化而经常变化。所以,现场材料的实际称量应按施工现场砂、石的含水情况进行修正,修正后的配合比称为施工配合比。

假定工地存放的砂的含水率为 $a\%$,石子的含水率为 $b\%$,则将上述设计配合比换算为施工配合比,其材料称量如下:

水泥用量 $$m_c = m_{co}$$

砂用量 $$m_s = m_{so}(1 + a\%)$$

石子用量 $$m_g = m_{go}(1 + b\%)$$

用水量 $$m_w = m_{wo} - m_{so} \times a\% - m_{go} \times b\%$$

m_{co}、m_{so}、m_{go}、m_{wo} 为调整后的试验室配合比中每立方米混凝土中的水泥、水、砂和石子的用量(kg)。应注意,进行混凝土配合比计算时,其计算公式中有关参数和表格中的数值均系以干燥状态集料(含水率小于 0.05% 的细集料或含水率小于 0.2% 的粗集料)为基准。当以饱和面干集料为基准进行计算时,则应作相应的调整,即施工配合比公式中的 a、b 分别表示现场砂石含水率与其饱和面干含水率之差。

六、普通混凝土配合比设计举例

【例 1-2】 某办公楼工程,现场浇筑钢筋混凝土柱,试根据以下基本资料和条件设计混凝土的施工配合比。混凝土的设计强度等级为 C25,该施工单位无历史统计资料。采用的材料为：

水泥，决定采用强度等级为 42.5 级的普通硅酸盐水泥，实际测定水泥的实际强度为 43.5MPa，水泥的密度为 3.0kg/m^3。

砂为中砂，$M_x = 2.5$，表观密度 $\rho_s = 2.65\text{kg/m}^3$，现场用砂含水率为 3%。

石子为碎石，最大粒径为 20mm，表观密度 $\rho_g = 2.70\ \text{kg/m}^3$，现场用石子含水率为 1%。

拌和用水为自来水。混凝土不掺用外加剂。

构件截面的最小尺寸为 400mm，钢筋净距为 60mm。该工程为潮湿环境下无冻害构件。混凝土采用机械搅拌，机械振捣。混凝土施工要求的坍落度为 30～50mm。

设计混凝土配合比（按干燥材料计算），并求施工配合比。

解：1. 初步计算配合比

（1）混凝土配制强度的确定。

查表 1-41，取 $\sigma = 5$，则：

$$f_{\text{cu,o}} = f_{\text{cu,k}} + 1.645\sigma = 25 + 1.645 \times 5 = 33.2\text{MPa}$$

（2）确定水灰比 W/C。

采用碎石，回归系数可取：$\alpha_a = 0.46$，$\alpha_b = 0.07$，则：

$W/C = \alpha_a f_{ce} / (f_{\text{cu,o}} + \alpha_a \cdot \alpha b \cdot f_{ce}) = 0.46 \times 43.5/(33.2 + 0.46 \times 0.07 \times 43.5) = 0.578$

根据本工程的环境条件，查表 1-40 可得满足耐久性要求的最大水灰比（W/C）为 0.60，大于满足强度要求的计算水灰比 W/C，故取 $W/C = 0.58$。

（3）确定粗集料的最大粒径 $D_{\max}$ 和单位用水量 m_{wo}。

根据构件截面最小尺寸和钢筋净距，选用粗集料的最大粒径：

$$D_{\max} \leqslant 1/4 \times 400 = 100\text{mm}; D_{\max} \leqslant 3/4 \times 60 = 45\text{mm}$$

故同时满足以上两条件的 $D_{\max}$ 应为 45mm。同时应考虑粒级的范围，故决定选用 5～40mm 的碎石集料。

根据集料种类为碎石、$D_{\max}$ 为 45mm、坍落度为 30～50mm，查表 1-37 可得单位用水量 $m_{wo} = 195\text{kg/m}^3$。

（4）确定水泥用量。

$$m_{wo} = m_{wo}/(W/C) = 195/0.58 = 336\text{kg}$$

对照表 1-40，本工程为办公楼内部构件，要求的最小水泥用量为 260kg，故取 $m_{co} = 336\text{kg/m}^3$。

（5）确定砂率（β_s）。

根据水灰比 $W/C = 0.58$，碎石 $D_{\max} = 20\text{mm}$，查表 1-42 可得 $\beta_s = 33\% \sim 38\%$，初步选为 36%。

（6）确定砂、石用量（m_{so} 和 m_{go}）。

采用体积法计算（取 $\alpha = 1$），将有关数值代入下列方程组：

$$\begin{cases} m_{co}/\rho_c + m_{go}/\rho_g + m_{so}/\rho_s + m_{wo}/\rho_w + 0.01\alpha = 1\text{m}^3 \\ \beta_s = \dfrac{m_{so}}{m_{so} + m_{go}} \times 100\% \end{cases}$$

解得：$m_{so} = 767\text{kg}$，$m_{go} = 1364\text{kg}$。

以上计算结果为初步计算配合比，即每立方米混凝土的材料用量为：水泥 336kg，水 195kg，砂 767kg，石子 1 364kg。以配合比例表示为：

水泥: 砂: 石子——1: 2.28: 4.05，$W/C=0.58$。

2. 基准配合比

(1)检验、调整工作性。

按初步计算配合比，配制 15L 混凝土（根据表 1-43）。试样的各组成材料用量如下。

水泥：$0.015\times336=5.04$kg；

水：$0.015\times195=2.93$kg；

砂：$0.015\times767=11.51$kg；

石子：$0.015\times1364=20.64$kg。

试拌材料总和为 40.1kg。

(2)按规定方法拌和后，测定坍落度为 20mm，达不到要求的坍落度 35～50mm，故需在水灰比不变的前提下，增加水泥浆用量。水泥用量增为 5.4kg，而用水量为 3.13kg，调整后的材料用量如下。

水泥：$0.015\times336=5.40$kg；

水：$0.015\times195=3.13$kg；

砂：$0.015\times767=11.37$kg；

石子：$0.015\times1364=20.21$kg。

(3)试拌材料总和为 40.10kg，拌和后，测得坍落度为 40mm，且黏聚性、保水性良好。实测试拌混凝土的体积密度为 2 390kg/m^3。

1m^3 混凝土的材料用量如下。

水泥：$5.40/40.10\times2390=322$kg；

水：$3.13/40.10\times2390=187$kg；

砂：$11.37/40.10\times2390=678$kg；

石子：$20.21/40.10\times2390=1\,204$kg。

基准配合比为: 322: 187: 678: 1204 = 1: 0.58: 2.10: 3.73。

3. 试验室配合比

在基准配合比的基础上，分别以三种不同的水灰比（0.58、比其分别加大 0.05 的 0.63 和减小 0.05 的 0.52）拌制混凝土并制作三组试件。经试拌调整以满足和易性要求。制作三组混凝土立方体试件，经 28d 标准养护，（也可用短期强度推算）测得抗压强度，得出各水灰比对应的各组试件的强度代表值见表 1-44。

三组混凝土立方体试件抗压强度 表 1-44

W/C	C/W	抗压强度(MPa)	W/C	C/W	抗压强度(MPa)
0.63	1.67	43.6	0.53	1.54	40.2
0.58	1.82	49.1			

利用表 1-43 中的三组抗压强度试验结果，可知水灰比为 0.58 的基准配合比的混凝土强度能满足配制强度 $f_{cu,o}$ 的要求，可定为混凝土的设计配合比。

4. 施工配合比

考虑现场砂、石的含水对配合比的影响，将设计配合比换算为现场施工配合比。用水量扣除砂、石所含的水量。而砂石用量则应增加砂石含水的质量。所以，可得施工配合比如下。

水泥用量：$m_c=322$kg；

砂用量：$m_s = m_{so}(1 + a\%) = 678 \times (1 + 0.03) = 698\text{kg}$；

石子用量：$m_g = m_{go}(1 + b\%) = 1204 \times (1 + 0.01) = 1216\text{kg}$；

用水量：$m_w = m_{wo} - m_{so} \times a\% - m_{go} \times b\% = 187 - 322 \times 0.03 - 1204 \times 0.01 = 165\text{kg}$。

任务五　水泥混凝土的试验与质量检测

实训项目一　混凝土拌和物和易性

一、混凝土拌和物取样及试样制备

1. 一般规定

(1)混凝土拌和物试验用料应根据不同要求，从同一盘或同一车运送的混凝土中取出，或在试验室用机械或人工单独拌制。取样方法和原则按《混凝土结构工程施工及验收规范》(GB 50204—2002)及《混凝土强度检验评定标准》(GB/T 50107—2010)有关规定进行。

(2)在试验室拌制混凝土进行试验时，拌和用的集料应提前运入室内。拌和时试验室的温度应保持在20℃ ±5℃。

(3)材料用量以质量计，称量的精确度：集料为±1%；水、水泥和外加剂均为±0.5%。混凝土试配时的最小搅拌量为：当集料最大粒径小于30mm时，拌制数量为15L；最大粒径为40mm时，拌制数量为25L。搅拌量不应小于搅拌机额定搅拌量的1/4。

2. 主要仪器设备

搅拌机(容量75～100L，转速18～22r/min)；磅秤(称量50kg，感量50g)；天平(称量5kg，感量1g)；量筒(200mL、100mL各一只)；拌板(1.5m×2.0m左右)；拌铲、盛器、抹布等。

3. 拌和方法

(1)人工拌和。

①按所定配合比备料，以全干状态为准。

②将拌板和拌铲用湿布润湿后，将砂倒在拌板上，然后加入水泥，用铲自拌板一端翻拌至另一端，然后再翻拌回来，如此重复直至颜色混合均匀，再加入石子翻拌至混合均匀为止。

③将干混合料堆成堆，在中间做一凹槽，将已称量好的水倒入一半左右在凹槽中(勿使水流出)，然后仔细翻拌，并徐徐加入剩余的水，继续翻拌。每翻拌一次，用铲在混合料上铲切一次，直至拌和均匀为止。

④拌和时力求动作敏捷，拌和时间从加水时算起，应大致符合以下规定：

拌和物体积为30L以下时，为4～5min，拌和物体积为30～50L时，为5～9min，拌和物体积为51～75L时，为9～12min。

⑤拌好后，根据试验要求，即可做拌和物的各项性能试验或成型试件。从开始加水至全部操作结束，必须在30min内完成。

(2)机械搅拌。

①按所定配合比备料，以全干状态为准。

②预拌一次，按配合比的水泥、砂和水组成的砂浆和少量石子，在搅拌机中涮膛，然后倒出多余的砂浆，其目的是使水泥砂浆先黏附满搅拌机的筒壁，以免正式拌和时影响混凝土的配

合比。

③开动搅拌机，将石子、砂和水泥依次加入搅拌机内，干拌均匀，再将水徐徐加入。全部加料时间不得超过2min。水全部加入后，继续拌和2min。

④将拌和物从搅拌机中卸出，倒在拌板上，再经人工拌和1～2min，即可做拌和物的各项性能试验或成型试件。从开始加水时算起，全部操作必须在30min内完成。

二、混凝土拌和物的性能

采取定量测定流动性，根据直观经验判定黏聚性和保水性的原则，来评定混凝土拌和物的和易性。定量测定流动性的方法有坍落度法和维勃稠度法两种。坍落度法适合于坍落度值不小于10mm的塑性拌和物；维勃稠度法适合于维勃稠度为5～30s的干硬性混凝土拌和物。要求集料的最大粒径均不得大于40mm。本试验只介绍坍落度法。

（1）主要仪器设备。

坍落度筒（截头圆锥形，由薄钢板或其他金属板制成，形状和尺寸见图1-27）；捣棒（端部应磨圆，直径16mm，长度650mm）；装料漏斗、小铁铲、钢直尺、抹刀等。

（2）试验步骤。

①湿润坍落度筒及其他用具，并把筒放在不吸水的刚性水平底板上，然后用脚踩住两边的踏脚板，使坍落度筒在装料时保持位置固定。

②把按要求取得的混凝土试样用小铲分三层均匀地装入坍落度筒内，使捣实后每层高度为筒高的三分之一左右。每层用捣棒插捣25次，插捣应沿螺旋方向由外向中心进行，每次插捣应在截面上均匀分布。插捣筒边混凝土时，捣棒可以稍稍倾斜。插捣底层时，捣棒应贯穿整个深度；插捣第二层或顶层时，捣棒应插透本层至下一层的表面。

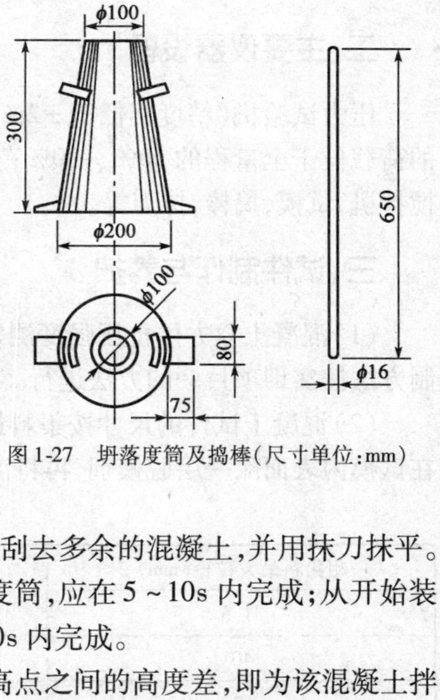

图1-27　坍落度筒及捣棒（尺寸单位：mm）

浇灌顶层时，混凝土应灌到高出筒口。插捣过程中，如混凝土沉落到低于筒口，则应随时添加。顶层插捣完后，刮去多余的混凝土，并用抹刀抹平。

③清除筒边底板上的混凝土后，垂直平稳地提起坍落度筒，应在5～10s内完成；从开始装料至提起坍落度筒的整个过程应不间断地进行，并应在150s内完成。

④提起坍落度筒后，量测筒高与坍落后混凝土试体最高点之间的高度差，即为该混凝土拌和物的坍落度值（以mm为单位，读数精确至5mm）。如混凝土发生崩坍或一边剪坏的现象，则应重新取样进行测定。如第二次试验仍出现上述现象，则表示该混凝土和易性不好，应予以记录备查，见图1-28。

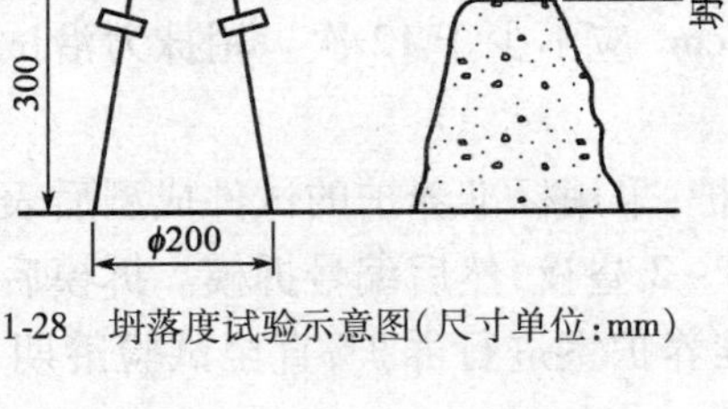

图1-28　坍落度试验示意图（尺寸单位：mm）

⑤测定坍落度后，观察拌和物的下述性质，并记录如下内容：

a. 黏聚性。用捣棒在已坍落的混凝土锥体侧面轻轻敲打，如果锥体逐渐下沉，表示黏聚性良好；如果锥体坍塌、部分崩裂或出现离析现象，表示黏聚性不好。

b. 保水性。坍落度筒提起后如有较多的稀浆从底部析出，锥体部分的混凝土也因失浆而集料外露，则表明保水性不好；如无稀浆或只有少量稀浆自底部析出，表明保水性良好。

⑥坍落度的调整。

a. 在按初步配合比计算好试拌材料的同时，内外还需备好两份为调整坍落度用的水泥和水。备用水泥和水的比例符合原定水灰比，其用量可为原计算用量的5%和10%。

b. 当测得的坍落度小于规定要求时，可掺入备用的水泥或水，掺量可根据坍落度相差的大小确定；当坍落度过大，黏聚性和保水性较差时，可保持砂率一定，适当增加砂和石子的用量。如保水性较差，可适当增大砂率，即其他材料不变，适当增加砂的用量。

实训项目二　混凝土试件制作、养护及强度测定

一、目的与适用范围

本试验规定了测定混凝土抗压极限强度试件制作、养护方法及强度测定方法，检查水泥混凝土施工品质和确定混凝土的强度等级。

二、主要仪器设备

压力试验机（精度不低于±2%，试验时由试件最大荷载选择压力机量程。使试件破坏时的荷载位于全量程的20%～80%范围内），振动台（频率50Hz±3Hz，空载振幅约为0.5mm），搅拌机，试模，捣棒，抹刀等。

三、试件制作与养护

（1）混凝土立方体抗压强度测定，以三个试件为一组。每组试件所用拌和物的取样或拌制方法按实训项目一的方法进行。

（2）混凝土试件的尺寸按集料最大粒径选定，见表1-45。制作试件前，应将试模擦干净并在试模内表面涂一层脱模剂，再将混凝土拌和物装入试模成型。

混凝土试件的尺寸　　表1-45

粗集料最大粒径（mm）	试件尺寸（mm）	结果乘以换算系数
31.5	100×100×100	0.95
40	150×150×150	1.00
63	200×200×200	1.05

（3）对于坍落度不大于70mm的混凝土拌和物，将其一次装入试模并高出试模表面，将试件移至振动台上，开动振动台振至混凝土表面出现水泥浆并无气泡向上冒时为止。振动时应防止试模在振动台上跳动。刮去多余的混凝土，用抹刀抹平。记录振动时间。

对于坍落度大于70mm的混凝土拌和物，将其分两层装入试模，每层厚度大约相等。用捣棒按螺旋方向从边缘向中心均匀插捣，次数一般每100cm^{2}应不少于12次。用抹刀沿试模内壁插入数次，最后刮去多余混凝土并抹平。

（4）养护。按照试验目的不同，试件可采用标准养护，采用标准养护的试件成型后表面应覆盖，以防止水分蒸发，并在20℃±5℃的条件下静置1～2昼夜，然后编号拆模。拆模后的试件立即放入温度为20℃±2℃、湿度为95%以上的标准养护室进行养护，直至试验龄期28d。

在标准养护室内，试件应搁放在架上，彼此间隔为 10 ~ 20mm，避免用水直接冲淋试件。当无标准养护室时，混凝土试件可在温度为 20℃ ±2℃的不流动的 $Ca(OH)_2$ 饱和溶液中养护。

四、抗压强度测定步骤

(1)试件从养护室取出后尽快试验。将试件擦拭干净，测量其尺寸(精确至 1mm)，据此计算出试件的受压面积。如实测尺寸与公称尺寸之差不超过 1mm，则按公称尺寸计算。

(2)将试件安放在试验机的下压板上，试件的承压面与成型面垂直。开动试验机，当上压板与试件接近时，调整球座，使其接触均匀。

(3)加荷时应连续而均匀，加荷速度为：当混凝土强度等级低于 C30 时，取 0.3 ~ 0.5MPa/s；高于或等于 C30 时，取 0.5 ~ 0.8MPa/s。当试件接近破坏而开始迅速变形时，停止调整试验机油门，直至试件破坏，记录破坏荷载 P(N)。

五、结果评定

(1)混凝土立方体抗压强度 f_{cu} 按式(1-31)计算(MPa，精确至 0.01MPa)：

$$f_{cu} = \frac{F}{A} \tag{1-31}$$

式中：f_{cu}——混凝土立方体试件抗压强度，MPa；

F——破坏荷载，N；

A——试件受压面积，mm^2。

(2)以 150mm × 150mm × 150mm 标准试件的抗压强度值为标准，对 100mm × 100mm × 100mm 和 200mm × 200mm × 200mm 的非标准试件，需将计算结果乘以相应的换算系数换算为标准强度。换算系数见表 1-45。

(3)以三个试件强度值的算术平均值作为该组试件的抗压强度代表值(精确至 0.1MPa)。三个测值中的最大值或最小值与中间值之差超过中间值的 15% 时，取中间值作为该组试件的抗压强度代表值；如最大值和最小值与中间值之差均超过中间值的 15% 时，则该组试件的试验结果无效。

学习情境二

砌筑工程施工材料

砌筑材料是指用来砌筑、拼装或用其他方法构成承重或非承重墙体或构筑物的材料，我国传统的砌筑材料主要是烧结普通砖（实心黏土砖）和石块。烧结普通砖在我国砌墙材料产品构成中曾占“绝对统治”地位，是世界上烧结普通砖的“王国”。由于烧结普通砖不论从对土地的破坏、资源与能源的耗费以及对环境的污染的任何一个角度来分析，都不符合可持续发展的要求，因此，近年来，我国大力开发了节土、节能、利渣、利废、多功能、有利于环保的各类砌块、蒸养砖等砌筑材料。本情境主要讲述砌筑工程中常用的砌墙砖、砌块、墙板三大类施工材料及砌筑中的黏结材料——建筑砂浆。

学习型任务要求

了解主要的三大砌筑原材料：砌墙砖、砌块、墙板产品种类；

掌握砌筑原材料的技术性质、特点及应用；

掌握砌筑黏结材料砌筑砂浆的技术性质、特点及应用、配合比设计；

掌握常用砌筑工程施工材料的质量验收方法。

工作型任务要求

在掌握砌筑工程施工材料的基本知识下，能查找相关标准、规范，完成建筑工程中砌墙砖、砌筑砂浆的取样与质量检测。

子情境一　砌筑原材料

砌筑工程中常用的原材料主要有砌墙砖、砌块、墙板三大类施工材料。

砌墙砖系指以黏土、工业废料或其他地方材料为主要原料，以不同工艺制造的、用于砌筑承重和非承重墙体的墙砖。砌墙砖按照生产工艺分为烧结砖和非烧结砖。经焙烧制成的砖为烧结砖；经碳化或蒸汽（压）养护硬化而成的砖属于非烧结砖。按照孔洞率（砖上孔洞和槽的体积总和与按外廓尺寸算出的体积之比的百分率）的大小，砌墙砖分为实心砖、多孔砖和空心砖。实心砖是没有孔洞或孔洞率小于15%的砖；孔洞率等于或大于15%，孔的尺寸小而数量多的砖称为多孔砖；孔洞率等于或大于15%，孔的尺寸大而数量少的砖称为空心砖。本文以烧结砖和非烧结砖为分类标准进行介绍。

砌块是指比砖尺寸大的块材，在建筑工程中多采用高度为180～350mm的小型砌块。生产砌块多采用地方材料和工农业废料,材料来源广,可节约黏土资源,并且制作使用方便。由于砌块的尺寸比砖大,故用砌块来砌筑墙体还可提高施工速度,改善墙体的功能。本节主要介绍几种常用的砌块。

墙板是随着建筑结构体系的改革和大开间多功能框架结构的发展而蓬勃兴起的。以建筑墙板为围护墙体的建筑体系具有质轻、节能、施工方便、快捷、使用面积大、开间布置灵活等特点,因此,建筑墙板具有良好的发展前景。我国目前可用于墙体的墙板品种很多,本文介绍几种有代表性的墙板。

任务一　认识砌墙砖及其技术要求

一、烧结砖

1. 烧结普通砖

烧结普通砖是以黏土、页岩、煤矸石、粉煤灰为主要原料,经焙烧而成的普通砖。按主要原料分为烧结黏土砖(符号为N)、烧结页岩砖(符号为Y)、烧结煤矸石砖(符号为M)和烧结粉煤灰砖(符号为F)。

以黏土为主要原料,经配料、制坯、干燥、焙烧而成的烧结普通砖,简称为烧结黏土砖。黏土中所含铁的化合物成分在焙烧过程中氧化成红色的高价氧化铁(Fe_2O_3),烧成的砖为红色。如果砖坯先在氧化气氛中烧成,然后减少窑内空气的供给,同时加入少量水分,使坯体继续在还原气氛中焙烧,此时高价氧化铁还原成青灰色的低价氧化铁(FeO或Fe_3O_4),即制得青砖。一般认为青砖较红砖耐久性好,但青砖只能在土窑中制得,价格较贵。

页岩经破碎、粉磨、配料、成型、干燥和焙烧等工艺制成的砖,称为烧结页岩砖。生产这种砖可完全不用黏土,配料调制时所需水分较少,有利于砖坯干燥。这种砖的颜色和性能都与烧结黏土砖相似。

采煤和洗煤时剔除的大量煤矸石,其成分与黏土相似,经粉碎后,根据其含碳量和可塑性进行适当配料,即可用来制成烧结煤矸石砖。这种砖焙烧时基本不需外投煤,可节省用煤量50%~60%,并可节省大量的黏土原料。烧结煤矸石砖比烧结黏土砖稍轻,颜色略淡。在一般工业与民用建筑中,煤矸石砖完全能代替烧结黏土砖使用。

烧结粉煤灰砖是以粉煤灰为主要原料,经配料、成型、干燥、焙烧而制成。由于粉煤灰塑性差,通常掺用适量黏土作黏结料,以增加塑性。配料时,粉煤灰的用量可达50%左右。这类烧结砖颜色从淡红至深红,可代替烧结黏土砖用于一般的工业与民用建筑中。

(1)烧结普通砖的生产工艺过程。

以黏土、页岩、煤矸石、粉煤灰等为原料烧制普通砖时,其生产工艺基本相同。基本生产工艺过程如下:

采土→配料调制→制坯→干燥→焙烧→成品

其中,焙烧是最重要的环节。焙烧砖的窑有两种,一是连续式窑,如轮窑、隧道窑;二是间歇式窑,如土窑。目前,多采用连续式窑生产,窑内有预热、焙烧、保温和冷却四个温度带。轮窑为环形窑,分成若干窑室,砖坯码在其中不动,而焙烧各温度带沿着窑道循环移动,逐个窑室烧成出窑后,再码入新的砖坯,如此周而复始循环烧成。隧道窑为直线窑,窑内各温度带固定不变,砖坯码在窑车上从一端进入,经预热、焙烧、保温、冷却各温度带后,由另一端出窑即为成品。

砖的焙烧温度要适当，以免出现欠火砖和过火砖。在焙烧温度范围内生产的砖称为正火砖，未达到焙烧温度范围生产的砖称为欠火砖，而超过焙烧温度范围生产的砖称为过火砖。欠火砖颜色浅、敲击时声音哑、孔隙率高、强度低、耐久性差，工程中不得使用欠火砖。过火砖颜色深、敲击声响亮、强度高，但往往变形大，变形不大的过火砖可用于基础等部位。

(2)烧结普通砖的主要技术性能指标。

根据《烧结普通砖》(GB/T 5101—2003)的规定，强度和抗风化性能合格的砖，根据尺寸偏差、外观质量、泛霜和石灰爆裂分为优等品(A)、一等品(B)和合格品(C)三个等级。

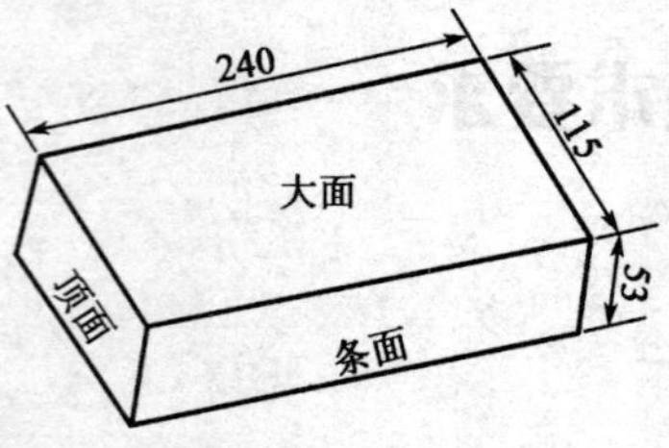

图 2-1　砖的尺寸及平面名称
(尺寸单位：mm)

①尺寸偏差。烧结普通砖的公称尺寸是 240mm × 115mm × 53mm，如图 2-1 所示。通常将 240mm × 115mm 面称为大面，240mm × 53mm 面称为条面，115mm × 53mm 面称为顶面。砖的尺寸允许偏差应符合表 2-1 的规定。

②外观质量。烧结普通砖的外观质量包括两条面高度差、弯曲、杂质凸出高度、缺棱掉角、裂纹、完整面、颜色等内容，分别应符合表 2-1 的规定。

③泛霜和石灰爆裂。在新砌筑的砖砌体表面，有时会出现一层白色的粉状物，这种现象称为泛霜。出现泛霜的原因是由于砖内含有较多可溶性盐类，这些盐类在砌筑施工时溶解于进入砖内的水中，当水分蒸发时在砖的表面结晶成霜状。这些结晶的粉状物有损于建筑物的外观，而且结晶膨胀也会引起砖表层的疏松甚至剥落。烧结普通砖的泛霜应符合表 2-1 的规定。

石灰爆裂是指烧结砖的原料中夹杂着石灰石，焙烧时石灰石被烧成生石灰块，在使用过程中生石灰吸水熟化转变为熟石灰，体积膨胀而引起砖裂缝，严重时使砖砌体强度降低，直至破坏。烧结普通砖的石灰爆裂应符合表 2-1 的规定。

④强度等级。烧结普通砖根据抗压强度分为 MU30、MU25、MU20、MU15、MU10 共五个强度等级，各强度等级应符合表 2-2 的规定。表中的强度标准值，是砖石结构设计规范中砖强度取值的依据。

⑤抗风化性能。是烧结黏土砖重要的耐久性之一。对砖的抗风化性能要求，烧结黏土砖的抗风化性通常以抗冻性、吸水率和饱和系数(砖在常温下浸水 24h 后与 5h 吸水率之比)等指标判定。

烧结普通砖的质量等级划分(GB/T 5101—2003)　　表 2-1

项目		优等品		一等品		合格品	
		样本平均偏差	样本极差≤	样本平均偏差	样本极差≤	样本平均偏差	样本极差≤
尺寸偏差	长度(mm)	±2.0	8	±2.5	8	±3.0	8
	宽度(mm)	±1.5	6	±2.0	6	±2.5	7
	高度(mm)	±1.5	4	±1.6	5	±2.0	6
外观质量	两条面高度差，不大于(mm)	2		3		5	
	弯曲，不大于(mm)	2		3		5	
	杂质凸出高度，不大于(mm)	2		3		5	
	缺棱掉角的三个破坏尺寸，不得同时大于(mm)	15		20		30	

续上表

<table>
<tr><th colspan="3" rowspan="2">项　目</th><th colspan="2">优　等　品</th><th colspan="2">一　等　品</th><th colspan="2">合　格　品</th></tr>
<tr><th>样本平均偏差</th><th>样本极差≤</th><th>样本平均偏差</th><th>样本极差≤</th><th>样本平均偏差</th><th>样本极差≤</th></tr>
<tr><td rowspan="2">外观质量</td><td rowspan="2">裂纹长度，不大于（mm）</td><td>大面上宽度方向及其延伸至条面的长度</td><td colspan="2">70</td><td colspan="2">70</td><td colspan="2">110</td></tr>
<tr><td>大面上长度方向及其延伸至顶面的长度或条顶面上水平裂纹的长度</td><td colspan="2">100</td><td colspan="2">100</td><td colspan="2">150</td></tr>
<tr><td colspan="3">完整面不得少于</td><td colspan="2">一条面和一顶面</td><td colspan="2">一条面和一顶面</td><td colspan="2">—</td></tr>
<tr><td colspan="3">颜色</td><td colspan="2">基本一致</td><td colspan="2">—</td><td colspan="2">—</td></tr>
<tr><td colspan="3">泛霜</td><td colspan="2">无泛霜</td><td colspan="2">不允许出现中等泛霜</td><td colspan="2">不允许出现严重泛霜</td></tr>
<tr><td colspan="3">石灰爆裂</td><td colspan="2">不允许出现最大破坏尺寸大于 2mm 的爆裂区域</td><td colspan="2">a. 最大破坏尺寸大于 2mm，且小于等于 10mm 的爆裂区域，每组砖样不得多于 15 处。
b. 不允许出现最大破坏尺寸大于 10mm 的爆裂区域</td><td colspan="2">a. 最大破坏尺寸大于 2mm 且小于等于 15mm 的爆裂区域，每组砖样不得多于 15 处。其中大于 10mm 的不得多于 7 处。
b. 不允许出现最大破坏尺寸大于 15mm 的爆裂区域</td></tr>
</table>

烧结普通砖的强度等级（GB/T 5101—2003）　　表 2-2

强度等级	抗压强度平均值 $\bar{f} \geqslant$（MPa）	变异系数 $\delta \leqslant 0.21$	变异系数 $\delta > 0.21$
		强度标准值 $f_k \geqslant$（MPa）	单块最小抗压强度值 $f_{min} \geqslant$（MPa）
MU30	30.0	22.0	25.0
MU25	25.0	18.0	22.0
MU20	20.0	14.0	16.0
MU15	15.0	10.0	12.0
MU10	10.0	6.5	7.5

另外，烧结普通砖产品中，不允许有欠火砖、酥砖和螺旋纹砖。其中，酥砖是由于生产中砖坯淋雨、受潮、受冻，或焙烧中预热过急、冷却太快等原因，致使成品砖产生大量程度不等的网状裂纹，严重降低砖的强度和抗冻性。螺旋纹砖是因为生产中挤泥机挤出的泥条上存有螺旋纹，它在烧结时难于被消除而使成品砖上形成螺旋状裂纹，导致砖的强度降低，并且受凉后会产生层层脱皮现象。

（3）烧结普通砖的产品标记。

烧结普通砖的产品标记按产品名称、规格、品种、强度等级、质量等级和标准编号的顺序编写，例如，规格 240mm × 115mm × 53mm、强度等级为 MU15、一等品的烧结普通砖，其标记为：烧结普通砖 N MU15 B GB/T 5101。

（4）烧结普通砖的优缺点及应用。

烧结普通砖具有较高的强度、较好的耐久性及隔热、隔声、价格低廉等优点，加之原料广泛、工艺简单，所以是应用历史最久、应用范围最为广泛的墙体材料。其中，优等品适用于清水墙和墙体装饰，一等品、合格品可用于混水墙，中等泛霜的砖不能用于潮湿部位。另外，烧结普通砖也可用来砌筑柱、拱、烟囱、地面及基础等，还可与轻集料混凝土、加气混凝土等复合砌筑成各种轻质墙体，在砌体中配置适当的钢筋或钢丝网也可制作柱、过梁等，代替钢筋混凝土柱、过梁使用。

烧结普通砖的缺点是大量毁坏土地，特别是黏土砖，破坏生态、能耗高、砖的自重大、尺寸小、施工效率低、抗震性能差等。从节约黏土资源及利用工业废渣等方面考虑，提倡大力发展非烧结砖。所以，我国正大力推广墙体材料改革，以空心砖、工业废渣砖、砌块及轻质板材等新型墙体材料代替烧结普通砖，已成为不可逆转的势头。近10年来，我国各地采用多种新型墙体材料代替烧结普通砖，已取得了令人瞩目的成就。

2. 烧结多孔砖和烧结空心砖

在现代建筑中，由于高层建筑的发展，对烧结砖提出了减轻自重、改善绝热和吸声性能的要求，因此出现了烧结多孔砖、烧结空心砖。它们与烧结普通砖相比，具有一系列优点。使用这些砖可使建筑物自重减轻1/3左右，节约黏土20%～30%，节省燃料10%～20%，且烧成率高，造价降低20%，施工效率提高40%，并能改善砖的绝热和隔声性能，在相同的热工性能要求下，用空心砖砌筑的墙体厚度可减薄半砖左右。所以，推广使用多孔砖、空心砖是加快我国墙体材料改革，促进墙体材料工业技术进步的措施之一。

生产烧结多孔砖和烧结空心砖的原料和工艺与烧结普通砖基本相同，只是对原料的可塑性要求较高，制坯时在挤泥机的出口处设有成孔芯头，使坯体内形成孔洞。

(1)烧结多孔砖。

烧结多孔砖是以黏土、页岩、煤矸石、粉煤灰为主要原料，经焙烧而成的孔洞率≥15%、孔的尺寸小而数量多的砖。按主要原料分为黏土砖(N)、页岩砖(Y)、煤矸石砖(M)和粉煤灰砖(F)。烧结多孔砖的孔洞垂直于大面，砌筑时要求孔洞方向垂直于承压面。因为它的强度较高，主要用于六层以下建筑物的承重部位。

根据《烧结多孔砖》(GB 13544—2000)的规定，强度和抗风化性能合格的烧结多孔砖，根据尺寸偏差、外观质量、孔型及孔洞排列、泛霜、石灰爆裂，分为优等品(A)、一等品(B)和合格品(C)三个质量等级。

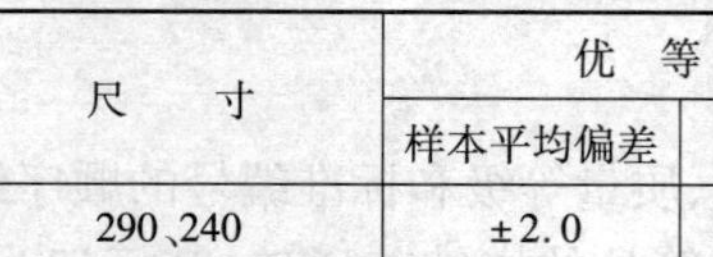

图2-2 烧结多孔砖的外形

①尺寸偏差。烧结多孔砖为直角六面体，如图2-2所示，其长度、宽度、高度尺寸应符合下列要求：

长，290mm、240mm；宽，190 mm、180 mm、175mm、140mm、115mm；高，90mm。

砖的尺寸允许偏差应符合表2-3的规定。

烧结多孔砖的尺寸允许偏差(mm)(GB 13544—2000)　　表2-3

尺寸	优等品		一等品		合格品	
	样本平均偏差	样本极差≤	样本平均偏差	样本极差≤	样本平均偏差	样本极差≤
290、240	±2.0	6	±2.5	7	±3.0	8
190、180、175、140、115	±1.5	5	±2.0	6	±2.5	7
90	±1.5	4	±1.7	5	±2.0	6

烧结多孔砖的孔洞尺寸为：圆孔直径≤22mm，非圆孔内切圆直径≤15mm，手抓孔(30～40) mm ×(75～85)mm。

②外观质量。烧结多孔砖的外观质量应符合表2-4的规定。

烧结多孔砖的外观质量要求(GB 13544—2000)　表 2-4

项目		优等品	一等品	合格品
颜色(一条面和一顶面)		一致	基本一致	—
完整面不得少于		一条面和一顶面	一条面和一顶面	—
缺棱掉角的三个破坏尺寸不得同时大于(mm)		15	20	30
裂纹长度不大于(mm)	大面上深入孔壁 15mm 以上、宽度方向及其延伸到条面的长度	60	80	100
	大面上深入孔壁 15mm 以上、长度方向及其延伸到顶面的长度	60	100	120
	条、顶面上的水平裂纹	80	100	120
杂质在砖面上造成的凸出高度不大于(mm)		3	4	5

③强度等级。烧结多孔砖根据抗压强度分为 MU30、MU25、MU20、MU15、MU10 共五个强度等级,各强度等级应符合表 2-5 的规定,评定方法与烧结普通砖相同。

烧结多孔砖的强度等级(GB 13544—2000)　表 2-5

强度等级	抗压强度平均值 $\bar{f}\geqslant$(MPa)	变异系数 $\delta\leqslant0.21$	变异系数 $\delta>0.21$
		强度标准值 $f_k\geqslant$(MPa)	单块最小抗压强度值 $f_{min}\geqslant$(MPa)
MU30	30.0	22.0	25.0
MU25	25.0	18.0	22.0
MU20	20.0	14.0	16.0
MU15	15.0	10.0	12.0
MU10	10.0	6.5	7.5

④孔型、孔洞率及孔洞排列。烧结多孔砖的孔型、孔洞率及孔洞排列应符合表 2-6 的规定。

烧结多孔砖的孔型、孔洞率及孔洞排列(GB 13544—2000)　表 2-6

产品等级	孔型	孔洞率(%)≥	孔洞排列
优等品	矩形条孔或矩形孔	25	交错排列,有序
一等品			
合格品	矩形孔或其他孔型		—

注:①所有孔宽 b 应相等,孔长 $L\leqslant50$mm。
②孔洞排列上下、左右应对称,分布均匀,手抓孔的长度方向尺寸必须平行于砖的条面。
③矩形孔的孔长 L、孔宽 b 满足式 $L\geqslant3b$ 时,为矩形条孔。

烧结多孔砖的技术要求还包括泛霜、石灰爆裂和抗风化性能。各质量等级砖的泛霜、石灰爆裂和抗风化性能的规定与烧结普通砖相同。

烧结多孔砖的产品标记按产品名称、品种、规格、强度等级、质量等级和标准编号的顺序编写。例如:规格尺寸为 290mm×140mm×90mm、强度等级为 MU25、优等品的烧结多孔砖,其标记为:烧结多孔砖 N 290×140×90 25 A GB 13544。

(2)烧结空心砖(图 2-3)。

烧结空心砖是以黏土、页岩、煤矸石为主要原料,经焙烧而成的孔洞率≥15%,孔的尺寸大而数量少的砖。其孔洞垂直于顶面,砌筑时要求孔洞方向与承压面平行。因为它的孔洞大,强度低,主要用于砌筑非承重墙体或框架结构的填充墙。

根据《烧结空心砖和空心砌块》(GB 13545—2003)的规定,烧结空心砖的外形为直角六面体,在与砂浆的接合面上应设有增加结合力的深度 1mm 以上的凹线槽,如图 2-3 所示,其尺寸有 290mm×190mm×90mm 和 240mm×180 mm×115mm 两种。烧结空心砖根据表观密度分为 800、900、1 100 三个密度级别,各密度级别的具体指标范围如表 2-7 所示。每个密度级别根据孔洞及其排数、尺寸偏差、外观质量、强度等级和物理性能分为优等品(A)、一等品(B)和合格品(C)三个产品等级,各产品等级对应的强度等级及具体指标要求如表 2-8 所示。空心砖的物理性能包括冻融、泛霜、石灰爆裂、吸水率等内容,均应满足标准的要求。

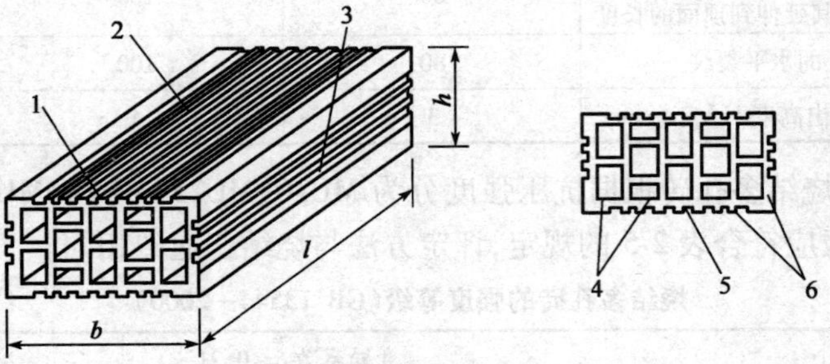

图 2-3 烧结空心砖的外形

1-顶面;2-大面;3-条面;4-肋;5-凹线槽;6-外壁

烧结空心砖的密度级别指标(GB 13545—2003) 表 2-7

密度级别	5 块砖表观密度平均值(kg/m^3)	密度级别	5 块砖表观密度平均值(kg/m^3)
800	≤800	1 100	901~1 100
900	801~900		

烧结空心砖的强度等级(GB 13545—2003) 表 2-8

等级	强度等级	大面抗压强度(MPa)		条面抗压强度(MPa)	
		5 块平均值≥	单块最小值≥	5 块平均值≥	单块最小值≥
优等品	5.0	5.0	3.7	3.4	2.3
一等品	3.0	3.0	2.2	2.2	1.4
合格品	2.0	2.0	1.4	1.6	0.9

烧结空心砖的产品标记按产品名称、规格尺寸、密度级别、产品等级和标准编号的顺序编写。例如,尺寸 290mm×190mm×90mm、密度级别 800 级、优等品烧结空心砖,其标记为:空心砖 290×190×90 800 A GB 13545。

二、非烧结砖

不经焙烧而制成的砖均为非烧结砖,如碳化砖、免烧免蒸砖、蒸养(压)砖等。目前应用较广的是蒸养(压)砖,这类砖是以含钙材料(石灰、电石渣等)和含硅材料(砂子、粉煤灰、煤矸石、灰渣、炉渣等)与水拌和,经压制成型、常压或高压蒸汽养护而成,主要品种有灰砂砖、粉煤灰砖、煤渣砖等。

1. 蒸压灰砂砖

蒸压灰砂砖是用磨细生石灰和天然砂,经混合搅拌、陈化(使生石灰充分熟化)、轮碾、加压成型、蒸压养护(175~191℃,0.8~1.2MPa 的饱和蒸汽)而成。用料中石灰约占 10%~20%。蒸压灰砂砖有彩色的(Co)和本色的(N)两类,本色为灰白色,若掺入耐碱颜料,可制成彩色砖。

(1)蒸压灰砂砖的技术要求。

按照《蒸压灰砂砖》(GB 11945—1999)的规定,蒸压灰砂砖根据尺寸偏差、外观质量、强度及抗冻性分为优等品(A)、一等品(B)和合格品(C)三个质量等级。

①尺寸偏差和外观质量。蒸压灰砂砖的外形为直角六面体,公称尺寸为240mm×115mm×53mm。其尺寸偏差和外观质量应符合表2-9的规定。

蒸压灰砂砖的尺寸偏差和外观质量(GB 11945—1999)　　表2-9

项目			指标		
			优等品	一等品	合格品
尺寸允许偏差(mm)	长度	*L*	±2	±2	±3
	宽度	*B*	±2		
	高度	*H*	±1		
缺棱掉角	个数,不多于(个)		1	1	2
	最大尺寸不得大于(mm)		10	15	20
	最小尺寸不得大于(mm)		5	10	10
对应高度差不得大于(mm)			1	2	3
裂纹	条数,不多于(条)		1	1	2
	大面上宽度方向及其延伸到条面的长度不得大于(mm)		20	50	70
	大面上长度方向及其延伸到顶面上的长度或条、顶面水平裂纹的长度不得大于(mm)		30	70	100

②强度和抗冻性。蒸压灰砂砖根据抗压强度和抗折强度分为MU25、MU20、MU15、MU10共四个强度等级,各等级的强度值及抗冻性指标应符合表2-10的规定。

蒸压灰砂砖的强度指标和抗冻性指标(GB 11945—1999)　　表2-10

强度等级	抗压强度(MPa)		抗折强度(MPa)		抗冻性指标	
	平均值≥	单块值≥	平均值≥	单块值≥	冻后抗压强度平均值(MPa)≥	单块砖的干质量损失(%)≤
MU25	25.0	20.0	5.0	4.0	20.0	2.0
MU20	20.0	16.0	4.0	3.2	16.0	2.0
MU15	15.0	12.0	3.3	2.6	12.0	2.0
MU10	10.0	8.0	2.5	2.0	8.0	2.0

注:优等品的强度等级不得小于MU15。

(2)蒸压灰砂砖的产品标记。

蒸压灰砂砖的产品标记按产品名称(LSB)、颜色、强度等级、质量等级、标准编号的顺序编写,例如,强度等级MU20,优等品的彩色灰砂砖,其标记为:LSB Co 20 A GB 11945。

(3)蒸压灰砂砖的应用。

蒸压灰砂砖材质均匀密实,尺寸偏差小,外形光洁整齐,表观密度为1 800~1 900kg/m^3,导热系数约为0.61W/(m·K)。MU15及其以上的灰砂砖可用于基础及其他建筑部位;MU10的灰砂砖仅可用于防潮层以上的建筑部位。由于灰砂砖中的某些水化产物(氢氧化钙、碳酸钙等)不耐酸,也不耐热,因此不得用于长期受热200℃以上、受急冷急热和有酸性介质侵蚀的建筑部位，也不宜用于有流水冲刷的部位。

2. 粉煤灰砖

蒸压（养）粉煤灰砖是以粉煤灰和石灰为主要原料，掺入适量的石膏和集料，经坯料制备、压制成型、高压或常压蒸汽养护而制成。其颜色呈深灰色，表观密度约为1 500kg/m³。

（1）粉煤灰砖的技术要求。

根据《粉煤灰砖》（JC 239—2001）的规定，粉煤灰砖根据尺寸偏差、外观质量、强度、抗冻性和干燥收缩分为优等品（A）、一等品（B）和合格品（C）三个等级。

①尺寸偏差和外观质量。粉煤灰砖的公称尺寸为240mm×115mm×53mm，其尺寸偏差和外观质量应符合表2-11的规定。

粉煤灰砖的尺寸偏差和外观质量（JC 239—2001）　　表2-11

项　目	指　标		
	优等品（A）	一等品（B）	合格品（C）
尺寸允许偏差 长（mm） 宽（mm） 高（mm）	 ±2 ±2 ±1	 ±3 ±3 ±2	 ±4 ±4 ±3
对应高度差，不大于（mm）	1	2	3
每一缺棱掉角的最小破坏尺寸，不大于（mm）	10	15	20
完整面，不少于	二条面和一顶面或二顶面和一条面	一条面和一顶面	一条面和一顶面
裂纹长度，不大于（mm） 大面上宽度方向的裂纹（包括延伸到条面上的长度） 其他裂纹 层裂	 30 50 不允许	 50 70 不允许	 70 100 不允许

②强度和抗冻性。粉煤灰砖按抗压强度和抗折强度分为20、15、10、7.5共四个强度级别，各级别的强度值及抗冻性应符合表2-12的规定。优等品的强度级别应不低于15级，一等品的强度级别宜不低于10级。

粉煤灰砖的强度指标和抗冻性指标（JC 239—2001）　　表2-12

强度级别	抗压强度（MPa）		抗折强度（MPa）		抗冻性指标	
	10块平均值≥	单块值≥	10块平均值≥	单块值≥	冻后抗压强度平均值（MPa）≥	砖的干质量损失单块值（%）≤
MU30	30.0	24.0	6.2	5.0	24.0	2.0
MU25	25.0	20.0	5.0	4.2	20.0	2.0
MU20	20.0	16.0	4.0	3.2	16.0	2.0
MU15	15.0	12.0	3.3	2.6	12.0	2.0
MU10	10.0	8.0	2.5	2.0	8.0	2.0

③干燥收缩值。粉煤灰砖的干燥收缩值：优等品应不大于0.60mm/m，一等品应不大于0.75mm/m，合格品应不大于0.85mm/m。

（2）粉煤灰砖的产品标记。

粉煤灰砖的产品标记按产品名称（FB）、颜色、强度级别、产品等级、行业标准编号的顺序编写。例如,强度级别20级、优等品彩色粉煤灰砖,其标记为:FB Co 20 A JC 239—2001。

(3)粉煤灰砖的应用。

粉煤灰砖可用于工业与民用建筑的墙体和基础,但用于基础或易受冻融和干湿交替作用的建筑部位时,必须使用一等品和优等品。粉煤灰砖不得用于长期受热200℃以上、受急冷急热和有酸性介质侵蚀的建筑部位。为避免或减少收缩裂缝的产生,用粉煤灰砖砌筑的建筑物,应适当增设圈梁及伸缩缝。

3. 煤渣砖

煤渣砖是以煤渣为主要原料,加入适量石灰、石膏等材料,经混合、压制成型、蒸汽或蒸压养护而制成的实心砖,颜色呈黑灰色。

根据《煤渣砖》(JC 525—1993)的规定,煤渣砖的公称尺寸为240mm×115mm×53mm,按其抗压强度和抗折强度分为20、15、10、7.5共四个强度级别,各级别的强度指标应满足表2-13的规定。

煤渣砖的强度指标(JC 525—1993) 表2-13

强度级别	抗压强度(MPa)		抗折强度(MPa)	
	10块平均值≥	单块值≥	10块平均值≥	单块值≥
20	20.0	15.0	4.0	3.0
15	15.0	11.2	3.2	2.4
10	10.0	7.5	2.5	1.9
7.5	7.5	5.6	2.0	1.5

煤渣砖可用于工业与民用建筑的墙体和基础,但用于基础或用于易受冻融和干湿交替作用的建筑部位必须使用15级及以上的砖。煤渣砖不得用于长期受热200℃以上、受急冷急热和有酸性介质侵蚀的建筑部位。

任务二　认识建筑砌块及其技术要求

一、蒸压加气混凝土砌块

蒸压加气混凝土砌块是以钙质材料(水泥、石灰等)、硅质材料(砂、粉煤灰、粒化高炉矿渣等)和水按一定比例配合,加入少量发气剂(铝粉)和外加剂,经搅拌、浇筑、切割、蒸压养护等工序制成的一种轻质、多孔墙体材料。

蒸压加气混凝土砌块的规格有a、b两个系列,见表2-14。蒸压加气混凝土砌块按表观密度分为03、04、05、06、07、08六个级别,见表2-15;按抗压强度分为10、25、35、50、75五个强度等级,见表2-16。

蒸压加气混凝土砌块规格 表2-14

项　目	a 系　列	b 系　列
长度(mm)	600	600
高度(mm)	200,250,300	240,300
宽度(mm)	75,100,125,150,175,…(以25递增)	60,120,180,240,…(以60递增)

蒸压加气混凝土砌块表观密度级别 表2-15

表观密度级别		03	04	05	06	07	08
干表观密度 (kg/m^3)	优等品(A)≤	300	400	500	600	700	800
	一等品(B)≤	330	430	530	630	730	830
	合格品(C)≤	350	450	550	650	750	850

蒸压加气混凝土砌块的强度等级 表2-16

强 度 等 级		10	25	35	50	75
抗压强度(MPa)	平均值≥	1.0	2.5	3.5	5.0	7.5
	最小值≥	0.8	2.0	2.8	4.0	6.0
表观密度级别		03	04,05	05,06	06,07	07,08

蒸压加气混凝土砌块具有质量小(约为普通黏土砖的1/3)、保温隔热性好、易加工、施工方便等优点,在建筑物中主要用于低层建筑的承重墙、钢筋混凝土框架结构的填充墙以及其他非承重墙。在无可靠的防护措施时,加气混凝土砌块不得用于水中或高湿度环境、有侵蚀作用的环境和长期处于高温环境中的建筑物。

二、混凝土砌块

1. 普通混凝土小型空心砌块

普通混凝土小型空心砌块是以水泥、砂、石子、水为原料,经搅拌、成型、养护而成的空心砌块。砌块的空心率不小于25%,主规格为390mm×190mm×190mm,配以3~4种辅助规格,即可组成墙用砌块基本系列。常用普通混凝土小型空心砌块的形状见图2-4。

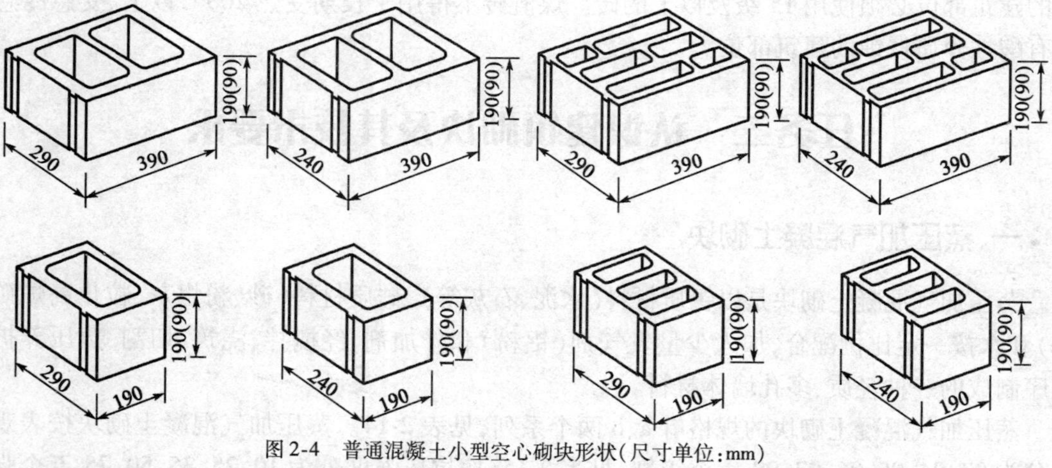

图2-4 普通混凝土小型空心砌块形状(尺寸单位:mm)

根据《普通混凝土小型空心砌块》(GB 8239—1997)的规定,普通混凝土小型空心砌块按照抗压强度分为MU20、MU15、MU10、MU7.5、MU5.0、MU3.5六个强度等级,各等级砌块的五块试样抗压强度平均值不得小于等级值,每组单块最小值也不得小于等级值的80%。砌块按其尺寸偏差和外观质量分为优等品(A)、一等品(B)、合格品(C)三个质量等级。砌块的保温隔热性与所用材料和空心率有关,空心率为50%的普通水泥混凝土小型砌块的热导率约为0.26 W/(m·K)。用于承重墙和外墙的砌块,要求其干缩率小于0.5mm/m;非承重墙或内墙的砌块其干缩率应小于0.6mm/m。

混凝土小型空心砌块一般用于地震设计烈度为8度或8度以下的建筑物墙体。在砌块的空洞内可浇筑配筋芯柱,能提高建筑物的延性。

2.轻集料混凝土小型空心砌块

轻集料混凝土小型空心砌块是以硅酸盐系列水泥为胶凝材料,普通砂或轻砂为细集料,天然轻粗集料或陶粒为粗集料制成的砌块。

轻集料混凝土小型空心砌块根据干表观密度将砌块分为500、600、700、800、900、1 000、1 200、1 400八个密度等级级别。轻集料混凝土小型空心砌块的强度等级、密度等级和抗压强度应满足表2-17的规定。

轻集料混凝土小型空心砌块强度等级、密度等级和抗压强度 表2-17

强度等级		1.5	2.5	3.5	5.0	7.5	10.0
密度等级		≤800		≤1 200		≤1 400	
抗压强度(MPa)	平均值≥	1.5	2.5	3.5	5.0	7.5	10.0
	最小值≥	1.2	2.0	2.8	4.0	6.0	8.0

轻集料混凝土小型空心砌块可用于建筑物的承重墙体和非承重墙体,也可用于既承重又保温或专门保温的墙体,特别适合高层建筑的填充墙和内隔墙。

三、粉煤灰砌块

粉煤灰砌块是以粉煤灰、石灰、石膏和集料等为原料,加水搅拌、振动成型、蒸汽养护而成的。粉煤灰砌块的形状为直角六面体,主要规格尺寸为880mm×380mm×240mm和880mm×430mm×240mm。

粉煤灰砌块按抗压强度分为10级和13级两个等级;根据外观质量、尺寸偏差及干缩值分为一等品(A)、合格品(B)两个质量等级,其中一等品要求干缩值≤0.75mm,合格品要求干缩值≤0.90mm。粉煤灰砌块的抗压强度、抗冻性、密度应满足表2-18的规定。

粉煤灰砌块抗压强度、抗冻性和密度要求 表2-18

项目	强度等级	
	10级	13级
抗压强度(MPa)	3块平均值≥10.0,单块最小值≥8.0	3块平均值≥13.0,单块最小值≥10.5
人工碳化后强度(MPa)	≥6.0	≥7.5
抗冻性(-20℃)	冻融循环15次后,外观无明显疏松、剥落或裂缝,强度损失不大于20%	
密度(kg/m^3)	不超过设计密度的10%	

粉煤灰砌块适用于一般建筑物的墙体和基础。但由于粉煤灰砌块的干缩值较大,变形大于同强度等级的水泥混凝土制品,因此不宜用于长期受高温影响的承重墙,也不宜用于有酸性介质侵蚀的部位。

任务三 认识建筑墙板及其技术要求

一、水泥类建筑墙板

水泥类建筑墙板具有较好的力学性能和耐久性,生产技术成熟,产品质量可靠。可用于承重墙、外墙和复合墙板的外层面。其主要缺点是表观密度大,抗拉强度低(大板在起吊过程中易受损），生产中可制作预应力空心板材，以减小自重和改善隔声、隔热性能，也可制作以纤维类增强的薄型板材，还可在水泥类板材上制作成具有装饰效果的表面层。

1. 预应力混凝土空心墙板

预应力混凝土空心墙板构造如图 2-5 所示。使用时可按要求配以保温层、外饰面层和防水层等。该类板的长度为 1 000 ~ 1 900mm，宽度为 600 ~ 1 200mm，总厚度为 200 ~ 480mm。可用于承重或非承重外墙板、内墙板、楼板、屋面板和阳台板等。

2. 玻璃纤维增强水泥轻质多孔隔墙条板（JC 666—1997）

玻璃纤维增强水泥（简称 GRC）轻质多孔隔墙条板是以低碱水泥为胶结料，耐碱玻璃纤维或其网格布为增强材料，膨胀珍珠岩为轻集料（也可用炉渣、粉煤灰等），并配以发泡剂和防水剂等，经配料、搅拌、浇筑、振动成型、脱水、养护而成。

如图 2-6 所示，GRC 轻质多孔隔墙条板长度为2 500 ~ 3 500mm，宽度为 600mm，厚度有 60mm、90mm、120mm 三种规格。按板型分为普通板（PB）、门框板（MB）、窗框板（CB）、过梁板（LB）四种类别；按物理力学性能、尺寸偏差及外观质量分为一等品（B）和合格品（C）两个质量等级。该板可采用不同的企口和开孔形式。

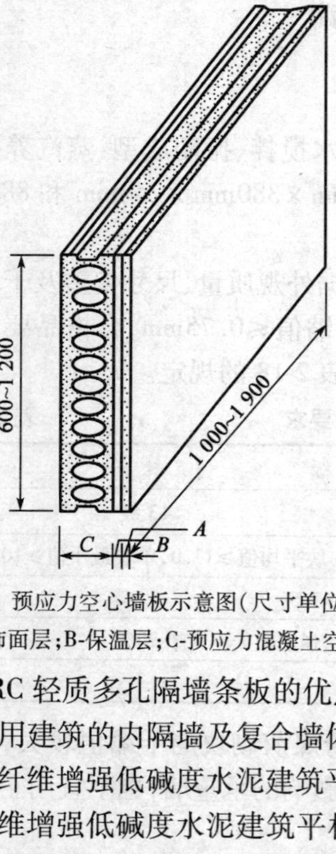

图 2-5 预应力空心墙板示意图（尺寸单位：mm）
A-外饰面层；B-保温层；C-预应力混凝土空心板

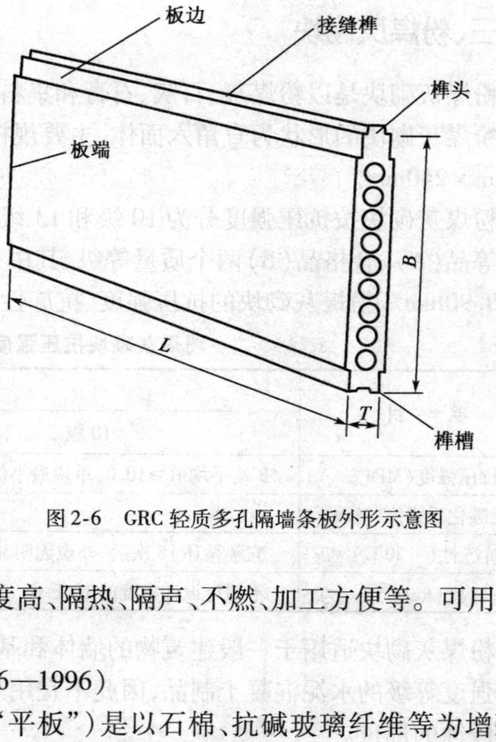

图 2-6 GRC 轻质多孔隔墙条板外形示意图

GRC 轻质多孔隔墙条板的优点是质轻、强度高、隔热、隔声、不燃、加工方便等。可用于工业与民用建筑的内隔墙及复合墙体的外墙面。

3. 纤维增强低碱度水泥建筑平板（JC/T 626—1996）

纤维增强低碱度水泥建筑平板（以下简称"平板"）是以石棉、抗碱玻璃纤维等为增强材料，以低碱水泥为胶结材料，加水混合成浆，经制坯、压制、蒸养而成的薄型平板。按石棉掺入量分为：掺石棉纤维增强低碱度水泥建筑平板（代号为 TK）与无石棉纤维增强低碱度水泥建筑平板（代号为 NTK）。

平板的长度为 1 200 ~ 2 800mm，宽度为 800 ~ 1 200mm，厚度有 4mm、5mm 和 6mm 三种规格。按尺寸偏差和物理力学性能，平板分为优等品（A）、一等品（B）和合格品（C）三个质量等级。

平板质量小、强度高、防潮、防火、不易变形、可加工性好。适用于各类建筑物室内的非承重内隔墙和吊顶平板等。

4. 水泥木屑板[JC/T 411—1991(1996)]

水泥木屑板是以普通水泥或矿渣水泥为胶凝材料,木屑为主要填料,木丝或木刨花为加筋材料,加入水和外加剂,经平压成型、养护、调湿处理等制成的建筑板材。

水泥木屑板通常为矩形,其长度为1 800 ~3 600mm,宽度为600 ~1 200mm,厚度有从4mm到40mm多种规格。该板按外观质量、尺寸偏差和物理力学性能分为优等品(A)、一等品(B)和合格品(C)三个质量等级。

水泥木屑板具有自重小、强度高、防火、防水、防蛀、保温、隔声等性能,可进行锯、钻、钉、装饰等加工。主要用作建筑物的天棚板,非承重内、外墙板,壁橱板和地面板等。

二、石膏类建筑墙板

石膏制品有许多优点,石膏类建筑墙板在轻质墙体材料中占有很大比例,主要有纸面石膏板、无面纸的石膏纤维板、石膏空心条板和石膏刨花板等。

1. 纸面石膏板(GB/T 9775—1999)

纸面石膏板是以石膏芯材与护面纸组成,按其用途分为普通纸面石膏板、耐水纸面石膏板和耐火纸面石膏板三种。普通纸面石膏板是以建筑石膏为主要原料,掺入适量轻集料、纤维增强材料和外加剂构成芯材,并与具有一定强度的护面纸牢固地黏结在一起的建筑墙板。若在芯材配料中加入耐水外加剂,并与耐水护面纸牢固地黏结在一起,即可制成耐水纸面石膏板;若在芯材配料中加入无机耐火纤维和阻燃剂等,并与护面纸牢固地黏结在一起,即可制成耐火纸面石膏板。

纸面石膏板表面平整、尺寸稳定,具有自重小、保温隔热、隔声、防火、抗震、可调节室内湿度、加工性好、施工简便等优点,但用纸量较大、成本较高。

普通纸面石膏板可作为室内隔墙板、复合外墙板的内壁板、天花板等;耐水纸面石膏板可用于相对湿度较大(≥75%)的环境,如厕所、盥洗室等;耐火纸面石膏板主要用于对防火要求较高的房屋建筑中。

2. 石膏空心条板(JC/T 829—1998)

石膏空心条板外形与生产方式类似于玻璃纤维增强水泥轻质多孔隔墙条板。它是以建筑石膏为胶凝材料,适量加入各种轻质集料(如膨胀珍珠岩、膨胀蛭石等)和无机纤维增强材料,经搅拌、振动成型、抽芯模、干燥而成。其长度为2 400 ~3 000mm,宽度为600mm,厚度为60mm。

石膏空心条板具有质轻、比强度高、隔热、隔声、防火、可加工性好等优点,且安装墙体时不用龙骨,简单方便。适用于各类建筑的非承重内墙,但若用于相对湿度大于75%的环境中,则板材表面应作防水等相应处理。

3. 石膏纤维板

石膏纤维板是以纤维增强石膏为基材的无面纸石膏板。常用无机纤维或有机纤维为增强材料,与建筑石膏、缓凝剂等经打浆、铺装、脱水、成型、烘干而制成。

石膏纤维板可节省护面纸,具有质轻、高强、耐火、隔声、韧性高、可加工性好的性能。其规格尺寸和用途与纸面石膏板相同。

三、植物纤维类建筑墙板

随着农业的发展,农作物的废弃物(如稻草、麦秸、玉米秆、甘蔗渣等)随之增多,以致污染环境。上述各种废弃物如经适当处理,则可制成各种建筑墙板加以利用。

1. 稻草(麦秸)板

稻草(麦秸)板生产的主要原料是稻草或麦秸、板纸和脲醛树脂胶料等。其生产方法是将干燥的稻草或麦秸热压成密实的板芯,在板芯两面及四个侧边用胶贴上一层完整的面纸,经加热固化而成。板芯内不加任何胶黏剂,只利用稻草或麦秸之间的缠绞拧编与压合而形成密实并有相当刚度的板材。其生产工艺简单,生产能耗低,仅为纸面石膏板生产能耗的1/4~1/3。

稻草(麦秸)板质轻,保温隔热性能好,隔声好,具有足够的强度和刚度,可以单板使用而不需要龙骨支撑,且便于锯、钉、打孔、黏结和涂刷油漆,施工很便捷。其缺点是耐水性差、可燃。稻草(麦秸)板适于用作非承重的内隔墙、天花板及复合外墙的内壁板。

2. 稻壳板

稻壳板是以稻壳与合成树脂为原料,经配料、混合、铺装、热压而成的中密度平板,表面可涂刷酚醛清漆或用薄木贴面加以装饰。稻壳板可作为内隔墙及室内各种隔断板、壁橱(柜)隔板等。

3. 蔗渣板

蔗渣板是以甘蔗渣为原料,经加工、混合、铺装、热压成型而成的平板。该板生产时可不用胶而利用蔗渣本身含有的物质热压时转化成呋喃系树脂而起胶结作用,也可用合成树脂胶结成有胶蔗渣板。

蔗渣板具有质轻、吸声、易加工(可钉、锯、刨、钻)和可装饰等特点,可用作内隔墙、天花板、门心板、室内隔断板和装饰板等。

四、复合建筑墙板

以单一材料制成的墙板,常因材料本身的局限性而使其应用受到限制。如质量较小、隔热、隔声效果较好的石膏板、加气混凝土板、稻草板等,因其耐水性差或强度较低,通常只能用于非承重的内隔墙。而水泥混凝土类墙板虽有足够的强度和耐久性,但其自重大,隔声、保温性能较差。为克服上述缺点,常用不同材料组合成多功能的复合墙板以满足需要。

常用的复合墙板主要由承受外力的结构层(多为普通混凝土或金属板)、保温层(矿棉、泡沫塑料、加气混凝土等)及面层(各类具有可装饰性的轻质薄板)组成,如图2-7所示。其优点是承重材料和轻质保温材料的功能得到合理利用,实现了“物尽其用”,拓宽了材料来源。

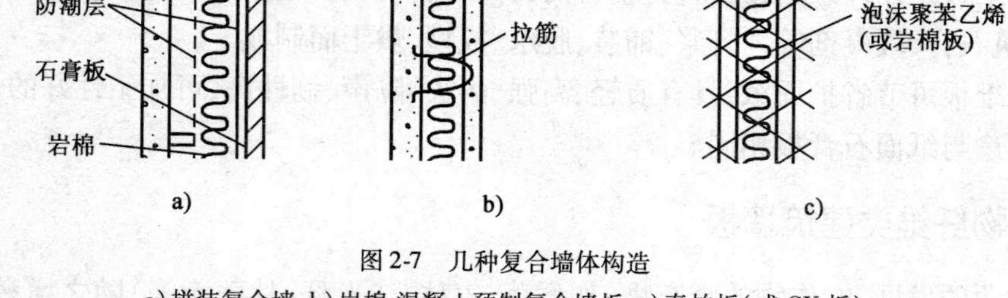

图2-7 几种复合墙体构造

a)拼装复合墙;b)岩棉-混凝土预制复合墙板;c)泰柏板(或GY板)

1. 混凝土夹芯板

混凝土夹芯板是以 20 ~ 30mm 厚的钢筋混凝土作内外表面层，中间填以矿渣毡、岩棉毡或泡沫混凝土等保温材料，内外两层面板以钢筋件连接，用于内外墙。

2. 泰柏板

泰柏板是以钢丝焊接成的三维钢丝网骨架与高热阻自熄性聚苯乙烯泡沫塑料组成的芯材板，两面喷(抹)涂水泥砂浆而成，如图 2-8 所示。

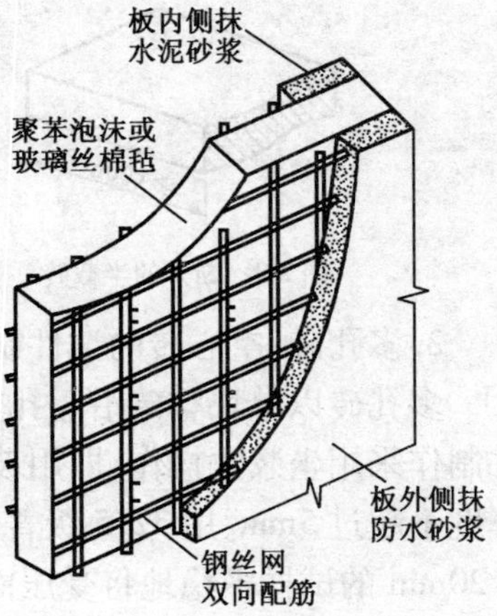

图 2-8　泰柏墙板的示意图

泰柏板的标准尺寸为 $1.22m \times 2.44m = 3m^2$，标准厚度为 100mm，平均自重为 $90kg/m^2$，导热系数小(其热损失比一砖半的砖墙小 50%)。由于所用钢丝网骨架构造及夹芯层材料、厚度的差别等，该类板材有多种名称，如 GY 板(夹芯为岩棉毡)、三维板、3D 板、钢丝网节能板等，但它们的性能和基本结构相似。

泰柏板轻质高强、隔热、隔声、防火、防潮、防振、耐久性好、易加工、施工方便，适用于自承重外墙、内隔墙、屋面板、3m 跨内的楼板等。

3. 轻型夹芯板

轻型夹心板是用轻质高强的薄板为面层，中间以轻质的保温隔热材料为芯材组成的复合板。用于面层的薄板有不锈钢板、彩色涂层钢板、铝合金板、纤维增强水泥薄板等。芯材有岩棉毡、玻璃棉毡、矿渣棉毡、阻燃型发泡聚苯乙烯、阻燃型发泡硬质聚氨酯等。该类复合墙板的性能与适用范围与泰柏板基本相同。

任务四　砌筑原材料质量检测

实训项目　烧结砖的抗压强度检测

一、目的与适用范围

本试验规定了测定烧结砖的抗压极限强度试件制作、养护方法及强度测定方法，检查烧结砖施工品质和确定混凝土的强度等级。

二、主要仪器设备

压力试验机、锯砖机或切砖器、钢直尺等。

三、试样数量及试件制备

试样数量：烧结普通砖、烧结多孔砖和蒸压灰砂砖为 5 块，其他砖为 10 块(空心砖大面和条面抗压各 5 块)。非烧结砖也可用抗折强度测试后的试样作为抗压强度试样。

1. 烧结普通砖、非烧结砖的试件制备

将试样切断或锯成两个半截砖，断开后的半截砖长不得小于 100mm，见图 2-9。在试样制备平台上将已断开的半截砖放入室温的净水中浸 10 ~ 20min 后取出，并使断口以相反方向叠放，两者中间抹以厚度不超过5mm的水泥净浆黏结，上下两面用厚度不超过3mm的同种水泥浆抹平。水泥浆用32.5级普通硅酸盐水泥调制，稠度要适宜。制成的试件上、下两面须相互平行，并垂直于侧面（图2-10）。

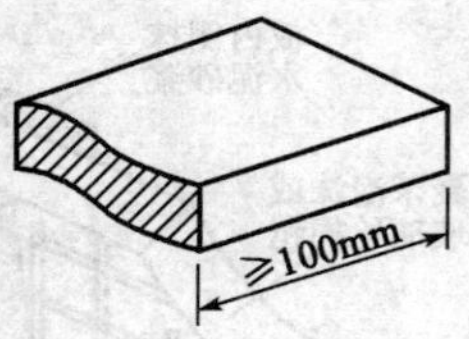

图2-9　断开的半截砖

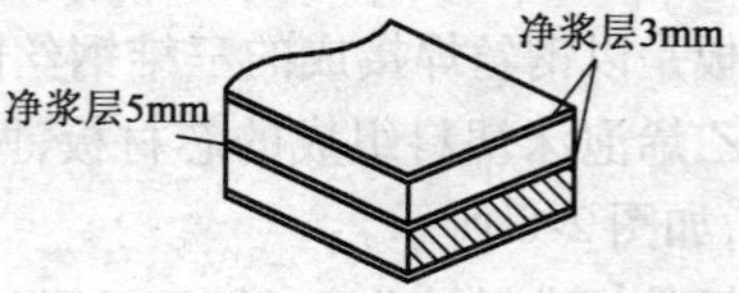

图2-10　砖的抗压试件

2. 多孔砖、空心砖的试件制备

多孔砖以单块整砖沿竖孔方向加压。空心砖以单块整砖沿大面和条面方向分别加压。试件制作采用坐浆法操作，即用玻璃板置于试件制备平台上，其上铺一张湿的垫纸，纸上铺一层厚度不超过5mm、用32.5级普通硅酸盐水泥制成的稠度适宜的水泥净浆，再将经水中浸泡10~20min的试样平稳地将受压面坐放在水泥净浆上，在另一受压面上稍加压力，使整个水泥层与砖的受压面相互黏结，砖的侧面应垂直于玻璃板，待水泥浆适当凝固后，连同玻璃板翻放在另一铺纸放浆的玻璃板上，再进行坐浆，其间用水平尺校正玻璃板使之水平。

四、试件养护

制成的抹面试件应置于温度不低于10℃的不通风室内养护3d，再进行强度测试。非烧结砖不需要养护，可直接进行测试。

五、试验步骤

测量每个试件连接面或受压面的长、宽尺寸各两个，分别取其平均值（精确至1mm）。将试件平放在加压板的中央，垂直于受压面加荷，加荷过程应均匀平稳，不得发生冲击或振动，加荷速度以4~6kN/s为宜，直至试件破坏为止，记录最大破坏荷载P。

六、结果计算

每块试样的抗压强度f_P按式（2-1）计算（精确至0.1MPa）：

$$f_P = \frac{P}{Lb} \tag{2-1}$$

式中：f_P——砖样试件的抗压强度，MPa；

P——最大破坏荷载，N；

L——试件受压面（连接面）的长度，mm；

b——试件受压面（连接面）的宽度，mm。

七、结果评定

（1）试验后按式（2-2）、式（2-3）分别计算出强度变异系数δ、标准差S：

强度变异系数
$$\delta = \frac{s}{\bar{f}} \tag{2-2}$$

标准差
$$S = \sqrt{\frac{1}{9}\sum_{i=1}^{10}(f_i - \bar{f})^2} \tag{2-3}$$

式中：δ——砖强度变异系数；

S——10 块试样的抗压强度标准差，MPa；

$\bar{f}$——10 块试样的抗压强度平均值，MPa；

f_i——单块试样抗压强度测定值，MPa。

(2)当变异系数 $\delta \leqslant 0.21$ 时，按抗压强度平均值 $\bar{f}$、强度标准值 f_K 指标评定砖的强度等级。样本量 $n=10$ 时的强度标准值按式(2-4)计算：

强度标准值
$$f_K = \bar{f} - 1.8S \tag{2-4}$$

式中：f_K——强度标准值，MPa。

(3)当变异系数 $\delta > 0.21$ 时，按抗压强度平均值 $\bar{f}$、单块最小抗压强度值 f_{min} 指标评定砖的强度等级。具体可照表 2-19 进行评定。

烧结普通砖的强度等级 表 2-19

强度等级	抗压强度平均值≥	$\delta \leqslant 0.21$	$\delta > 0.21$
		强度标准值 f_K≥	单块最小抗压强度值 f_{min}
MU30	30.0	22.0	25.0
MU25	25.0	18.0	22.0
MU20	20.0	14.0	16.0
MU15	15.0	10.0	12.0
MU10	10.0	6.5	7.5

子情境二　砌筑黏结材料——建筑砂浆

建筑砂浆是由无机胶凝材料、细集料、掺加料配制而成的，它是建筑工程中用量最大、用途最广的建筑材料之一，在建筑工程中起黏结、衬垫和传递应力的作用。建筑砂浆实为无粗集料的混凝土。它常用于砌筑砌体(如砖、石、砌块)结构，建筑物内外表面(如墙面、地面、顶棚)的抹面，大型墙板、砖石墙的勾缝，以及装饰材料的黏结等。

砂浆的种类很多，根据用途不同可分为砌筑砂浆、抹面砂浆。抹面砂浆包括普通抹面砂浆、装饰抹面砂浆、特种砂浆(如防水砂浆、耐酸砂浆、绝热砂浆、吸声砂浆等)。根据胶凝材料的不同可分为水泥砂浆、石灰砂浆、混合砂浆(包括水泥石灰砂浆、水泥黏土浆、石灰黏土砂浆、石灰粉煤灰砂浆等)。本子情境主要讲述砌筑工程中的砌筑砂浆。

任务一　建筑砂浆的技术性质及其应用

一、砌筑砂浆的定义及作用

将砖、石、砌块等黏结成为砌体的砂浆称为砌筑砂浆。它起着黏结砌块、传递荷载的作用，是砌体的重要组成部分。

二、砌筑砂浆的组成材料

(1)水泥。

普通水泥、矿渣水泥、火山灰水泥、粉煤灰水泥、复合水泥等都可以用来配制砌筑砂浆。具体可根据设计要求、砌筑部位及所处的环境条件选择适宜的水泥品种。砌筑砂浆用水泥的强度等级,应根据设计要求进行选择。选择中低强度的水泥即能满足要求。水泥砂浆采用的水泥,其强度等级不宜大于 32.5 级;水泥混合砂浆采用的水泥,其强度等级不宜大于 42.5 级。如果水泥强度等级过高则可加些混合材料。当有特殊用途时,如配制构件的接头、接缝或用于结构加固、修裂缝,应采用膨胀水泥。

(2)砂。

砌筑砂浆的质量要求应符合《建筑用砂》(GB/T 14684—2001)的规定,一般砌筑砂浆采用中砂拌制,既能满足和易性要求,又能节约水泥,建议优先选用。其中毛石砌体宜选用粗砂,其含泥量不应超过 5%;强度等级为 M2.5 的水泥混合砂浆,砂的含泥量不应超过 10%。常用的细集料为普通砂,对特种砂浆也可选用白色或彩色砂、轻砂等。

(3)水。

拌和砂浆用水与混凝土拌和水的要求相同,应符合现行行业标准《混凝土用水标准》(JGJ 63—2006)的规定。

(4)其他胶凝材料及掺加料。

为改善砂浆的和易性、减少水泥用量,通常掺入一些廉价的其他胶凝材料(如石灰膏、黏土膏等)制成混合砂浆。生石灰熟化成石灰膏时,应用孔径不大于 3mm × 3mm 的网过滤,熟化时间不得少于 7d;磨细生石灰粉的熟化时间不得少于 2d。沉淀池中储存的石灰膏,应采取措施防止干燥、冻结和污染。严禁使用脱水硬化的石灰膏。所用的石灰膏的稠度应控制在 120mm 左右。

采用黏土或亚黏土制备黏土膏时,以选颗粒细、黏性好、含砂量及有机物含量少的为宜。所用的黏土膏的稠度应控制在 120mm 左右。为节省水泥、石灰用量,充分利用工业废料,也可将粉煤灰掺入砂浆中。

三、砌筑砂浆的技术性质

砂浆应满足以下技术性质:新拌砂浆应满足和易性要求;硬化后砂浆应具有所需强度等级并要求具有足够的黏结力。

1. 和易性

新拌砂浆应具有良好的和易性。和易性良好的砂浆容易在粗糙的砖石底面上铺设成均匀的薄层,而且能够和底面紧密黏结。使用和易性良好的砂浆,既便于施工操作,提高劳动生产率,又能保证工程质量。砂浆和易性包括流动性和保水性。

(1)流动性。

砂浆的流动性也称为稠度,是指在自重或外力作用下流动的性能,用“沉入度”表示。

用砂浆稠度仪通过试验测定沉入度值,以标准圆锥体在砂浆内自由沉入 10s 时的沉入深度[以毫米(mm)计]表示。沉入度大,砂浆流动性大,但流动性过大,硬化后强度将会降低;若流动性过小,则不便于施工操作。砌筑砂浆的稠度应按表 2-20 选用。

(2)保水性。

新拌砂浆能够保持其内部水分不泌出的能力称为保水性,保水性也指砂浆中各项组成材料不易分离的性质。新拌砂浆在存放、运输和使用的过程中,必须保持良好保水性,其中的水分不致很快流失,才能形成均匀、密实的砂浆胶结层,才能形成均匀、密实的砂浆缝,保证砌体的质量。

砌筑砂浆的稠度(JGJ 98—2000) 表2-20

砌体种类	砂浆稠度(mm)	砌体种类	砂浆稠度(mm)
烧结普通砖砌体	70～90	烧结普通砖平拱式过梁、空斗墙、筒拱普通混凝土小型空心砌块砌体、加气混凝土砌块砌体	50～70
轻集料混凝土小型空心砌块砌体	60～90	石砌体	30～50
烧结多孔砖、空心砖砌体	60～80		

砂浆的保水性用"分层度"表示,可用砂浆分层度测定仪测定。将搅拌均匀的砂浆,先测其沉入度,然后将其装入分层度测定仪,静置30min后,去掉上部200mm厚的砂浆,再测其剩余部分砂浆的沉入度,两次沉入度的差值称为分层度,以毫米(mm)表示。砂分层度为0～20mm时为宜,不得大于30mm。分层度大于30mm的砂浆,容易离析,不便于施工,分层度接近于零的砂浆,容易发生干缩裂缝。

2. 砂浆的强度和黏结力

(1)砂浆的强度。

砂浆在砌体中主要起传递荷载的作用,并经受周围环境介质作用,因此砂浆应具有一定的黏结强度、抗压强度和耐久性。试验证明,砂浆的黏结强度、耐久性均随抗压强增大而提高,即它们之间有一定的相关性,而且抗压强度的试验方法较为成熟,测定较为简单准确,所以工程上常以抗压强度作为砂浆的主要技术指标。

砂浆的强度等级是以边长为70.7mm的立方体试块,在标准养护条件(水泥混合砂浆为温度20℃±3℃,相对湿度60%～80%;水泥砂浆为温度20℃±3℃,相对湿度90%以上)下,用标准试验方法测得28d龄期的抗压强度来确定的。砌筑砂浆的强度等级有M20、M15、M10、M7.5、M5、M2.5六个等级。影响砂浆强度的因素较多,试验证明,当原材料质量一定时,砂浆的强度主要取决于水泥强度等级与水泥用量。用水量对砂浆强度及其他性能的影响不大。砂浆的强度可用式(2-5)表示:

$$f_m = \frac{f_{ce}}{1000} \times Q_c = \frac{K_c f_{ce,k}}{1000} \times Q_c \tag{2-5}$$

式中:f_m——砂浆抗压强度,MPa;

f_{ce}——水泥实际强度,MPa;

Q_c——$1m^3$砂浆中的水泥用量,kg;

K_c——水泥强度等级的富余系数,按统计资料确定;

$f_{ce,k}$——水泥强度等级的标准值,MPa。

(2)砂浆黏结力。

砖石砌体是靠砂浆把许多块状的砖石材料黏结成为坚固整体的,因此要求砂浆对于砖石必须有一定的黏结力。砌筑砂浆的黏结力随其强度的增大而提高,砂浆强度等级越大,黏结力越大。此外,砂浆的黏结力与砖石的表面状态、洁净程度、湿润情况及施工养护条件等有关。所以,砌筑前砖要浇水湿润,其含水率控制在10%～15%,表面不沾土,以提高砂浆与砖之间的黏结力,保证砌筑质量。

四、砌筑砂浆的工程应用

水泥砂浆宜用于砌筑潮湿环境以及强度要求较高的砌体;水泥石灰砂浆宜用于砌筑干燥环境中的砌体;多层房屋的墙一般采用强度等级为M5的水泥石灰砂浆;砖柱、砖拱、钢筋砖过梁等一般采用强度等级为 M5 ~ M10 的水泥砂浆;砖基础一般采用不低于 M5 的水泥砂浆;低层房屋或平房可采用石灰砂浆;简易房屋可采用石灰黏土砂浆。

任务二 砌筑砂浆配置

砌筑砂浆要根据工程类别及砌体部位的设计要求选择其强度等级,再按砂浆强度等级来确定其配合比。

确定砂浆配合比可通过查有关资料、手册来选择,重要工程用砂浆,如果无参考资料时,可根据《砌筑砂浆配合比设计规程》(JGJ 98—2000)的规定,通过计算来进行,然后再调整。

砂浆的配合比以质量比表示。下面以计算法为例介绍砂浆配合比设计的步骤。

一、砌筑砂浆配合比设计应满足的基本要求

(1)砂浆拌和物的和易性应满足施工要求,且拌和物的体积密度:水泥砂浆≥1900kg/m^3;水泥混合砂浆≥1 800kg/m^3。

(2)砌筑砂浆的强度、耐久性应满足设计要求。

(3)经济上应合理,水泥及掺和料的用量应较少。

二、砌筑砂浆配合比设计

1. 水泥混合砂浆配合比计算

(1)确定砂浆的试配强度($f_{m,o}$)。

砂浆的试配强度可按式(2-6)计算:

$$f_{m,o} = f_2 + 0.645\sigma \quad (2\text{-}6)$$

式中:$f_{m,o}$——砂浆的试配强度,精确至 0.1MPa;

f_2——砂浆抗压强度平均值,精确至 0.1MPa;

σ——砂浆现场强度标准差,精确至 0.01MPa。

当有统计资料时,统计周期内同一砂浆试件的组数 n≥25 时的 σ 值可按统计方法计算;当不具有近期统计资料时,可按表 2-21 选取。

砌筑砂浆强度标准差 σ 选用表(JGJ 98—2000)(MPa) 表 2-21

施工水平 \ 砂浆强度等级	M2.5	M5	M7.5	M10	M15	M20
优良	0.50	1.00	1.50	2.00	3.00	4.00
一般	0.62	1.25	1.88	2.50	3.75	5.00
较差	0.75	1.50	2.25	3.00	4.50	6.00

(2)水泥用量计算。

$$Q_c = \frac{1000(f_{m,o} + \beta)}{\alpha f_{ce}} \quad (2\text{-}7)$$

式中:Q_c——1m^3 砂浆的水泥用量,精确至 1kg;

f_{ce}——水泥的实测强度,精确至 0.1MPa;

α、β——砂浆的特征系数,$\alpha = 3.03$,$\beta = -15.09$。

当计算出水泥砂浆中的水泥计算用量不足 $200kg/m^3$ 时，应按 $200kg/m^3$ 选用。

(3)计算掺和料用量 Q_D。

$$Q_D = Q_A - Q_c \tag{2-8}$$

式中：Q_D——$1m^3$ 砂浆的掺和料用量，精确至1kg；石灰膏、黏土膏使用时稠度为120±5mm；

Q_A——$1m^3$ 砂浆中水泥掺和料的总量，精确至1kg；宜为300～350kg。

(4)确定砂子用量 Q_s。

每立方米砂浆中的砂用量，应以干燥状态(含水率<0.5%)的堆积密度值作为计算值。当含水率>0.5%时，应考虑砂的含水率。

(5)确定用水量 Q_w。

每立方米砂浆中的用水量，根据砂浆稠度等要求，可选240～310kg。

2. 水泥砂浆配合比选用

水泥砂浆材料用量可按表2-22选用。

每立方米水泥砂浆材料用量(JGJ 98—2000)　　表2-22

强度等级	每立方米砂浆水泥用量(kg)	每立方米砂浆砂用量(kg)	每立方米砂浆用水量(kg)
M2.5～M5	200～230	$1m^3$ 砂的堆积密度值	270～330
M7.5～M10	220～280		
M15	280～340		
M20	340～400		

注：①混合砂浆中的用水量，不包括石灰膏或黏土膏中的水；

②当采用细砂或粗砂时，用水量分别取上限或下限；

③稠度小于70mm时，用水量可小于下限；

④施工现场气候炎热或干燥季节，可酌量增加用水量。

3. 配合比试配、调整与确定

(1)试配时应采用工程中实际使用的材料。砂浆试配时应采用机械搅拌。搅拌时间应自投料结束时算起，对水泥砂浆、混合砂浆搅拌时间不得少于120s；掺用外加剂的砂浆，搅拌时间不得少于180s。

(2)按计算或查表所得配合比进行试拌时，应测定拌和物的稠度和分层度能否满足要求，当不能满足要求时，则应调整材料用量，直到符合要求为止，然后确定为试配时的砂浆基准配合比。

(3)检验砂浆强度时至少应采用三个不同的配合比，其中一个为基准配合比，另外两个配合比的水泥用量按基准配合比分别增加和减少10%，在保证稠度、分层度合格的条件下，可将用水量或掺和料用量作相应调整。

(4)三组配合比分别成型、养护、测定28d砂浆强度，确定符合试配强度要求的且水泥用量最低的配合比作为砂浆配合比。

砂浆配合比确定后，当原材料有变更时，其配合比必须重新通过试验确定。

三、砌筑砂浆配合比实例

【例】 计算用于砌筑某烧结空心砖墙的水泥石灰混合砂浆，要求砂浆的强度等级为M7.5，稠度为70～90mm。原材料为：水泥用普通水泥32.5级，实测强度为36.0MPa；砂用中砂，密度为1 450kg/m^3，含水率为2%；石灰膏的稠度为120mm。施工水平一般。试计算砂浆的配合比。

解:1. 确定砂浆的试配强度($f_{m,o}$)

砂浆的试配强度可按下式计算:

$$f_{m,o}=f_2+0.645\sigma$$

查表 2-21,可得 $\sigma=1.88\text{MPa}$,则:

$$f_{m,o}=7.5+0.645\times1.88=7.5+0.645\times1.88=8.7\text{MPa}$$

2. 计算水泥用量 Q_c

$$Q_c=\frac{1000(f_{m,o}+\beta)}{\alpha f_{ce}}=\frac{1000(8.7+15.09)}{3.03\times36.0}=218\text{kg/m}^3$$

3. 计算石灰膏用量 Q_D

取 $Q_A=300\text{kg}$,则:

$$Q_D=Q_A-Q_c=300-218=82\text{kg}$$

4. 确定砂子用量 Q_s

$$Q_s=1450\times(1+2\%)=1479\text{kg}$$

5. 确定用水量 Q_w

根据表 2-22,可选取 300kg,扣除砂中所含的水量,拌和用水量为:

$$Q_w=300-1450\times2\%=271\text{kg}$$

砂浆的配合比为:

$$Q_c:Q_D:Q_s:Q_w=218:82:1\,479:271=1:0.38:6.78:1.46$$

任务三　建筑砂浆质量检测

一、试验目的与要求

掌握砂浆的拌制,为确定砂浆配合比或检验砂浆各项性能提供试样。通过稠度试验,可以测定达到设计稠度时的加水量,或在施工期间控制稠度以保证施工质量。测定砂浆在运输及停放时的保水能力,保水性的好坏,直接影响砂浆的使用及砌体的质量。检验砂浆的实际强度是否满足设计要求。

二、仪器设备

砂浆搅拌机、砂浆稠度仪和砂浆分层度仪、试模、压力试验机等。

三、试验步骤

1. 砂浆的拌制

(1)刷膛,搅拌适量砂浆使搅拌机内壁黏附一薄层砂浆。

(2)将砂、水泥倒入搅拌机,开机后边搅拌边加水,时间为 3min。

(3)将搅拌完成的砂浆在铁板上人工翻拌后进行试验。

2. 稠度试验

(1)将砂浆装入砂浆筒内,距离筒口约 10mm,用捣棒捣 25 次,然后轻轻振动或敲击 5 ~ 6 下,表面平整后移置于砂浆稠度仪上。

(2)使圆锥体尖端和砂浆表面接触，拧紧固定螺钉，将指针调至刻度盘零点，然后突然放开固定螺钉，使圆锥体自由沉入砂浆中10s后，读出下沉的距离，即为砂浆的稠度值(K_1)。

3. 分层度试验

(1)将拌和好的砂浆一次注入分层度测定仪中。

(2)静置30min后，去掉上层200mm砂浆，然后取出底层100mm砂浆重新拌和均匀，再测定砂浆稠度值(K_2)。

(3)两次砂浆稠度值的差值，即为砂浆的分层度。

4. 抗压强度试验

(1)将无底试模放在预先铺有吸水性较好的纸的普通黏土砖上。

(2)向试模内一次注满砂浆，用捣棒插捣25次，使砂浆高出试模顶面6~8mm。

(3)当砂浆表面开始出现麻斑状态时，将高出部分的砂浆沿试模顶面削去并抹平。

(4)试件制作后应在20℃±5℃温度下停置24h±2h，然后进行编号拆模。试件在标准养护条件下养护至28d，然后进行试压。

(5)先将试件擦拭干净，放在试验机的下压板中心，承压面与成型时的顶面垂直。

(6)开动试验机，以0.5~1.5kN/s的速度加荷，至试件破坏，记录破坏荷载P(N)。

四、数据处理

1. 稠度

以两次测定结果的算术平均值作为砂浆稠度测定结果，如测定值两次之差大于20mm，应重新配料测定(精确至1mm)。

2. 分层度

以两次试验结果的算术平均值作为砂浆分层度的试验结果(精确至1mm)。

3. 抗压强度

(1)砂浆立方体抗压强度应按下列公式计算(精确至0.1MPa)：精确至0.1 MPa。

$$f_m = \frac{F}{A}$$

式中：f_m——单个砂浆试件的抗压强度，MPa；

F——破坏荷载，N；

A——试件的受力面积，mm^2。

(2)以6个试件所测值的算术平均值作为该组试件的抗压强度值，精确至0.1MPa。当6个试件的最大值或最小值与平均值之差超过20%时，以中间4个试件的平均值作为该组试件的抗压强度值。

学习情境三

建筑装饰材料

建筑装饰材料又称装修材料或饰面材料，一般是在建筑主体工程（结构工程和管、线安装等）完成后，在最后装修阶段所使用的材料。装饰材料主要用于建筑物的表面（如墙面、柱面、地面及顶棚等），起装饰作用。选择和使用装饰材料，要同时考虑材料的装饰性、功能性和经济性，即一方面要满足造型、质感、色调等美学方面的要求，另一方面要具有与使用环境相协调的各种功能，如耐磨性、吸声、隔音性、防污性等；最后还要综合考虑材料的经济性，确保投资经济合理。

建筑装饰材料的品种很多，本学习情境主要从常用的包括石材、陶瓷砖、木材、塑料、涂料、玻璃、幕墙和金属装饰材料等装饰材料来作讲解与认识、检测。

学习型任务要求

了解常用装饰材料（石材、陶瓷砖、木材、塑料、涂料、玻璃、幕墙和金属装饰材料等）的类型；

掌握常用装饰材料的性能；

熟悉常用装饰材料的应用。

工作型任务要求

在掌握装饰材料的基本知识下，能查找相关标准、规范，完成建筑工程中相关装饰材料的取样与质量检测。

子情境一　建筑装饰石材

现代建筑室内外装饰装修工程中采用的石材通常有天然石材和人造石材两大类。

一、天然石材

天然石材作为装饰石材使用，多用于公共建筑和装饰等级要求高的工程中。常用的天然饰面石材有花岗岩和大理石两类。

1. 花岗石

花岗石是指作为石材开采而用做装饰材料的各类岩浆岩及其变质岩，通常包括深成岩中的花岗岩、闪长岩、正长岩、辉长岩；喷出岩中的安山岩、辉绿岩、玄武岩；变质岩中的片麻岩等。

(1)花岗石的技术性能。

①结构致密。花岗石的体积密度为2 600 ~ 2 800kg/m^3，吸水率小于1%。

②质地坚硬、强度高。花岗石一般抗压强度可达120 ~ 250MPa，莫氏硬度6 ~ 7；耐磨性好；坚硬、开采和加工困难。

③装饰性好。在加工磨光后，花岗石可形成色泽深浅不同的斑点状花纹，色彩斑斓、华丽庄重。

④耐久性好。花岗石主要成分是SiO_2等酸性物质，属于酸性岩石，耐酸腐蚀性能强，不易风化变质。细粒花岗石使用年限可达500 ~ 1 000年之久，粗粒花岗石可达100 ~ 200年。

⑤耐火性差。花岗石遇火灾会产生严重开裂而被破坏，这是因为花岗石中含有20% ~ 40%的石英，石英在高温时(573℃，870℃)会发生晶型转变而产生体积膨胀。

(2)花岗石的应用。

花岗岩属高档建筑装饰材料，其特性和应用如下：

①不易风化变质，外观色泽耐久。多用于外墙饰面，如用于纪念碑、墓碑、影剧院、纪念馆等建筑的装饰。

②耐酸腐蚀能力强。较大理石坚硬、耐磨，适用于基础、勒脚、柱子、踏步、耐酸工程中，如，用于做室外地面、台阶、基座、宾馆、饭店、银行等处的装饰；用于吧台、服务台、展示台等部位的装饰。

③在现代大城市建筑中，镜面花岗岩板多用于室内外墙面、地面、柱面、踏步等处的装饰。

2. 大理石

"大理石"是由于盛产在我国云南省大理县而得名的，是沉积岩或其变质岩中碳酸盐类岩石的统称。具体包括大理岩、白云岩、石灰岩、页岩和板岩。

(1)大理石的技术性能。

①结构致密，强度高。大理石的体积密度为2 700kg/m^3左右，吸水率较小，一般不超过1%；抗压强度可达100 ~ 150MPa。

②硬度相对较小。大理石的莫氏硬度为3 ~ 4，较花岗岩小，容易进行锯解、雕琢和打磨抛光等形式的加工，但不适于用做耐磨性能要求高的公共场合的地面材料。

③耐腐蚀能力差。大理石的主要化学成分为$CaCO_3$，易被酸侵蚀，除汉白玉、艾叶青等个别产品外，一般不宜用作室外装修，否则会由于酸的腐蚀而失去表面光泽，甚至出现斑点等现象。

④装饰性好。大理石的颜色丰富，纹理多姿，纯黑色的大理石庄重典雅、大方；纯白色的大理石洁白晶莹，装饰效果好。

⑤耐久性次于花岗岩。

(2)大理石的应用。

①耐酸能力差，在潮湿的空气中易被CO_2、SO_2等酸性气体腐蚀，使表面平整度降低，失去光泽度，故主要用做室内高级饰面材料(汉白玉、艾叶青例外)，如，适用于大型公共建筑(宾馆、商场、机场、车站等)的室内墙面、柱面、地面、栏杆、楼梯踏步等；也可做楼梯栏杆、服务台立面与台面、门套、墙裙、窗台板、卫生间的洗漱台面等。

②花色品种多，磨光后的装饰效果更好，可用于制作大理石壁画、工艺品等。

二、人造石材

人造石材简称人造石，是人造大理石和人造花岗岩的总称，是以大理石碎料、石英砂、石粉等为骨料，以树脂、聚酯等聚合物或水泥为黏结剂，在真空条件下经强力拌和振动、加压成型、打磨抛光以及切割等工序制成的板材。

1. 人造石材的分类

人造石材按其所用胶结材料的不同，通常分为以下三类。

（1）水泥型人造石材。

以白水泥、普通水泥为胶结材料，与破碎的大理石和大理石粉、颜料等配制拌和成混合料，经浇捣成型、养护等工序制成。

（2）树脂型人造石材。

以不饱和聚酯树脂为黏结剂，配以天然大理石或方解石、白云石、硅砂、玻璃粉等无机粉料、适量的阻燃剂、颜料等，经浇捣成型、固化、脱模、烘干、抛光等加工工序制成。

（3）复合型人造石材。

以水泥等无机胶凝材料将碎石、石粉等集料胶结成型并硬化，再将硬化体浸渍于有机高分子材料（树脂）中，使其在一定条件下集合而成的人造材料。复合型人造石板是目前普遍使用的人造石材。

2. 人造石材的技术性能

（1）人造石材的花色纹理仿真性强，品种多，质感好。可以配合不同的家居色彩和装修档次。

（2）人造石材不存在色差，质量小，耐污染、耐腐蚀，耐久性好。

（3）人造石材施工便捷，无缝拼接，整体性好。

在装饰较长的台面或转角处时，人造石材可按设计的形状和尺寸切割、拼接，经过打磨抛光处理，整体效果好，实现无缝对接。

（4）利于环保。

人造石台面是一种由天然矿石粉、高性能树脂和天然颜料经过真空浇铸或模压成型的矿物填充高分子复合材料，其中的树脂配方技术所含的功能性助剂，决定了人造石台面具有卓越的环保性，可直接与食物接触，是注重环保人士的最佳选择。

（5）易老化，宜在室内使用。

人造石中的有机高分子材料在大气中的自然因素条件下抗老化能力差，不宜用于室外装修。

3. 人造石材的常用品种及其应用

（1）聚酯型人造石材。

聚酯型人造石材是以不饱和聚酯树脂为胶结料而生产的人造石。采用的天然石料的种类、粒度和纯度不同，所加颜料以及制作工艺方法不同，使得制成的石材的花纹、图案、颜色和质感也就不同。另外，还可以制成具有类似玉石色泽和透明状的人造石材，称为人造玉石。人造玉石也可仿造出紫晶、彩翠、芙蓉石等名贵玉石产品，达到以假乱真的程度。

聚酯型人造石材通常可以制作成饰面板材、卫生洁具，如，浴缸，带梳妆台的单、双盆洗脸盆，立柱式脸盆，坐便器等，还可做成人造大理石壁画等工艺品。

（2）仿花岗岩水磨石砖。

仿花岗岩水磨石砖，是使用颗粒较小的碎石米，加入各种颜色的色料，采用压制、粗磨、打蜡、磨光等生产工艺制成。其砖面的颜色、纹理和天然花岗岩十分相似，光泽度较高，装饰效果好。被用于宾馆、饭店、办公楼、住宅等的内外墙和地面装饰。

(3)仿黑色大理石。

仿黑色大理石主要以钢渣和废玻璃为原料,加入水玻璃、外加剂、水混合成型烧结而成。适用于内外墙、地面装饰贴铺,也可用于台面等装饰。

(4)透光大理石。

透光大理石是将加工成5mm以下具有透光性的薄型石材和玻璃相复合,芯层为丁醛膜,在140~150℃下热压30min而成。具有能使光线变得很柔和的特点。

三、建筑装饰石材的选用原则

(1)技术质量指标。

装饰石材的技术质量指标包括强度、吸水率、耐磨性、耐蚀性、使用年限等指标,使用时要根据建筑本身使用要求及所处环境选用,以保证建筑物使用的耐久性。

(2)质量等级标准。

石材的质量根据规格允许公差、角度偏差、平度偏差、棱角缺陷、表面色彩和光泽度、色差、色斑等项标准划分相应的等级,应考虑工程的设计表现效果并综合造价投资大小,选择合适等级的石材。

(3)经济性。

尽量就地选材,降低工程成本。

四、建筑石材饰面板材储存、运输的注意事项

(1)花岗石、大理石、水磨石饰面板需成捆运输,每捆最多10块(400×400),需用草绳或其他绳索捆紧扎牢。捆内板块要光面相对且需用质细、坚韧的整纸垫隔,以免损坏表面光泽;每捆的规格、花色必须相同,并需注明编号。

(2)运输及搬运中严禁摔掷、碰撞,尤其要注意保护板的棱角。装车要紧密稳固,空隙处用纸垫实、塞实,严禁松动、冲撞。木箱包装的饰面板,如使用机械装卸,一次起吊以不超过两箱为宜。并须轻起轻落,以防损坏包装。

(3)散装的大型饰面板应直立搬运,下放时应使背面棱先着地。吊运或抬运时,受力处应加衬垫。

(4)饰面板不宜露天存放,宜存于库内。成捆成箱者应将同种规格、品种、花色、编号者存于一处,以免混乱。堆码高度不宜超过1.6m。

(5)散置饰面板应直立堆垛,并使光面相对,顺序倾斜放置。倾斜度不应大于150;底层与每层间需用弹性材料支垫。花岗石饰面板垛高不得超过1.7m,大理石、水磨石不宜超过1.6m。

子情境二　建筑装饰陶瓷砖

陶瓷砖是指由黏土和其他无机非金属原料,经成型、烧结等工艺生产的板状或块状陶瓷制品,用于装饰与保护建筑物、构筑物的墙面和地面。

陶瓷砖因其具有耐水、耐腐蚀、不易褪色、易清洁、价格适宜、使用寿命长等优点而得到广泛应用。最常用的陶瓷砖有釉面砖、外墙面砖、地面砖、陶瓷锦砖等。

一、釉面砖

釉面砖是正面施釉的陶瓷砖，又称内墙面砖、瓷砖、瓷片或釉面陶土砖，是用于内墙装饰的薄片精陶建筑制品。表面的釉层有不同类型，如光亮釉、花釉、珠光釉、结晶釉等。

1. 釉面砖的种类

釉面砖按釉面颜色分为单色（含白色）、花色和图案砖三种；按用途分为通用砖（正方形、长方形）和异形配件砖（圆边、阴角、阳角、压顶等）。通用砖用于大面积墙面的铺贴，异形配件砖多用于墙面阴阳角和各收口部位的细部构造处理。

2. 釉面砖的技术性能

（1）釉面砖的物理力学性能，见表 3-1。

釉面砖的物理力学性能 表 3-1

项目	指标
密度（g/cm^3）	2.3～2.4
吸水率（%）	<18
抗冲击强度	用 30g 钢球，从 30cm 高处落下，三次不碎
热稳定性（自 140℃至常温剧变次数）	三次无裂纹

（2）釉面砖的规格公差，见表 3-2。

釉面砖的尺寸允许偏差（mm） 表 3-2

项目	尺寸	允许偏差值
长度或宽度	≤152	±0.5
	152～250（含 250）	±0.8
	>250	±1.0
厚度	≤5	+0.4 −0.3
	>5	厚度的 ±8%

（3）釉面砖的外观质量，见表 3-3。

釉面砖根据表面缺陷、色差、平整度、边直度和直角度、白度等外观质量，分为优等品、一级品、合格品三个等级。其外观质量应符合表 3-3 的要求。

釉面砖的外观质量要求 表 3-3

缺陷名称	优等品	一级品	合格品
开裂、夹层、釉裂	不允许		
背面磕碰	深度为砖厚的 1/2	不影响使用	
剥边、落脏、釉泡、斑点、坯粉、釉缕、桔釉、波纹、缺釉、棕眼、裂纹、图案缺陷、正面磕碰	距离砖面 1m 处目测无可见缺陷	距离砖面 2m 处目测缺陷不明显	距离砖面 3m 处目测缺陷不明显

3. 釉面砖的特点与应用

釉面砖热稳定性好，防火、防潮、耐酸碱，表面光滑，易清洗。主要适用于厨房、浴室、卫生间、试验室、医院手术室、精密仪器车间等室内墙面、台面等处。釉面砖色泽柔和典雅，朴实大方，由釉面砖组成的陶瓷壁画可作为大型公共建筑的内部装饰。

4. 釉面砖使用注意事项

(1)通常不宜用于室外。

釉面砖不能用于室外，否则经日晒、雨淋、风吹、冰冻而导致破裂损坏。因为釉面砖吸水率较大，吸水后将产生湿胀，但其表面釉层的湿胀性很小，当温、湿度发生较大幅度的改变时，尤其是在潮湿的环境中，它就会吸收水分产生湿胀，其湿胀应力大于釉层的抗张应力时，釉层就会发生裂纹，经过多次冻融后还会出现脱落现象，影响装饰效果。

(2)铺贴前必须进行浸水处理。

釉面砖铺贴前必须浸水 2h 以上，然后取出晾干至表面无明水，才可进行粘贴施工。若直接干贴，会吸走水泥砂浆中的水分而影响其正常的凝结硬化，降低粘贴强度，造成空鼓、脱落等现象。

目前，施工中常在水泥浆或水泥砂浆中掺入一定量的 108 胶，它不仅可改善灰浆的和易性，延缓水泥凝结时间，以保证铺贴时有足够的时间对所贴砖进行拨缝调整，也有利于提高铺贴质量，还可提高工效，缩短工期。

二、墙地砖

墙地砖是陶瓷锦砖、地砖、墙面砖的总称，它们强度高，耐磨性、耐腐蚀性、耐火性、耐水性均好，又容易清洗，不褪色。墙地砖主要用于建筑物外墙贴面和室内外地面装饰。常用的墙地砖品种和性能如表 3-4 所示。

常用墙地砖制品的性能及应用 表 3-4

种类		性能及应用
墙地砖	彩釉砖	彩釉砖属墙地砖，结构致密、抗压强度高，坚固耐用。表面防滑处理后光洁明亮，色彩图案丰富，用于建筑外墙的装饰；加厚的彩釉砖还可用于商场、餐厅、试验室等室内场所地面的装饰铺贴
	无釉砖	无釉砖属地面砖，是表面不施釉的耐磨地面砖。无釉砖一般以单色或加色斑点为多，适用于建筑物地面、庭院道路等处铺贴
	劈离砖	劈离砖属墙地砖，因成型时两块砖背对背同时挤出，烧成后才"劈离"成单块而得名。表面形式有细质的或粗质的，有上釉的或无釉的。劈离砖种类多，色彩丰富，耐久性好，密实，抗压强度高，吸水率小，表面硬度大，耐磨防滑，可用于各类建筑物的外墙装饰，也用于车站、机场、餐厅等室内地面的铺贴。 加厚的劈离砖可用于工厂、公园、人行道等露天地面的铺设
	麻面砖	麻面砖属墙地砖，采用仿天然花岗岩石的色彩配料，压制成表面凹凸不平的麻面坯体经焙烧而成。表面酷似人工修凿过的天然花岗石，自然粗犷。薄型砖适用于外墙饰面，厚型砖适用于广场、码头、停车场、人行道等铺设
	陶瓷锦砖（马赛克）	陶瓷锦砖（马赛克）属墙地砖，是具有多种色彩和不同形状的小块砖，按不同图案贴在牛皮纸上，也称纸皮砖。陶瓷锦砖分为无釉和有釉两种，目前国内产品多为无釉锦砖。主要用于化学试验室及民用建筑的门厅、走廊、餐厅、厨房、浴室等地面的贴铺，并可用于装饰外墙面。彩色陶瓷锦砖还可以镶拼成壁画，集装饰性和艺术性于一体

子情境三　建筑装饰木材

木材是土木建筑工程中应用历史最悠久的材料之一。在装饰装修工程中，木材主要被用做地板、家具和室内其他部位的装饰（如楼梯扶手、木花格、木线等）。本节主要介绍木材的主要物理和力学性能、装饰装修中常用木地板和人造板。

一、木材的技术性能

木材的性能主要包括含水量、湿胀与干缩、强度以及装饰性。

(1)含水量。

木材的含水量即木材所含水的质量占干燥木材质量的百分比，以含水率表示。含水率的大小对木材的湿胀干缩和强度影响很大。一般新砍伐的树木（生材），其含水率为70%～80%；风干木材的含水率为15%～25%；室内干燥的木材含水率为8%～15%。

木材中的水分主要有以下三种存在形式：

①自由水。自由水是存在于细胞腔和细胞间隙中的水分。通常木材中自由水含量随环境湿度的变化而发生较大幅度的变化，直接影响木材的表观密度、抗腐蚀性和燃烧性。

②吸附水。吸附水是渗透于细胞壁中的水分，其含量多少与细胞壁厚度有关。吸附水含量的变化将直接影响木材体积的大小和强度的高低。

③结合水。结合水是构成木材各化学组成中的化合水，同一树种木材其化合水含量基本不变，它对木材性质的影响不大。

通常，当木材中无自由水，而细胞壁内的吸附水达到饱和时，木材的含水率称为纤维饱和点。纤维饱和点是木材物理力学性质发生变化的转折点，其大小与木材的细观结构有关，且因树种而异，一般为25%～35%。

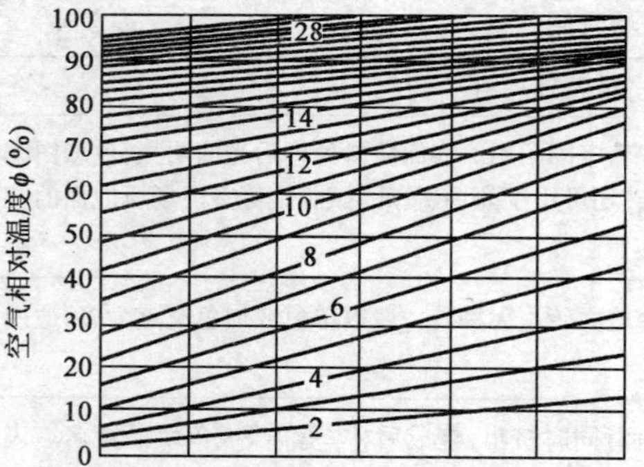

图3-1　不同温湿度环境中木材的平衡含水率

木材所含水分受环境温、湿度的影响，长时间处在一定温、湿度的环境，木材的含水量将达到与周围环境湿度相平衡，此时的含水率称为平衡含水率。平衡含水率是木材进行干燥时的重要指标。图3-1为木材在不同温、湿度环境条件下的平衡含水率。

平衡含水率随空气湿度的变大和温度的升高而增大，反之减少。我国北方木材的平衡含水率约为12%左右，南方约为18%，长江流域一般为15%左右。

(2)湿胀、干缩与变形。

湿胀、干缩是指材料在含水率增加时体积膨胀、减少时体积收缩的现象。木材具有显著的湿胀干缩性。干缩会使木材翘曲开裂，结构构件连接处出现接榫松弛、拼缝不严的现象；湿胀则造成木材凸起。为了避免这种不良情况，在木材加工前必须进行干燥处理，使木材的含水率比使用地区平衡含水率低2%～3%。

(3)强度。

木材在构造上有顺纹和横纹之分，这决定了其强度也呈现明显的各向异性，即有顺纹强度和横纹强度的差异。通常顺纹抗压、抗拉强度均比相应的横纹强度大得多。

(4)装饰性。

天然木材色彩自然柔和、纹理细腻美观、质感好，有着优良的涂饰功能，表面可通过贴、喷、涂等工艺达到理想的外部装饰效果。

二、建筑装饰木材

1. 人造板

人造板是利用天然木材在加工过程中产生的边角废料、锯屑，混合其他纤维制作成的板材的总称。

人造板的种类很多，常用的有细木工板(大芯板)、胶合板、饰面板、纤维板、刨花板、保丽板、桦丽板、防火板(塑料贴面板)、纸制饰面板等。

(1)细木工板(大芯板)。

细木工板又称大芯板，是将原木切割成条，拼接成芯，外贴面材加工而成的人造板材。

细木工板可用杨木、桦木、松木、泡桐等树种制成，其中以杨木、桦木为最好，质地密实，木质不软不硬，握钉力强，不易变形。

根据材质的优劣、面材的质地，将细木工板分为"优等品"、"一等品"及"合格品"。质量好的板材表面平整光滑，不易翘曲变形，是家庭装修中墙体、顶部装修必不可少的木材制品，主要用做家具的面板、门扇窗框的龙骨框架等。

(2)胶合板。

胶合板是将原木沿年轮方向旋切成大张单板，经干燥、涂胶后按相邻单板层木纹方向相互垂直的原则组坯、胶合而成的板材。

胶合板的单板层数为奇数，常见的有三合板、五合板、九合板和十三合板(市场上俗称为三厘板、五厘板、九厘板、十三厘板)。最外层的正面单板称为面板，反面的称为背板，内层板称为芯板。

胶合板的分类、特性、适用范围见表3-5。

胶合板的分类、特性、适用范围 表3-5

分类	名　称	性　能	适 用 范 围
I类	耐气候胶合板	耐沸水或蒸汽处理，耐候性、耐久性好，抗菌	室内、外工程
II类	耐水胶合板	耐冷水浸泡和短时间热水浸泡，抗菌	室内、外工程
III类	耐潮胶合板	耐短期冷水浸泡	室内常温下使用。用于家具和一般建筑用途
IV类	不耐潮胶合板	干燥环境下有一定胶结强度	在室内常态下使用

胶合板克服了天然木材的结构缺陷，如疵点、变形、开裂等，材质比较均匀，强度较高，厚度小，幅面宽，使用较方便，常用做门面、隔断、吊顶等室内高级装修。实际应用中要考虑使用环境和部位选择合适的胶合板。

(3)纤维板。

纤维板是以木材、竹材或其他农作物茎秆等植物纤维作主要原料，经机械分离成单体纤维，加入添加剂制成板坯，通过热压或胶黏剂组合成的人造板。

纤维板按原料可分为木质纤维板、非木质纤维板;按处理方式可分为特硬质纤维板、普通硬质纤维板;按重度可分为硬质纤维板(又称高密度纤维板)、半硬质纤维板(又称中密度纤维板)、软质纤维板(又称低密度纤维板)。

纤维板具有以下使用特点:

①结构均匀,完全避免了天然木材节子、腐蚀、虫蛀等缺陷,同时中密度纤维板胀缩性小、变形小、翘曲小。

②便于加工,表面平整,易于粘贴饰面。可用各种花样美观的胶纸薄膜及塑料贴面、单板或轻金属薄板等材料胶贴在纤维板表面上。

③吸湿性比木材小,形状稳定性、抗菌性都较好。

④内部结构均匀,有较高的抗弯强度和冲击强度。

⑤容易进行涂饰加工。各种油质、胶质的漆类均可涂饰在纤维板上,使其美观耐用。

⑥本身又是一种美观的装饰板材。可覆贴在被装饰或需要保温的结构件上。

此外,硬质纤维板是木材的优良代用品,可用于室内地面装饰,也可用于室内墙面装饰、装修,制作硬质纤维板室内隔断墙,用双面包厢的方法达到隔音的目的,经冲制、钻孔,硬质纤维板还可制成吸声板应用于建筑的吊顶工程。

(4)饰面板。

饰面板全称为装饰单板贴面胶合板,它是将天然木材刨切成一定厚度的薄片,黏附于胶合板表面,然后热压而成的一种用于室内装修或家具制造的表面材料。

常见的饰面板分为天然木质单板饰面板和人造薄木饰面板。人造薄木贴面与天然木质单板贴面的外观区别,在于前者的纹理基本为通直纹理或图案有规则;而后者为天然木质花纹,纹理图案自然,变异性比较大、无规则。既具有木材的优美花纹,又充分利用了木材资源,降低了成本。

(5)刨花板。

刨花板是将木材加工过程中的边角料、木屑等切削成一定规格的碎片,经过干燥,拌以胶黏剂、硬化剂、防水剂,在一定的温度和压力下压制而成的一种人造板材。

刨花板具有以下使用性能:

①结构比较均匀,表面平整,纹理逼真,加工性能好,可以根据需要加工成大幅面的板材;耐污染、耐老化、美观,可进行油漆或做成各种贴面,是制作不同规格、样式家具的较好原材料。

②制成品刨花板不需要再次干燥,可以直接使用,吸音和隔音性能也很好,在建筑装饰装修中主要用作隔断墙、室内墙面装饰板。

但使用中需注意如下几点:

①刨花板密度较高,因而用其加工制作的家具质量较大;

②刨花板边缘粗糙,容易吸湿,做家具边缘其暴露部位要采取相应的封边措施处理,以防变形;

③刨花板握螺钉力低于木材;

④使用中通常需要在刨花板表面覆盖塑料贴面。未经贴面的刨花板多用于护墙板的基层板等,只起承托作用。

(6)塑料贴面板(防火板)。

塑料贴面人造板又称防火板,是以硅质材料或钙质材料为主要原料,与一定比例的纤维材料、轻质骨料、黏合剂和化学添加剂混合，经蒸压技术制成的装饰板材。它具有优良的耐磨、耐酸碱、阻燃、易清洁及耐水性能等，是做餐桌面、厨房家具、卫生间家具的好材料。

(7)纸质饰面人造板。

纸质饰面人造板，是以人造板为基材，在表面贴有木纹或其他图案的特制纸质饰面材料。它的各种表面性能比塑料饰面人造板稍差，常见的有宝丽板、华丽板等。

①宝丽板。是在人造板表面贴一张印有图案并已涂饰好聚酯类的装饰纸。宝丽板表面漆膜，具有很高的光泽，坚硬耐磨，有很好的装饰性。

②桦丽板。是用涂过氨基树脂的装饰纸，采用热压法贴于人造板表面制成，表面多为柔光。因热压时间很短，常把这种板称为"短周期"复合板。

2.木地板

(1)实木地板。

实木地板是木材经烘干、加工形成的地面装饰材料。

实木地板按表面处理情况，可分为淋漆板和素板两类，淋漆板是地板的表面已经涂刷了地板漆，可以直接安装使用；素板是地板在铺贴后必须经过打磨、涂刷地板漆后才能使用；按加工工艺又可分为原木地板和指接木地板两种。其中，指接木地板是将木材经裁切剪碎或利用短碎小木料，通过新工艺重新拼接而成，按木材的品种分为水曲柳、樱桃木、榉木、柚木、柞木等；按地板的形式可分为实木地板条、拼花地板块和立木地板三个品种。

①实木条形地板。其均为长短不一的长方形板，宽度一般不大于120mm，板厚为16～18mm；有平口和企口(错口)之分，见图3-2。平口就是上下、前后、左右方向平齐的长方形木条，四周光滑、直边；企口就是用专用设备将木条的断面(具体几面依要求而定)加工成榫槽状，安装时口榫插接固定。

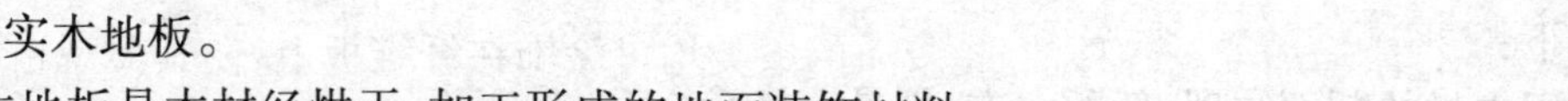

图3-2　条木地板端部结构

实木条形地板所用木材要求不易腐朽、不易变形、不易开裂，主要用于办公室、会议室、会客厅、住宅、幼儿园等场所，具有自重小、弹性好、脚感舒适、导热性低、冬暖夏凉、易于清洁等优点。对于素板，在铺设完后再找平，对地面的平整要求不严，木材变形稳定后再进行刨光、清扫及油漆，便于施工铺设。

②拼花地板块。即事先按一定图案、规格将实木加工成不同的几何单元，在设备良好的车间里拼接成不同图案、一定几何形状(一般呈正方形)的木质地板块。几何单元常见的有长方形、正方形、菱形、三角形、正六边形等，常用的有正芦席纹、斜芦席纹、人字纹、清水砖墙纹等，如图3-3所示。

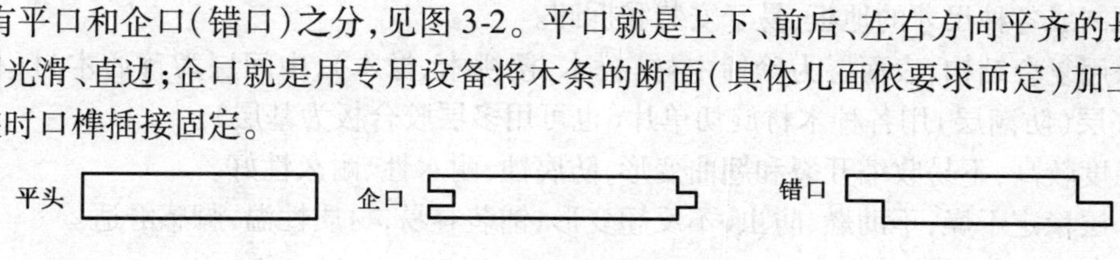

图3-3　几种常见的拼花木地板图案

a)清水砖墙纹；b)斜芦席纹；c)人字纹；d)正芦席纹

拼花地板块的特点是：

a. 拼花形式多样，图案丰富，制造专业化，质量高；

b. 幅面大，安装简便，效率高，有些拼花地板背后贴有底胶，可直接贴在混凝土基层地面上；

c. 对地面的平整要求较高，产品加工与安装不当时容易产生翘变现象。

拼花木地板均采用清漆进行油漆，木材表面纹理清晰、自然，作为较高级的室内地面装修材料，适用于宾馆、会议室、办公室、疗养院、托儿所、体育馆、舞厅、酒吧、民用住宅等的地面装饰，冬暖夏凉、防火防蛀；亦用于地热环境，它升温快、储能节能、防水防潮、膨胀变形小、环保、防静电。

③立木地板，又称木质马赛克。是一种用木材的横截面作装饰面的结构比较特殊的地板。其特点如下：

a. 利用木材的断面纹理，新颖大方，别具一格；

b. 力学结构合理，断面耐磨而抗压；

c. 组合图案极其丰富，装饰性强；

d. 利用小径木材加工，成本低。

(2)实木复合地板。

实木复合地板是用经过处理的木材按合理的结构组合，再经高温高压制成。其特点如下：

①花纹美观，色彩一致，装饰性很强。

②可制成各种尺寸的地板，易于安装和拆卸。

③采用复合结构，表面层为珍稀木材（榉木、樱桃木、橡木），中间层为普通木材（杨木、松木等），底层（防潮层）用各种木材旋切单片（也可用多层胶合板为基层）。

④强度较高，不易收缩开裂和翘曲变形，防腐蚀，耐水性、耐久性好。

⑤基层稳定干燥，不助燃、防虫、不反翘变形；铺装容易，材质性温，脚感舒适。

子情境四　金属装饰材料

金属材料在建筑上的应用有着悠久的历史。在现代建筑装饰装修中，金属材料以其优良的理化性能和装饰性被广泛应用，如柱子外包不锈钢板或铜板，墙面和顶棚镶贴铝合金板，楼梯扶手采用不锈钢管或铜管，隔墙、幕墙用不锈钢板等。应用较多的金属装饰材料是铝与铝合金以及钢材及其复合制品。

一、铝及铝合金

1. 铝

铝是有色金属中的轻金属，纯铝呈银白色，密度为2.7g/cm^3（相当于钢的1/3）。铝的化学活性较大，在空气中极易被氧化而失去原本的金属光泽。铝的比强度高、延展性好，可加工成0.001cm的箔片。

由于铝硬度和强度较低，在建筑工程中仅做门、窗、小五金、铝箔等非承重材料，铝粉还可用于调制装饰涂料或防水涂料。

为了扩大铝的工程应用范围，人们常在铝中加入适量的铜、镁、锰、锌等合金元素，制成铝合金，既提高了铝的强度和硬度，又保留了纯铝轻质、耐腐蚀、加工性强等优点。

2. 铝合金的种类

(1)铸造铝合金。

铸造铝合金是在铝中分别加入适量的 Si、Cu、Mg、Zn 等元素得到的合金。这种合金塑性低,抗裂性差,不宜压力加工,但铸造性能好,宜用于铸造装饰铸件。

(2)变形铝合金。

变形铝合金是指在铝中加入一种或几种合金元素(Si、Cu、Mg、Zn、Mn 等)制得的合金。这种合金的塑性较高,适于冷态和热态压力加工,可制得板材、管材和其他异型材。

3. 铝合金的性质

(1)优点。

①密度小,强度较高,比强度大(约为碳钢的 2.5 倍),适于用作大跨度轻型结构材料。

②低温使用性能好,不出现低温冷脆性,即强度不随温度下降而降低。

③可加工性能好,可通过切割、切削、冷弯、压轧、挤压等方法成型。

④耐蚀性好,不易生锈,不燃烧,耐久性好。

(2)缺点。

弹性模量小,不宜做重型结构承重材料。

4. 常用铝合金制品

(1)铝塑板。

铝塑板又名复合铝板或塑铝板,是采用铝片(正反两面各有 0.1 ~ 0.3mm 厚的铝层)和聚乙烯树脂(中间的夹芯材料)经高温高压制成的复合板材。其厚度分别为 3mm、4mm、6mm;其表面可进行防腐、轧压、冷装、印刷等二次加工。铝塑板的特点是质量小,有适当的刚性,可用作减振、隔音材料;亦可代替玻璃钢和木材等材料的使用部位,可作门窗和墙面的装饰材料。但该板材不耐高温,遇热变形温度为 115℃,应注意防火。

(2)铝合金花纹板。

铝合金花纹板是采用防锈铝合金坯料,用特殊的花纹辊轧而制成的铝合金板材。

铝合金花纹板花纹筋高适中,耐磨损,抗滑性好,防腐蚀性能强,便于冲洗,花纹美观大方,其表面可以处理成各种美丽的色彩,板材平整,裁剪尺寸精确,广泛应用于现代建筑的墙面装饰以及楼梯踏板等处。

(3)铝合金波纹板。

铝合金波纹板的特点是自重小(仅为钢的 3/10),有银白色等多种颜色,既有装饰效果,又有很强的反射阳光能力。它能防火、防潮、耐腐蚀,在大气中可使用 20 年以上。在建筑装修中适合于旅馆、饭店、商场等建筑墙面和屋面的装饰。

(4)铝合金压型板。

铝合金压型板质量小,外形美,耐腐蚀,经久耐用,经表面处理可得各种优美的色彩。主要用作墙面和屋面。

(5)铝合金冲孔平板。

铝合金冲孔板采用各种铝合金平板经机械穿孔而成,是一种能降低噪声并兼有装饰作用的新产品。孔型根据需要有圆孔、方孔、长圆孔、长方孔、三角孔、大小组合孔等。

铝合金冲孔板材质量小、耐高温、防火、防潮、防震、化学稳定性好;造型美观,立体感强,装饰效果好,且组装简便;可用于空间较大的公共建筑的顶棚,以改善建筑室内的音质条件,如宾馆、影剧院、播音室等;也可作为降噪措施用于各类车间厂房、人防地下室等。

(6)铝合金吊顶龙骨。

铝合金龙骨具有自重小、刚度大、防火、耐腐蚀、不生锈、抗震性好的特点;加工方便,安装简单,适用于室内吊顶装饰,可用作隔断龙骨,起支撑造型、固定结构的作用。

(7)镁铝曲板。

镁铝曲板是由细条铝板黏于可曲板面制得。这种板材可根据使用者的需要作弯曲、弧形处理,造型美观,色彩丰富(金铜色、古铜色、银铝本色、黄咖啡色、浅咖啡银色及面色),一般用于隔间、天花板、门面、镜框、包柱、柜台面、吧台、壁板、广告底板、广告字、厨具、桌脚等。

二、钢材

钢材是建筑装饰中强度、硬度与韧性最优良的一种材料。目前,建筑装饰工程中常用的钢材制品主要有不锈钢板、钢管、彩色不锈钢板、彩色涂层钢板、彩色压型钢板以及轻钢龙骨等。

1. 不锈钢

不锈钢是在铁碳合金中加入以铬为主的合金元素所得到的制品。不锈钢的主要特点是耐腐蚀性好;经不同表面加工可形成不同的光泽度和反射能力;安装方便;装饰效果好。

2. 建筑装饰钢材制品

(1)不锈钢板。

建筑装饰用不锈钢制品包括薄钢板、管材、型材及各种异型材。其中厚度小于2mm的薄钢板用得最多。

常用的板形是平面板和凹凸板两类;平面板是经研磨、抛光等工序制成的,而凹凸板是在正常的研磨、抛光之后再经辊压、雕刻、特殊研磨等工序制成的。

不锈钢薄板可做内外墙饰面,也可做幕墙、隔墙、屋面等面层。近年来,不锈钢镜面板已被广泛应用于大型商场、宾馆、高级住宅等处,做立柱包面、楼梯扶手,也有用不锈钢做建筑幕墙材料,高雅、美观。

(2)彩色不锈钢。

彩色不锈钢是在不锈钢板上再进行技术和艺术加工,使其成为各种色彩绚丽的装饰板。其颜色有蓝、灰、紫、红、青、绿、金黄、茶色等。彩色不锈钢板不仅具有良好的抗腐蚀性,耐磨、耐刻画、耐高温(能耐200℃的温度)等特点,而且当弯曲90°时,彩色层仍不会损坏。常用做厅堂墙板、顶棚、电梯厢板、外墙饰面等。

(3)彩色涂层钢板。

彩色涂层钢板是以有机高分子材料做涂层制得的具有颜色和花纹的钢板。

彩色涂层钢板耐污染性强,热稳定性好,涂层附着力强,色泽持久,并且具有良好的耐污染性能、耐高低温性能和耐沸水浸泡性能,可进行切断、弯曲、钻孔、铆接、卷边等工艺操作,可用做外墙板、壁板、屋面板等。

(4)彩色压型钢板。

彩色压型钢板是以镀锌钢板为基材,经成型轧制,并敷以各种耐腐蚀涂层与彩色烤漆而成的轻型围护结构材料。其性能和用途与彩色涂层钢板相同,既可用作商业亭、候车亭的瓦楞板,也可用作工业厂房大型车间的壁板与屋顶等。

(5)轻钢龙骨。

轻钢龙骨是以镀锌钢带或薄钢板由特制轧机以多道工艺轧制而成的。它具有强度高、抗风压能力大的优点,耐火性好,安全可靠,安装简易,通用性强。可装配各种类型的石膏板、钙塑板、吸音板等。它广泛用于各种民用建筑工程以及轻纺工业厂房等场所,对室内装饰造型、隔音等起到良好效果;用做墙体隔断和吊顶的龙骨支架,美观大方。

三、铜材

铜材与不锈钢类似,属于价格较高的高级装饰材料。

铜及铜合金华丽、高雅、坚固耐用,被用于宫廷、寺庙、纪念性建筑以及商店的铜字招牌等的装饰,亦可用于外墙板、门把手、水龙头、门锁、纱窗(紫铜纱窗)等。

铜合金还用做铜粉,俗称"金粉",是一种铜合金制成的金黄色颜料。主要成分为铜及少量的锌、铝、锡等金属,其制造方法同铝粉。常用于调制装饰涂料,代替"贴金"。

子情境五　建筑塑料装饰制品

塑料是指由高分子聚合物加入(或不加)填料、增塑剂及其他添加剂,经过加工形成的塑性材料或固化交联形成的刚性材料。

塑料集金属的坚硬性、木材的轻便性、玻璃的透明性、陶瓷的耐腐蚀性、橡胶的弹性和韧性于一身,被广泛地应用于生产、生活的各个领域。在现代建筑装饰工程中,塑料可用于替代钢材、木材等传统建筑装饰材料,其应用和发展的前景十分可观。

一、塑料的分类及特性

1. 塑料的分类

塑料的种类很多,到目前为止,世界上投入生产的塑料大约有三百多种。塑料的分类方法较多,按其受热后的形态性能表现不同,可分为热塑性塑料和热固性塑料。

(1)热塑性塑料。

热塑性塑料可在特定的温度范围内反复加热软化、冷却固化,在软化、熔融状态下可进行各种成型加工。成型加工中几乎没有化学变化,即对其性能没有影响,如聚乙烯、聚氯乙烯、聚苯乙烯等属于热塑性塑料,其优点是加工成型简便,有较高的机械性能,其制品丧失使用性能后可再生利用;缺点是耐热性、刚性差。

(2)热固性塑料。

热固性塑料在加热时易转变成黏稠状态,并发生分解,再继续加热则固化,不能再恢复到可塑状态,难以再生利用。酚醛树脂、脲醛树脂、环氧树脂等属于热固性塑料。其特点是耐热性较好,不容易变形,但机械性能较差。

2. 塑料的特性

(1)自重小。

塑料的密度通常为0.9~2.3g/cm^3,与木材相近,平均约为铝的1/2,钢的1/5。

(2)导热性低,隔热性能好。

密实塑料的导热系数一般为0.12~0.80W(m·K),是热的不良导体或绝热体,如泡沫塑料的热导率与静止的空气相当,因此在建筑工程中,塑料常被用作保温绝热材料。

(3)比强度高。

塑料及制品的比强度高,即属于轻质高强材料。

(4)加工性能好。

塑料可用各种方法加工成具有各种断面形状的通用材或异型材，如塑料薄膜、薄板、管材、门窗型材和扶手等，生产效率高。

(5)装饰性优异。

塑料的表面可以着色，并可制成各种色彩和图案，能取得大理石、花岗岩和木材表面的装饰效果，还可用烫金或电镀的方法对其表面进行处理，因而塑料制品的表面具有优异的装饰性。

(6)电绝缘性好。

塑料的导电性低，又因热导率低，是良好的电绝缘材料。

(7)易老化。

塑料制品在阳光、空气、热及环境介质中的酸、碱、盐等作用下，其机械性能变差，易发生硬脆、破坏等现象，这种现象称为"老化"。但经改进的塑料制品的使用寿命可大大延长。

二、常用的建筑塑料制品

1. 塑料门窗

以聚氯乙烯(PVC)树脂为主要原料，按适当的配合比加入适量添加剂(如抗老化剂)等物质，经挤出形成各种型材，型材经过加工、拼装便可组成所需塑料门窗。

目前塑料门窗主要采用改性聚氯乙烯，并加入适量的添加剂，经混炼、挤出等工序而制成塑料门窗异型材；再将异型材经机械加工成不同规格的门窗构件，组合拼装成相应的门窗制品。

为了增强塑料门窗的刚性，提高门窗的抗风压能力，生产中在门窗框内部嵌入铝合金型材或钢型材。塑料门窗与钢木门窗和铝合金门窗相比有以下特点：

(1)保温隔热性好。

塑料的导热系数小，塑料门窗的保温、隔热性比钢、铝、木质门窗都好；对具有冷暖空调设备系统的建筑，可防止冷暖气逸散，节约能源，在同样面积的条件下，使用塑钢门窗比使用金属门窗节约能源30%以上；如选用双层玻璃或中空玻璃，则节能效率更高。

(2)密封性好。

塑料门窗所用的中空异型材，挤压成型，尺寸准确，而且型材侧面带有嵌固弹性密封条的凹槽，采用密封条等密封措施，使塑料门窗具有良好的水密性、气密性、隔音性。试验表明，塑料门窗的隔音效果优于普通门窗。按德国工业标准 DIN 4109 进行试验，塑料门窗隔音达30dB，而普通窗的隔音只有25dB。

(3)装饰性好。

塑料门窗可根据需要设计出各种颜色和样式，一次成型，尺寸准确，使用过程不需粉刷油漆，维修保养方便，装饰效果好。

(4)耐腐蚀、耐老化、耐久。

塑料门窗具有优良的耐腐蚀性，可广泛用于多雨、潮湿的地区，有腐蚀性介质(食品、酿酒、造纸、制药、化工等)的工业建筑中；同时具有较好的耐老化性能，这是因为在原料中加入了适当的抗老化剂和防紫外线制剂，使其抗老化性得到保证。据史料记载，德国最早使用的塑料门窗至今已有30余年，除光泽稍有变化外，性能无明显变化。

2. 塑料墙纸

塑料墙纸是以一定材料为基材，表面进行涂塑后，再经过印花、压花或发泡处理等多种工艺而制成的一种墙面装饰材料。它是目前国内外使用广泛的一种室内墙面装饰材料。其特点如下：

(1)装饰效果好。

由于塑料壁纸表面可进行印花、压花及发泡处理,色彩艳丽,仿真性强。

(2)性能优越。

根据需要,塑料墙纸可加工成具有难燃、隔热、吸音、防霉、不易受机械损伤的产品。

(3)粘贴方便。

纸基的塑料墙纸,可用白乳胶粘贴,且透气性好,可在尚未完全干燥的墙面粘贴,而不致起鼓,剥落。

(4)使用寿命长、易维修保养。

表面可清洗,对酸碱有较强的抵抗能力。

3. 塑料地板

塑料地板是发展较早的塑料类装修材料,是指由高分子树脂及其助剂通过适当的工艺所制成的片状地面覆盖材料。

塑料地板种类繁多,目前绝大部分的塑料地板为聚氯乙烯块状(又称地板块)或卷状(又称地板革)材料。它们分别具有以下的特点。

(1)块状塑料地板(又称塑料地板砖)具有的特点。

①色泽选择性强。根据室内设施、用途或设计要求,拼组成不同色彩和图案,装饰效果好。

②轻质耐磨。塑料地板砖与大理石、水磨石等装修材料相比,地板砖自重只有 $3kg/m^2$ 左右。

③地板砖表面光洁、平整,步行有弹性感而且不打滑,遇潮湿、接触稀酸碱不受腐蚀,遇明火后自熄性好,不助燃。

④造价低,施工方便。塑料地板砖属于低档产品,造价远低于大理石、水磨石和木地板,易于在各类场所使用,粘贴方便,一般不需要保护期即可使用,也便于局部修补。

⑤具有多功能的发展方向。

如抗静电塑料地板具有质量小、耐磨、耐腐蚀、防火、抗静电等特性,适用于计算机房、邮电部门、空调要求较高及有抗静电要求的建筑物地面。

(2)卷材塑料地板(又称地板革)具有的特点。

①色泽选择性强。可仿各种天然材料如木材、石材的颜色和图案,装饰效果好。

②使用性能好。具有耐磨、耐污染、耐腐蚀、可自熄等特点;发泡塑料地板革还具有优良的弹性,脚感舒适,清洗更换方便。

③卷状塑料地板铺设速度快,施工效率高。

子情境六　建筑装饰涂料

建筑涂料是指能涂敷于建筑物表面,并能形成牢固、完整、坚韧的涂膜,从而对建筑物起到保护、装饰或使其具有某些特殊功能(如防霉变、防火、防水等功能)的材料。

建筑涂料品种繁多,按其在建筑物中使用部位的不同,可以分为内墙涂料、外墙涂料、地面涂料、顶棚涂料、屋面防水涂料等,其中最常用的是内墙涂料和外墙涂料。

一、涂料的主要技术性能

1. 遮盖力

遮盖力是指涂料干结后的膜层遮盖基层表面颜色的能力。

涂料的遮盖力可用黑白格玻璃板进行测定。测定时将涂料涂饰在玻璃板上，当涂刷的涂料将玻璃板上的黑白格子完全遮住时，测出的涂料用量即为该涂料的遮盖力大小（单位为 g/m^2）。涂料的遮盖力大小与涂料中的颜料着色力和含量有关，涂料的涂刷量越多，则它的遮盖力就越低。

2. 黏度

涂料的黏度可反映它的流平性，也就是涂料涂抹后的膜层应平整光滑，不产生流挂现象。

涂料的黏度与涂料中成膜物质中的胶黏剂和填料的种类及含量有关；涂料的黏度值应该适中，黏度太高，涂料的成本不仅会过高，而且涂料涂抹时易在膜层上留下抹刷的痕迹，同时膜层的固化时间变长；涂料的黏度值过低，则涂料施工时易产生流挂现象。

涂料的黏度值可用涂-4 杯或旋转黏度计进行测定。用涂-4 杯测定时，使规定用量的涂料通过杯下的小孔所需要的时间即为涂料的黏度值，单位为秒（s）。用旋转黏度计测定时，将一定量的涂料倒入烧杯中，选好转子的号数，并使转子上的刻画线刚好浸入涂料液面以下，开动黏度计一段时间后从刻度窗上读出的数值就是该涂料的黏度，单位是 Pa · s。

3. 细度

涂料的细度是指涂料中固体颗粒大小的分布程度。细度的大小会影响涂膜表面的平整性和光泽度。细度大，涂膜的表面就比较粗糙；反之，涂膜的表面则光滑平整。涂料的细度可用刮板细度计测定。

4. 附着力

附着力是涂料膜层与基体之间的黏结力。涂料的附着力用画格法测定，即在标准试件的膜层表面用刀子画出宽为 1mm 的 100 个方格，然后用软毛刷沿格子的对角线方向前后各刷 5 次，最后检查掉下的方格数目。附着力用剩余方格数占总方格数的百分比表示，单位为%。

涂料还有黏结强度、抗冲击强度、抗冻性、耐刷洗性、耐磨性、耐碱性、耐污染性、耐老化性和耐温性等方面的要求。

二、常用的装饰涂料

1. 内墙涂料

内墙涂料亦可用作顶棚涂料，它的主要功能是装饰及保护内墙墙面及顶棚。

内墙涂料应具有以下性能：

①色彩丰富、细腻、协调；

②耐碱、耐水性好，不易粉化；

③好的透气性、吸湿排湿性；

④施工方便，重涂性好。

2. 外墙涂料

外墙涂料的主要功能是装饰和保护建筑物的外墙，使建筑物外观整洁美观，与使用环境协调一致。外墙涂料一般应具有以下特点：

①装饰性好；

②耐水性良好；

③防污性能良好；

④良好的耐候性。

常用内墙、外墙涂料的品种及性能见表3-6。

常用内墙、外墙涂料的品种及性能　　表3-6

品种	名称	主要性质	主要适用方面
内墙涂料	聚酯酸乙烯乳胶漆	它具有无味、无毒、不燃、易于施工、干燥快、透气性好、附着力强、耐水性好、颜色鲜艳、装饰效果明快、价格适中等优点，但耐水性差，适用于装饰要求较高的内墙	适用于要求较高的内墙及顶棚装饰
	乙丙乳胶漆	无毒无味、耐候性及耐碱性好、保色性好，具有光泽，属于中、高档内墙涂料	适用于高级的内墙面及顶棚装饰，也可用于木质门窗
	多彩涂料	由两种以上色彩组合，涂膜质地较厚，类似壁纸，具有耐擦洗性，属于高档内墙涂料	适用于建筑物内墙和顶棚的装饰
	幻彩涂料（梦幻涂料、云彩涂料）	具有无毒、无味、无接缝、不起皮等优点，并具有优良的耐水性、耐碱性和耐洗刷性，是目前较为流行的一种内墙高档涂料	主要用于办公、住宅、商业等的内墙、顶棚装饰
外墙涂料	彩砂涂料	该种涂料无毒、不燃、附着力强，保色性及耐候性好，耐水性、耐酸碱腐蚀性也较好。彩砂涂料的立体感较强，色彩丰富	适用于各种场所的室内外墙面装饰
	丙烯酸酯系外墙涂料	无刺激性气味，耐候性好，不易变色、粉化或脱落，耐碱性好，且对墙面有较好的渗透作用，涂膜坚韧，附着力强，施工方便，可刷、滚、喷，也可根据工程需要配制成各种颜色	主要适用于民用、工业、高层建筑及高级宾馆外装饰
	聚氨酯系外墙涂料	对基层的裂缝有很好的适应性，耐候性好，具有极好的耐水、耐碱、耐酸等性能。表面光洁度好，呈瓷状质感，耐污性好，使用寿命可达15年以上，有一定毒性，价格较高	主要用于高级住宅、商业楼群、宾馆等的外墙装饰
	彩色砂壁状外墙涂料	属于粗面厚质涂料，涂层具有丰富的质感，耐久性约为10年以上，属于中、高档涂料	主要用于办公楼、商店、宾馆等的外墙面
	硅酸盐无机涂料	价格低，有优良的耐候性、耐久性、防火性，对环境的污染低	主要用于商店、宾馆学校、住宅等的外墙面或门面装饰
内外墙涂料	苯丙乳胶漆	耐碱、耐水、耐久性、耐擦性都优于其他内墙涂料，属于中档防水涂料，目前使用量最大	适于高档内墙和外墙装饰

3. 特种涂料

特种功能建筑涂料不仅具有保护和装饰作用，还具有某些特殊功能，如防霉、防腐、防锈、防火、防静电等。在我国，这类涂料的发展历史较短，品种和数量也不多，尚处于研究开发和试用阶段。

(1)防霉涂料。

防霉涂料是指一种能够抑制霉菌生长的功能涂料。防霉作用是通过添加某种抑菌剂而实现的。防霉涂料主要适用于食品厂、糖果厂、酒厂、卷烟厂及地下室等的内墙。

(2)防火涂料。

防火涂料是指涂饰在某些易燃材料表面（如木结构件）或遇火软化变形较大的材料表面（如钢结构件），能提高其耐火能力，或能减缓火焰蔓延传播速度，在一定时间内能阻止燃烧的涂料。

防火涂料可使木材或木制品、钢材和混凝土等材料的防火性能得到提高。

(3)防水涂料。

防水涂料是指用于地下工程、卫生间、厨房等场合,起着防水、渗漏作用的涂料。

防水涂料的耐水性、耐老化性和弹性均较好,抗拉强度、延伸率较高,是目前工程中使用较多的一种涂料。

三、建筑装饰涂料的选择

1. 按建筑物的使用部位选用涂料

装饰的部位不同,其所经受的外界环境的影响因素也不同,所采用的装饰涂料也应有所不同。

2. 按基层材料选用建筑装饰涂料

按基层材料选用建筑装饰涂料,应考虑以下几个方面的影响:

(1)考虑涂膜与基层材料的黏结力。

(2)考虑基层材料的性能,如对于诸如石灰、水泥及混凝土类基层材料,涂料应有较强的耐碱性;对于钢铁构件,所选用的涂料还应具有防锈功能。

(3)考虑基材的强度。强度较低的基层材料不易选用强度高且涂膜收缩大的涂料,以免造成基层材料剥落。

3. 按装饰装修周期选用建筑装饰涂料

一般的,所选用涂料的使用周期应略大于建筑物的装修周期,可以使装饰面保持良好的装饰效果。

四、涂料的保管

涂料中都含有挥发性很大的各种强溶剂,如酮类、苯类等,这些溶剂容易燃烧和爆炸,有些挥发气体还有毒性;另外,有的涂料容易产生化学变化而改变性能,因此在保管涂料时应注意以下几点:

(1)单独存放。

涂料和辅助材料应保存在单独的库房内,禁止与酸、碱和其他自燃物质(如黄磷等)放在一起,并且要严格遵守防火规定。夏天应特别注意通风和降温,库房温度不能超过30℃。

(2)应分类存放。

不得将油基、硝基、过氯乙烯等类涂料混放。小桶涂料可叠放在架子上或垫木上,叠放高度不得超过三层;大桶油漆可排放在垫木上,排与排之间应留出间隙,以便通风。桶上的商标一律向外,以便识别。

(3)定期翻转、密封存放。

涂料桶要定期翻转,防止涂料因长期固定在一个位置而发生沉淀,结块;涂料尽量用原包装密封存放,容器不密封或损坏时,应立即堵严或更换新容器。

(4)采用正确的开启方式。

在开启涂料桶盖时(尤其是大桶),应先拧松桶盖,让桶内挥发气体的压力减低后才可全部卸下;同时,人体的任何部分,特别是头部不得置于桶盖的正上方,以免挥发气体冲击时受到伤害。分装小桶时,只能装其容量的95%左右,不应装满,以防止涂料膨胀时使容器损坏。倒装后应把渗到容器口上的油漆擦拭干净,以免油漆干后不易打开盖子。

子情境七　建 筑 玻 璃

玻璃是以石英砂、纯碱、长石和石灰石等为主要原料,添加适当的辅料,经高温熔融、成型、冷却固化而成的非结晶无机材料。

应用于建筑工程的各种玻璃统称为建筑玻璃。

随着现代建筑的发展,建筑玻璃从过去仅仅满足采光和围护的单一功能,发展到今天的兼具隔热、保温、安全、隔声以及降低建筑结构自重等多种功能,被广泛地用于居室门窗、墙面、地面、柱面、商业柜台、建筑幕墙等处的装饰,实现了功能性和艺术性的完美结合。

玻璃的品种繁多,分类方法也有多种,目前我国使用量最大的是平板玻璃及由平板玻璃制成的深加工玻璃。

一、玻璃的基本性质

(1)光学性质。

玻璃具有良好的光学性质,当光线入射玻璃时,表面有反射、吸收和透射三种性质。用于采光、照明时要求透光率高,以常用厚度为2~6mm窗用玻璃为例,其透光率不小于82%~88%。

(2)热学性质。

普通玻璃的导热系数较低,耐急冷急热性差。温度骤变时,玻璃的表面和内部将出现较大的温差,产生温度应力,超过玻璃的抗拉极限时,将导致玻璃破碎,严重时出现炸裂现象。

(3)化学性质。

玻璃的化学稳定性好,能抵抗弱酸的侵蚀,但易受强酸、氢氟酸和苏打、苛性钾的侵蚀;在空气中长期与水、CO_2 作用,会产生白斑(玻璃发霉)。

二、常用建筑玻璃

1.平板玻璃

(1)普通平板玻璃。

普通平板玻璃是未经加工的钠钙类平板玻璃。其透光率为85%~90%,也称单光玻璃、净片玻璃、窗玻璃。普通平板玻璃是平板被璃中产量最大、使用最多的一种,也是进一步制得深加工玻璃制品的基础材料。它主要用于门、窗,起透光、保温、隔音、挡风雨和保护的作用。

(2)浮法玻璃。

浮法玻璃是用浮法工艺生产的高级平板玻璃。

所谓浮法,是因玻璃液漂浮在熔融的金属液上成型而得名。浮法工艺是将熔融体从熔窑中经导辊引入盛有锡液的锡槽中,熔融体在平静的锡液表面摊平,上表面用火抛光使表面光滑,经冷却退火后切割而成。

浮法工艺是目前世界上先进的玻璃成型工艺,世界上有近百条生产线,约占平板玻璃总产量的1/3。浮法工艺可生产大规格尺寸的产品,所制得的玻璃质量好,表面光洁平整、厚度均匀、光学畸变极小。

浮法玻璃可用于高级建筑门窗、玻璃幕墙,汽车、火车、船舶的挡风玻璃,也可用于要求高的玻璃深加工产品的基础材料。

2. 深加工玻璃

深加工玻璃是将平板玻璃经深加工,或采用其他新的工艺所得到的新的玻璃品种。

(1)安全玻璃。

①钢化玻璃,也称强化玻璃。它是平板玻璃在钢化炉中加热后迅速冷却或通过离子交换法制得的玻璃制品。与普通玻璃相比,钢化玻璃的强度提高近10倍,韧性提高5倍以上,在温差120~130℃时仍不会炸裂,即使遭受破坏,其碎片小而无锐角,不会伤人,安全系数较大。

钢化玻璃在建筑上可用做高层建筑物的门窗、玻璃幕墙、隔墙、屏蔽、桌面玻璃、辐射式气体加热器、弧光灯用玻璃,以及汽车风挡、电视屏幕等。

②夹丝玻璃。是采用压延成型方法,将金属丝或金属网嵌于玻璃板内制成的,具有特殊功能的平板玻璃。

夹丝玻璃的表面可以是压花或磨光的,颜色可以是无色透明或彩色的。

与普通平板玻璃相比,夹丝玻璃具有以下特点:

a. 整体性有很大提高,耐冲击性强。在外力作用下破而不散,不易被洞穿,用于门窗玻璃亦有一定的防盗作用。

b. 耐热性好。温度骤变时,具有一定的防火作用,在火灾中虽然产生炸裂,但由于有金属丝或网的支撑而不会崩落洞穿,可在相当程度上保持整体性,防止空气的流动,对火灾蔓延有较好的阻止作用,可作为二级门窗防火材料使用。

c. 抗震性好。

总之,夹丝玻璃改善了平板玻璃的易脆性,是一种价格低廉、应用广泛的建筑玻璃。适用于公共建筑的阳台、楼梯、电梯间、走廊、防火门、厂房天窗和各种采光屋顶;适用于对地震防护要求较高的建筑和有工业振动的厂房等建筑。

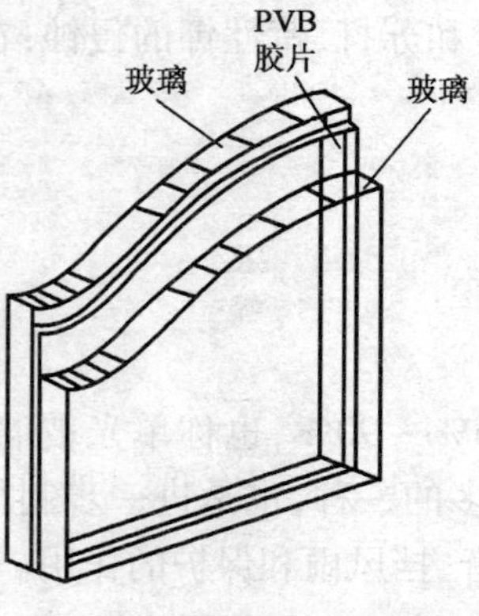

图3-4 普通夹层玻璃组成示意图

(2)夹层玻璃。

夹层玻璃是在两层或多层平板玻璃之间嵌夹以聚乙烯醇缩丁醛为主要成分的PVB中间透明薄膜材料,经加温加压而制成的平面或弯曲的复合玻璃制品,其结构如图3-4所示,其性能特点如下:

①抗冲击性、抗震、抗弯强度均较普通玻璃高许多倍。夹层玻璃中的胶合层与夹丝玻璃中的金属丝网一样,起到骨架增强的作用,膜能抵御锤子等重器的连续攻击,还能在相当长时间内抵御子弹穿透,其安全防范程度极高。

②隔声效果好。使用了PVB中间膜的夹层玻璃能阻隔声波,维持安静、舒适的办公环境。

③有过滤紫外线功能。既保护了人们的皮肤健康,又可使家中的贵重家具、陈列品等摆脱褪色的厄运。它还可减弱太阳光的透射,降低制冷能耗。

夹层玻璃适用于具有防弹或有特殊安全要求的建筑门窗,及大面积的玻璃间隔。

(3)节能、隔热、防辐射玻璃。

①中空玻璃。是在两片或多片玻璃中间,用注入干燥剂的铝框或胶条,将玻璃隔开,四周用胶结法密封,使中间腔体始终保持干燥气体(也有采用空腔内抽真空或充氩气)的玻璃,其结构如图3-5所示,性能特点如下:

a. 隔热、节能。中空玻璃由于铝框内的干燥剂通过框上面缝隙使玻璃空腔内空气长期保持干燥，所以隔温性能极好。

b. 隔音功能强。

c. 结露温度低。中空玻璃由于与室内空气接触的内层玻璃受空气隔层影响，即使外层接触温度很低，也不会因温差在玻璃表面结霜。

d. 抗风压能力强。中空玻璃的抗风压强度是传统单片玻璃的15倍。

中空玻璃的不足之处是价格较高，一般不能现场切割，主要用于大型公用建筑的门窗及对温度控制及防止结露、节能环保有很高要求的建筑。

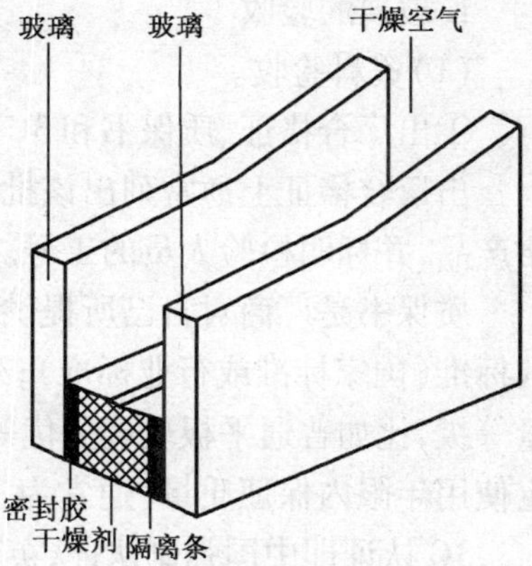

图3-5　中空玻璃结构示意图

②吸热玻璃。是在普通玻璃中加入有着色作用的氧化物，或在玻璃表面喷涂有色氧化物薄膜而制得的玻璃。

吸热玻璃带色，并具有较高的吸热性能，能吸收20%~60%的太阳辐射热，透光率为70%~75%，除了能够吸收红外线之外，还可以减少紫外线的射入，降低紫外线对人体和室内家具的损害。

吸热玻璃多用于商品陈列窗、冷库、仓库、计算机房、炎热地区的大型公共建筑、体育馆、展览厅等；用于建筑工程的门窗或外墙以及车船的风挡玻璃等，起到采光、隔热、防眩作用。

③热反射玻璃。又称镀膜玻璃，是在平板玻璃上镀一层金属（金、银、铜、铝、镍、铬、铁等）或金属氧化物薄膜或有机物薄膜，或采用某种金属离子置换玻璃表层中原有的离子而得的玻璃。

热反射玻璃对于太阳辐射的热反射率约为70%，故也称为镜面玻璃。其具有良好的遮光性和隔热性，并且具有单向透视性，即迎光面具有镜子效果，而反光面具有透视性。热反射玻璃常用于因为太阳辐射增热及设置空调的大型公用建筑的门窗、幕墙等。

（4）装饰类玻璃。

①彩色玻璃。又称饰面玻璃，它是采用高科技电脑分色、制版和丝网的印刷技术，将各种无机和有机色料经喷涂着色和高温处理等特种工艺制成的装饰玻璃。分透明、半透明和不透明三种，呈红、蓝、灰、茶色等多种颜色，图案丰富、立体感强，风格高雅豪华，耐腐蚀、抗冲刷、易清洗、色彩耐久，是现代居室的高档装饰材料。透明的彩色玻璃用于门窗等，不透明玻璃用于内外墙等装饰。

②磨（喷）砂玻璃。又称为毛玻璃，一面平滑，另一面经加工后形成均匀的粗糙表面，具有透光不透视的特点，透过的光线柔和不刺眼，适用于做卫生间、浴室等需要遮蔽场所的门窗和隔断。

③压花玻璃。是在玻璃硬化前用刻有花纹的滚筒，使玻璃表面产生凹凸不平花纹制得的玻璃。压花玻璃折射光线不规则，透光不透视，兼具使用功能和装饰功能，用于宾馆、办公楼、会议室的门窗装饰，也适用于卫生间门窗的装饰。

三、玻璃的验收和储运

工程上对各种玻璃的验收通常包括各种出厂资料的验收和玻璃产品的验收。

1. 玻璃的验收

(1)资料验收。

①出厂合格证、质保书和3C认证书。

出厂合格证上通常列出该批产品出厂检验的项目和数据,检验结果即标明该批产品是合格产品,并标明检验人员的工号。

质保书是厂商对自己所提供的产品质量的一种承诺,厂家应在质保书上指明该产品执行的标准(国家标准或行业标准);列出该批产品出厂检验的检测数据;标清该批产品所属的质量等级,比如普通平板玻璃分优等品、一等品、合格品三个等级;并在质保书上承诺该产品在一定使用年限内保证质量(通常为三年或五年)。

3C认证即中国强制认证,英文缩写"CCC"(China Compulsory Certification)。对安全玻璃需要检查其3C认证的标志及年度监督检查报告,如果中空玻璃的原片玻璃经过钢化,也需要追溯检查其钢化玻璃的3C认证标志和年度监督检查报告。

②检验报告。在工程施工过程中检查厂商提供的产品检测报告时,要注意报告上应有"CMA"(即计量认证)标志,如果报告上有"CNAL"标志,则证明出具该检测报告的检测机构的试验室已通过国家认可,管理及技术水平属该领域层次较高的检测机构之一。另外,厂商提供的报告还可分为厂商自行送样的检测报告和厂商委托检测机构抽样的检测报告,后者比前者可信度更高。

(2)产品验收。

①普通平板玻璃的验收。在工程上验收时,要检查厂商的质保书、出厂合格证,检查时应注意产品的质量等级。普通平板玻璃分优等品、一等品、合格品三个等级,不同等级之间的外观质量要求不同。必要时应该抽查产品的尺寸偏差、外观等指标。

普通平板玻璃的厚度分为2mm、3mm、4mm、5mm四种规格,其厚度允许偏差见表3-7,其外观要求见表3-8。

普通平板玻璃的厚度允许偏差 表3-7

厚度(mm)	允许偏差(mm)	厚度(mm)	允许偏差(mm)
2	±0.20	4	±0.20
3	±0.20	5	±0.25

普通平板玻璃的外观要求 表3-8

缺陷种类	说明	优等品	一等品	合格品
波筋(不包括波纹辊子花)	不产生变形的最大入射角	600	450 50mm边部,450	300 100mm,0°
气泡	长度1mm以下的	集中的不许有	集中的不许有	
	长度大于1mm的每平方米允许个数	≤6mm,6	≤8mm,8	≤10mm,12
划伤	宽≤0.1mm每平方米允许条数	长≤50mm,3	长≤100mm,5	
	宽>0.1mm每平方米允许条数	不允许	宽≤0.4mm 长<100mm 1	宽≤0.8mm 长<100mm 3
砂粒	非破坏性的,直径0.5~2mm,每平方米允许个数	不允许	3	8

续上表

缺陷种类	说　明	优等品	一等品	合格品
疙瘩	非破坏性的疙瘩波及范围直径不大于3mm,每平方米允许个数	不允许	1	3
线道	正面可以看到的每片玻璃允许条数	不允许	30mm 边部 宽≤0.5mm 1	宽≤0.5mm 2
麻点	表面呈现的集中麻点	不允许	不允许	每平方米不超过 3 处
	稀疏的麻点,每平方米允许个数	10	15	30

注:①集中气泡、麻点是指 100mm 直径圆面积内超过 6 个;

②砂粒的延续部分,入射角 0°能看出的视为线道。

②浮法玻璃的验收。浮法玻璃分为制镜级、汽车级、建筑级,本书中所列技术指标均按建筑级列出。浮法玻璃在工程上验收的内容和普通平板玻璃一样,但技术指标要求较高。

浮法玻璃的厚度规格分为 2mm、3mm、4mm、5mm、6mm、8mm、10mm、12mm、15mm、19mm 十种规格,其厚度允许偏差见表 3-9,其外观要求见表 3-10。

建筑级浮法玻璃的厚度允许偏差(mm)　　表 3-9

厚　度	允许偏差	厚　度	允许偏差
2、3、4、5、6	±0.2	15	±0.6
8、10	±0.3	19	±1.0
12	±0.4		

建筑级浮法玻璃的外观质量要求　　表 3-10

缺陷种类	质量要求			
气泡	长度及个数允许范围			
	长度 L(mm) $0.5 \le L \le 1.5$	长度 L(mm) $1.5 \le L \le 3.0$	长度 L(mm) $3.0 \le L \le 5.0$	长度 L(mm) $L > 5.0$
	$5.5 \times S$,个	$1.1 \times S$,个	$0.44 \times S$,个	0,个
夹杂物	长度及个数允许范围			
	长度 L(mm) $0.5 \le L \le 1.0$	长度 L(mm) $1.0 \le L \le 2.0$	长度 L(mm) $2.0 \le L \le 3.0$	长度 L(mm) $L > 3.0$
	$2.2 \times S$,个	$0.44 \times S$,个	$0.22 \times S$,个	0,个
点状缺陷密集度	长度大于 1.5mm 的气泡和长度大于 1.0mm 的夹杂物:气泡与气泡、夹杂物与夹杂物或气泡与夹杂物的间距应大于 300mm			
线道	照明良好条件下,距离 600mm 肉眼不可见			
划伤	长度及宽度允许范围、条数:长 60mm,宽 0.5mm,$(3 \times S)$条			
光学变形	入射角:2mm,400;3mm,450;4mm 以上,500			
表面裂纹	照明良好条件下,距离 600mm 肉眼不可见			
断面缺陷	爆边、凹凸、缺角等不应超过玻璃板的厚度			

注:S 为以平方米(m^2)为单位的玻璃板面积,保留小数点后两位。气泡、夹杂物的个数及划伤条数允许范围为各系数与 S 相乘所得的数值(修约至整数)。

需要说明的是，在工地上需在良好的光照条件下验收玻璃的上述外观技术指标，观察距离约600mm，视线垂直玻璃。如果发现外观、厚度有问题，需仲裁，或对其他技术指标如可见光透射率、弯曲度等进行验收，应委托专业的检验机构来完成。

③钢化玻璃的验收。钢化玻璃属安全玻璃，工程上验收时，除质保书、出厂合格证、近期检测报告外，还必须检查产品是否通过3C认证。工地现场可抽查尺寸偏差和外观等技术指标。钢化玻璃分优等品和合格品两个等级，其外观质量要求不同。

建筑用钢化玻璃厚度规格包括4mm、5mm、6mm、8mm、10mm、12mm、15mm、19mm八种规格，其尺寸允许偏差见表3-11，其外观要求见表3-12。

钢化玻璃尺寸允许偏差（mm）　表3-11

厚度	长（宽）$L \leq 1\,000$	$1\,000 < L \leq 2\,000$	$2\,000 < L \leq 3\,000$	厚度允许偏差
4、5、6	−2 ~ +1	±3	±4	±0.3
8、10	−3 ~ +2	±3	±4	±0.6
12	−3 ~ +2	±3	±4	±0.8
15	±4	±4	±4	±0.8
19	±5	±5	±6	±1.2

钢化玻璃的外观要求　表3-12

缺陷名称	说　明	允许缺陷数	
		优等品	合格品
爆边	每片玻璃每米边长上允许长度不超过10mm，自玻璃边部向玻璃板表面延伸深度不超过2mm，自板面向玻璃厚度延伸不超过厚度的1/3	不允许	1个/片
划伤	宽度小于0.1mm的轻微划伤，每平方米面积内允许存在条数	长≤50mm 4	长≤100mm 4
	宽度大于0.1mm的划伤，每平方米面积内允许存在条数	宽0.1~0.5mm 长≤50mm 1	宽0.1~1.0mm 长≤100mm 4
夹钳印	夹钳印中心与玻璃边缘的距离	玻璃厚度≤9.5mm：≤13mm	
		玻璃厚度>9.5mm：≤19mm	
结石、裂纹、缺角	均不允许存在		
波筋、气泡	优等品符合建筑级浮法玻璃的技术要求，合格品符合普通平板玻璃一等品的要求		

钢化玻璃的抗冲击性及内部应力状况对其性能非常重要，应要求厂商提供近期型式检测报告。型式检测报告的检测内容包括外观质量、尺寸偏差、弯曲度、抗冲击性、碎片状态、霰弹袋冲击性能、透射比和抗风化性能试验。

④夹层玻璃的验收。夹层玻璃和钢化玻璃一样，属于安全玻璃，工程上验收时除质保书、出厂合格证、近期检测报告外，还必须检查产品是否通过3C认证。同时如果用于制造夹层玻璃的原材料玻璃是钢化玻璃，则需要厂商提供原材料玻璃的3C认证及与3C认证相符合的采购合同等资料。工地现场可抽查尺寸偏差和外观等技术指标。夹层玻璃的尺寸允许偏差见表3-13，其外观要求见表3-14。

夹层玻璃尺寸允许偏差要求 表 3-13

总厚度 D	长度或宽度 L	
	$L \leqslant 1\,200$	$1\,200 < L < 2\,400$
$4 \leqslant D < 6$	$-1 \sim +2$	
$6 \leqslant D < 11$	$-1 \sim +2$	$-1 \sim +3$
$11 \leqslant D < 17$	$-2 \sim +3$	$-2 \sim +4$
$17 \leqslant D < 24$	$-3 \sim +4$	$-3 \sim +5$

夹层玻璃的外观要求 表 3-14

<table>
<tr><td>缺 陷 种 类</td><td colspan="6">质 量 要 求</td></tr>
<tr><td>裂纹</td><td colspan="6">不允许</td></tr>
<tr><td>爆边</td><td colspan="6">长度或宽度不得超过原材料玻璃的厚度</td></tr>
<tr><td>划伤和磨伤</td><td colspan="6">不得影响使用</td></tr>
<tr><td>脱胶</td><td colspan="6">不允许</td></tr>
<tr><td rowspan="6">气泡、中间层杂质、其他不透明点缺陷允许个数
缺陷尺寸 λ(mm)
板面面积 S(mm²)</td><td rowspan="2">玻璃层数</td><td>0.5 < λ < 1.0</td><td colspan="4">1.0 < λ ≤ 3.0</td></tr>
<tr><td>S 不限</td><td>S ≤ 1</td><td>1 < S ≤ 2</td><td>2 < S ≤ 8</td><td>S ≥ 8</td></tr>
<tr><td>2</td><td rowspan="4">不得密集存在</td><td>1</td><td>2</td><td>1/m²</td><td>1.2/m²</td></tr>
<tr><td>3</td><td>2</td><td>3</td><td>1.5/m²</td><td>1.8/m²</td></tr>
<tr><td>4</td><td>3</td><td>4</td><td>2/m²</td><td>2.4/m²</td></tr>
<tr><td>≥5</td><td>4</td><td>5</td><td>2.5/m²</td><td>3/m²</td></tr>
</table>

注：小于 0.5mm 的缺陷不予考虑，不允许出现大于 3mm 的缺陷。

⑤中空玻璃的验收。在工地上验收时要检查厂商的质保书、出厂合格证、近期的检测报告。如果用于制造中空玻璃的原材料玻璃是钢化玻璃或夹层玻璃，则需厂商提供原材料玻璃的 3C 认证及与 3C 认证相符合的采购合同等资料。中空玻璃的尺寸允许偏差见表 3-15。

中空玻璃尺寸允许偏差(mm) 表 3-15

长(宽)度 L(mm)	允 许 偏 差	公称厚度 t(mm)	允 许 偏 差
$L < 1\,000$	±2	$t < 17$	±1.0
$1\,000 \leqslant L < 2\,000$	$-3 \sim +2$	$17 \leqslant t < 22$	±1.5
$L \geqslant 2\,000$	±3	$t \geqslant 22$	±2.0

注：中空玻璃的公称厚度为玻璃原片的公称厚度与间隔层厚度之和。

除原材料玻璃应符合其标准规定的要求外，中空玻璃的外观要求不得有妨碍透视的污迹、夹杂物及密封胶飞溅现象。

由于中空玻璃的密封性和耐久性对其性能非常重要，应要求厂商提供型式检测报告。型式检测报告的检测内容包括外观、尺寸偏差、密封性能、露点、耐紫外线辐照性能、气候循环耐久性能和高温高湿耐久性能试验。

2. 玻璃的运输和储存

玻璃属于薄板状脆性材料，运输、储存中应注意以下问题：

(1)用木箱或集装箱(架)包装。要特别注意保护边部，避免出现边部破损现象，以免影响工程使用或缩短使用寿命。

(2)施工前，玻璃应储存在干燥、隐蔽的场所，避免淋雨、潮湿和强烈的阳光。

(3)玻璃叠放时，玻璃之间应垫上一层纸，以防再次搬运时，两块玻璃相互吸附在一起。

(4)绝对禁止玻璃之间进水。因为玻璃之间的水膜几乎不会挥发，它会吸收玻璃的碱成分，侵蚀玻璃表面，在较短的时间内形成白色的无法去除的污迹，像发霉一样，使玻璃褪色，强度降低。

(5)施工现场搬运过程中，应根据玻璃的质量、尺寸、现场状况和搬运距离，选用适当的搬运工具和方法，应排除管道障碍，保证足够的空间高度和宽度。风天搬运特别大的平板玻璃时，操作人员应注意搬运安全，避免从上风向下风搬运甚至出现坠落事故。

四、其他类玻璃制品

(1)玻璃马赛克。

玻璃马赛克又称玻璃锦转，是一种小规格的方形彩色饰面玻璃块。玻璃马赛克分为透明、半透明和不透明三种，有红、蓝、黄、白、黑等几十种颜色。它质地坚硬，性能稳定，表面不易受污染，耐久性好；常用做办公楼、礼堂、医院和住宅等建筑物内外墙面装饰，能镶嵌出各种艺术图案和大型壁画。

(2)空心玻璃砖。

空心玻璃砖是一种带有干燥空气层的、周边密封的玻璃制品。它具有抗压强度高、保温隔热性能好、不结霜、隔音、防水、耐磨、不燃烧和透光不透视的特点，是一种较高档的装饰材料，可用做办公楼、写字间、宾馆和别墅等建筑物内部隔断、淋浴隔断、门厅、柱子和吧台等不承受负荷的墙面装饰。

总之，随着高新技术的不断发展，建筑装饰玻璃新品种将越来越多，广泛用于建筑物内外装饰，特别是居室的空间装饰，营造舒适温馨和典雅华贵的氛围，体现时代的气息和鉴赏的价值。

子情境八　建 筑 幕 墙

建筑幕墙是自20世纪70年代末传入我国的新型建筑结构形式，它是指由支承结构体系与面板组成的、相对主体结构有一定位移能力、不分担主体结构所受作用的建筑外围护结构或装饰性结构。建筑幕墙以其施工快、自重小、外观美、精度高等优点而被广泛应用于建筑立面的围护与装饰工程中。

按幕墙使用面板材料的不同，建筑幕墙可分为玻璃幕墙、金属幕墙、石材幕墙和各类材料组合使用的组合幕墙。

按幕墙使用框架材料材质的不同，建筑幕墙可分为铝合金(框架)幕墙、彩钢(框架)板幕墙和不锈钢(框架)幕墙。

按幕墙框架材料的不同构造，建筑幕墙可分为铝合金挤出型材明框幕墙、铝合金挤出型材隐框幕墙、铝合金挤出型材半隐框幕墙、金属板轧制型材明框幕墙、金属板轧制型材隐框幕墙、金属板轧制型材半隐框幕墙。

按工厂加工程度和在主体结构上安装工艺的不同，可分为单元式幕墙和构件式幕墙。

本节主要介绍玻璃幕墙、金属幕墙、石材幕墙和其相关材料、配件。

一、几种常用幕墙的性能及应用简介

1. 玻璃幕墙

玻璃幕墙用于装饰建筑物外墙面，由骨架、玻璃和附件三部分组成。具体又可作如下分类：

- 玻璃幕墙
  - 框支承玻璃幕墙
    - 明框玻璃幕墙
    - 隐框玻璃幕墙
    - 半隐框玻璃幕墙
  - 全玻璃幕墙
  - 点支承玻璃幕墙

玻璃幕墙是现代建筑的重要组成部分，它的优点是自重小、可光控、保温绝热、隔声以及装饰性好等。

玻璃幕墙选用优质的保温材料、绝热材料、功能性和装饰性材料，如使用钢化玻璃、夹层玻璃、空玻璃、浮法玻璃、镀膜玻璃、着色玻璃、吸热玻璃、夹丝玻璃等，实现其保温、绝热、隔音、装饰性和艺术性的完美结合。如，对透明部分采用吸热玻璃或热反射玻璃等，降低了热传导系数；对不透明部分，则采用低密度、多孔洞、抗压强度低的保隔热材料。通过缜密的设计与施工，采用中空玻璃和加强密封设施，可减少幕墙之间的缝隙，减少了噪声的传入。

北京、上海、广州、南京等地大型公共建筑广泛采用玻璃幕墙，取得了良好的使用功能和装饰效果。

2. 金属幕墙

金属幕墙是指幕墙面板材料为金属板材的建筑幕墙。

与玻璃幕墙相比，金属幕墙由于金属板材优良的加工性能、色彩的多样性及良好的安全性，能完全适应各种复杂造型的设计，可以任意增加凹进和凸出的线条，而且可以加工成各种形式的曲线线条，给建筑师以巨大的发挥空间。

金属幕墙所使用的面材主要有以下几种：铝复合板、单层铝板、铝蜂窝板、夹芯保温铝板、不锈钢板、彩涂钢板、珐琅钢板等。

(1)铝复合板。

铝复合板是由内外两层均为0.5mm厚的铝板中间夹持2~5mm厚的聚乙烯或硬质聚乙烯发泡板构成，板面涂有氟碳树脂涂料，形成一种坚韧、稳定的膜层，附着力和耐久性非常强，色彩丰富，板的背面涂有聚酯漆以防止可能出现的腐蚀。铝复合板是金属幕墙早期出现时常用的面板材料。

(2)单层铝板。

单层铝板是2.5mm或3mm厚的铝合金板，外幕墙用单层铝板，其表面与铝复合板正面涂膜材料一致，膜层坚韧性、稳定性、附着力和耐久性完全一致。单层铝板是继铝复合板之后的又一种金属幕墙常用面板材料，而且应用得越来越多。

(3)蜂窝铝板。

蜂窝铝板是两块铝板中间加蜂窝芯材黏结成的一种复合材料。

蜂窝铝板厚度为10mm、12mm、15mm、20mm和25mm；蜂窝的形状有正六角形、扁六角形、长方形、正方形、十字形、扁方形等；蜂窝芯材除铝箔外还有玻璃钢蜂窝和纸蜂窝。由于造价较高，蜂窝铝板实际使用得不是很多。

(4)夹芯保温铝板。

夹芯保温铝板与铝蜂窝板和铝复合板形式类似,只是中间的芯层材料不同。夹芯保温铝板芯层采用的是保温材料(岩棉等)。由于夹芯保温铝板价格很高,而且用其他铝板内加保温材料也能达到与夹芯保温铝板相同的保温效果,所以目前夹芯保温铝板用量不大。

(5)不锈钢板幕墙。

不锈钢板幕墙采用的不锈钢有镜面不锈钢板、亚光不锈钢板、钛金板等。不锈钢板的耐久、耐磨性非常好,但过薄的钢板会鼓凸,过厚的自重和价格又非常高,所以不锈钢板幕墙使用得不多,只是在幕墙的局部装饰上发挥着较大的作用。

(6)彩涂钢板幕墙。

彩涂钢板幕墙所用的钢板是一种带有有机涂层的钢板,其具有耐蚀性好、色彩鲜艳、外观美观、加工成型方便的特点,具有钢板原有的强度,而且成本较低。彩涂钢板的表面状态可分为涂层板、压花板和印花板,它广泛用于建筑家电和交通运输等行业,对于建筑业,主要用于钢结构厂房、机场、库房和冷冻等工业及商业建筑的屋顶墙面和门等,民用建筑采用彩钢板的较少。

二、幕墙的物理性能

幕墙的物理性能等级应依据《建筑幕墙物理性能分级》(GB/T 15225—94)按照建筑物所在地区的地理、气候条件、建筑物高度、体型和环境以及建筑物的重要性等选定。

(1)风压变形性能。

建筑幕墙的风压变形性能又称抗风压性能,它是指开启部位处于关闭状态时,幕墙在风压作用下,变形不超过允许范围且不发生结构损坏(如,裂缝、镶嵌材料破损、局部屈服、五金件松动、开启功能障碍、黏结失效等)的能力,具体检测方法详见《建筑幕墙气密、水密、抗风压性能检测方法》(GB/T 15227—2007)的相关内容。以安全检测压力差值 P_3 进行分级,其分级指标应符合表 3-16 的规定。

风压变形性能分级(kPa) 表 3-16

分级指标	等级				
	I	II	III	IV	V
P_3	$P_3 \geqslant 5.0$	$5.0 > P_3 \geqslant 4.0$	$4.0 > P_3 \geqslant 3.0$	$3.0 > P_3 \geqslant 2.0$	$2.0 > P_3 \geqslant 1.0$

注:表中的分级值表示在此风荷载标准值作用下,幕墙主要受力杆件的相对挠度值不应大于 $L/180$(L 为杆件长度),其绝对挠度值在 20mm 以内。如绝对挠度值超过 20mm 时,以 20mm 所对应的压力值作为分级值。

(2)雨水渗漏性能。

建筑幕墙的雨水渗漏性能又称为水密性能,它是指开启部位为关闭状态时,在风雨同时作用下,建筑幕墙阻止雨水渗漏的能力,其具体的检测方法详见《建筑幕墙气密、水密、抗风压性能检测方法》(GB/T 15227—2007)的相关内容。

以发生渗漏现象的前级压力值 P 作为分级依据,其分级指标值应符合表 3-17 的规定。

雨水渗透性能分级(Pa) 表 3-17

分级指标	部位区分	等级				
		I	II	III	IV	V
P	固定部分	$P \geqslant 2\,500$	$2\,500 > P \geqslant 1\,600$	$1\,600 > P \geqslant 1\,000$	$1\,000 > P \geqslant 700$	$700 > P \geqslant 500$
	可开启部分	$P \geqslant 500$	$500 > P \geqslant 350$	$350 > P \geqslant 250$	$250 > P \geqslant 150$	$150 > P \geqslant 100$

注:设计时固定部分 P 值根据风荷载除以 2.25 所得数据进行确定,可开启部分的等级和固定部分相应。

(3)空气渗漏性能。

空气渗漏性能又称为气密性能,它是指在压力差作用下,其开启部分为关闭状态时幕墙阻止透过空气的能力,其具体的检测方法详见《建筑幕墙气密、水密、抗风压性能检测方法》(GB/T 15227—2007)。

以标准状态下,压力差为10Pa的空气渗透量 q 为分级依据,其分级指标应符合表3-18的规定。

空气渗漏性能的分级指标 表3-18

分级指标	部位区分	等级				
		I	II	III	IV	V
q	固定部分	$q \leqslant 0.01$	$0.01 < q \leqslant 0.05$	$0.05 < q \leqslant 0.1$	$0.1 < q \leqslant 0.2$	$0.2 < q \leqslant 0.50$
	可开启部分	$q \leqslant 0.5$	$0.5 < q \leqslant 1.5$	$1.5 < q \leqslant 2.5$	$2.5 < q \leqslant 4.0$	$4.0 < q \leqslant 6.0$

(4)平面内变形性能。

建筑幕墙平面方向的变形主要是建筑物受地震力引起的,建筑物各楼层间发生相对位移,形成了幕墙层间变位,使幕墙构件产生水平方向的强制位移。层间变位以一个楼层高度内发生的水平位移量计算,与建筑物的结构类型有关,一般是按弹性方法计算的位移控制值的3倍作为幕墙体系水平位移控制值,仍可维持幕墙的正常工作状态。如主体结构位移控制值为1/400,则幕墙一般以1/150的计算值为控制幕墙全部构造在建筑物层间变位强制幕墙变形时的允许量,不会导致构件损坏。

以建筑物层间相对位移值 γ 作为分级依据,其分级指标值应符合表3-19的规定,要求幕墙在该相对位移范围内不受损伤。

平面内变形性能分级 表3-19

分级指标	等级				
	I	II	III	IV	V
γ	$\gamma \geqslant 1/100$	$1/100 > \gamma \geqslant 1/150$	$1/150 > \gamma \geqslant 1/200$	$1/200 > \gamma \geqslant 1/300$	$1/300 > \gamma \geqslant 1/400$

注:表中 $\gamma = \Delta/h$。式中 Δ 为层间位移量,h 为层高。

(5)保温性能。

保温性能是指在结构两侧存在空气温差条件下,结构阻止从高温一侧向低温一侧传热的能力。一般以其传热系数与传热阻表示,其具体的检测方法详见《建筑外墙保温性能分级及检测方法》(GB/T 8484—2002)。以传热系数 K 进行分级,其分级指标值应符合表3-20的规定。

保温性能分级[$W/(m^2 \cdot K)$] 表3-20

分级指标	等级			
	I	II	III	IV
K	$K \leqslant 0.7$	$0.7 < K \leqslant 1.25$	$1.25 < K \leqslant 2.0$	$2.0 < K \leqslant 3.3$

注:表中 K 值为幕墙中固定部分和可开启部分各占面积的加权平均值。

(6)隔声性能。

以空气计权隔声量 R_w 进行分级,其分级指标值应符合表3-21的规定。

隔 声 性 能 分 级 表 3-21

分级指标	等　　级			
	I	II	III	IV
R_w	$R_w \geqslant 40$	$40 > R_w \geqslant 35$	$35 > R_w \geqslant 30$	$30 > R_w \geqslant 25$

注:按不同构造单元分类进行隔声量测量,然后通过传声量的计算求得整体幕墙隔声量值。

(7)耐撞击性能。

以撞击物体的运动量 F 进行分级,分界线以不使幕墙发生损伤为依据,其分级指标值应符合表 3-22 的规定。

耐撞击性能分级 表 3-22

分级指标	等　　级			
	I	II	III	IV
F	$F \geqslant 280$	$280 > F \geqslant 210$	$210 > F \geqslant 140$	$140 > F \geqslant 70$

(8)防火性能。

幕墙应按建筑防火设计分区和层间分隔等要求采取防火措施。设计应符合《建筑设计防火规范》(GB 50016—2010)和《高层民用建筑设计防火规范》[(GB 50045—95)(2005 年版)]的有关规定。

(9)防雷性能。

幕墙的防雷设计应符合《建筑物防雷设计规范》(GB 50057—2010)的有关规定。

三、产品标志、包装、出厂检验、运输和储存

1. 标志

(1)在幕墙明显部位应标明制造厂厂名、产品名称、标志、制作日期和编号。

(2)包装箱上的标志应符合《运输包装发货标志》(GB 6388—86)的规定。

(3)包装箱上应有明显的"怕湿"、"小心轻放"、"向上"等标志,其图集应符合《包装储运图示标志》(GB/T 191—2008)的规定。

2. 包装

(1)幕墙部分应使用无腐蚀作用的材料包装。

(2)包装箱应有足够的牢固度,以保证在运输过程中不会损坏。

(3)装入箱内的各类部件应保证不会发生相互碰撞。

3. 出厂检验

幕墙组装完毕后的检验为出厂检验,出厂检验包括如下内容:

(1)试验结果检验。

应完成幕墙组件结构胶剥离试验、试样的试验报告。双组分胶还应检查其折断和蝴蝶试样等小样试验报告。

(2)渗漏检验。

幕墙在组装中宜进行连接缝部位的渗漏检验,应按规范《建筑幕墙》(JC 3035—1996)规定的方法进行检测。

(3)表面质量检验。

幕墙表面应平整、无锈蚀。装饰表面颜色不应超过一个级差。胶缝应横平竖直、缝宽

均匀。

(4)几何尺寸检验。

按《金属与石材墓墙工程技术规范》(JGJ 133—2001)检查幕墙的几何尺寸,每幅幕墙抽检5%的分格,且不得少于5个分格。允许偏差项目中有80%抽检实测值合格,其余抽检实测值不影响安全和使用,则可判为合格。

(5)工程记录检验。

检验隐蔽工程记录。

(6)合格证检验。

幕墙的主控项目全部合格,一般项目的不合格项数不超过两项,则该幕墙判定为合格。幕墙出厂应有合格证书。

4. 运输

(1)部件在运输过程中应保证不会发生相互碰撞。

(2)部件搬运时应轻拿轻放,严禁摔、扔、碰撞。

5. 储存

(1)部件应放在通风、干燥的地方,严禁与酸碱等类物质接触,并要严防雨水渗入。

(2)部件不允许直接接触地面,应用不透水的材料在部件底部垫高100mm以上。

(3)已加工好的部件应存放于通风良好的仓库内,按相应要求摆放。

目前,各种建筑材料充斥建筑市场,材料的质量也不尽相同,选择合格的材料,是保证幕墙质量的根本。使用幕墙必须选择设计、生产、安装实力强的施工单位进行设计、制造加工和安装施工,以保证整个建筑物的整体质量。

学习情境四

建筑防水材料

防水材料是建筑工程的重要材料之一，是防止雨水、地下水与其他水分渗透的关键，在建筑、公路、桥梁、水利等土木工程中有着广泛的应用。防水材料质量的优劣直接影响建筑物的使用性和耐久性。沥青作为防水材料使用已有较长的历史，直至现在，仍用作各种建筑物的防水层。同时，其他种类防水材料也发展较快，由传统的沥青基防水材料逐渐向高聚物改性沥青防水材料和合成高分子防水材料系列发展，突破了我国防水材料品种单一的状况，使防水材料向中、高档方向迈进了一大步。本节主要介绍沥青材料、防水卷材和防水涂料等防水材料的组成、类型、性能特点及应用。

学习型任务要求

掌握沥青及防水材料的主要类型、技术性质和评价方法；

了解其他各类沥青的组成和性质；

了解密封材料的类型、性能及应用。

工作型任务要求

在掌握防水材料的基本知识下，能查找相关标准、规范，完成建筑工程中最常见防水材料的取样与检测。

子情境一　沥 青 材 料

沥青是高分子碳氢化合物及其非金属（氧、氮、硫等）衍生物组成的极其复杂的混合物，在常温下呈现黑色或黑褐色的固体、半固体或液体状态。

沥青作为一种有机胶凝材料，具有良好的黏性、塑性、耐腐蚀性和憎水性，在建筑工程中主要用做防潮、防水、防腐蚀材料，用于屋面、地下防水工程以及其他防水工程和防腐工程。此外，沥青还大量用于道路工程。

一、沥青的分类

沥青按产源不同，分为地沥青和焦油沥青。地沥青分为天然沥青和石油沥青。焦油沥青分为煤沥青和页岩沥青。

具体分类如下：

- 沥青
  - 地沥青
    - 天然沥青：由沥青湖或含有沥青的砂岩、砂等提炼而得
    - 石油沥青：由石油原油蒸馏后的残留物加工而得
  - 焦油沥青
    - 煤沥青：由煤焦油蒸馏后的残留物加工而得
    - 页岩沥青：页岩炼油工业的副产品

建筑工程主要应用石油沥青，另外还使用少量的煤沥青。

二、石油沥青

石油沥青是石油原油经蒸馏提炼出各种轻质油（如汽油、煤油、柴油等）及润滑油以后的残留物，或再经加工而得的产品。

1. 石油沥青的组分与结构

（1）石油沥青的组分。

从工程使用的角度出发，通常将沥青中化学成分和物理性质相近，并且具有某些共同特征的部分，划分为一个组分（或称为组丛）。一般来说，石油沥青可划分为油分、树脂和沥青质三个主要组分。这三个组分可利用沥青在不同有机溶剂中的选择性溶解分离出来。不同组分对石油沥青性能的影响不同。油分赋予沥青流动性；树脂使沥青具有良好的塑性和黏结性；沥青质则决定沥青的耐热性、黏性和硬性，其含量越多，软化点越高，黏性越大，越硬脆。

（2）石油沥青的结构。

在沥青中，油分与树脂互溶，树脂浸润沥青质。因此，石油沥青的结构是以沥青质为核心，周围吸附部分树脂和油分，构成胶团，无数胶团分散在油分中从而形成胶体结构。

当沥青质含量相对较少时，油分和树脂含量相对较高，胶团外膜较厚，胶团之间相对运动较自由，这时沥青形成溶胶结构。这种结构的沥青，黏性小而流动性大，塑性好，但温度稳定性较差。

当沥青质含量较多而油分和树脂较少时，胶团外膜较薄，胶团靠近聚集，移动比较困难，这时沥青形成凝胶结构。具有凝胶结构的石油沥青其弹性和黏结性较高，温度稳定性较好，但流动性和塑性较差。

当沥青质含量适当，并有较多的树脂作为保护膜层时，胶团之间保持一定的吸引力，这时沥青形成溶-凝胶结构。这类沥青在高温时温度稳定性好，低温时的变形能力也好。

三种沥青的结构示意图如图 4-1 所示。

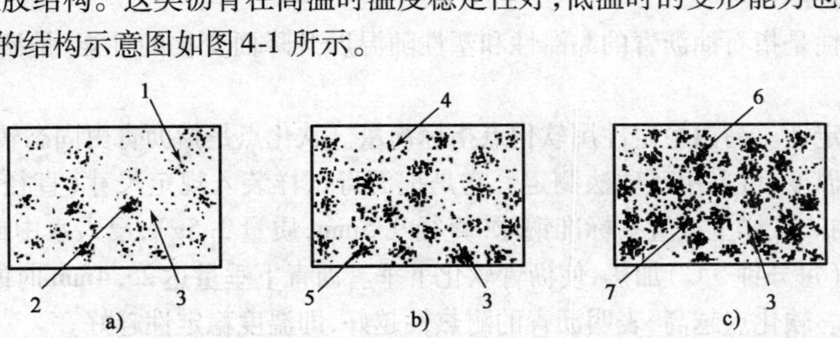

图 4-1　石油沥青胶体结构的类型示意

a）溶胶型；b）溶-凝胶型；c）凝胶型

1-溶胶中胶粒；2-质点颗粒；3-分散介质油分；4-吸附层；5-地沥青质；6-凝胶颗粒；7-结合的分散介质油分

2. 石油沥青的技术性质

石油沥青具有如下技术性质：

（1）防水性。

石油沥青是憎水性材料,几乎完全不溶于水,且构造致密,与矿物材料表面有很好的黏结力,能紧密黏附于矿物材料表面,同时,它还具有一定的塑性,能适应材料或构件的变形。所以,石油沥青具有良好的防水性,故广泛用做土木工程的防潮、防水材料。

(2)黏滞性(黏性)。

石油沥青的黏滞性是指沥青在外力作用下抵抗变形的能力,是反映沥青材料内部阻碍其相对流动的一种特性。也可以说,它反映了沥青软硬、稀稠的程度,是划分沥青牌号的主要技术指标。

工程上,液体石油沥青的黏滞性用黏滞度(也称标准黏度)指标表示,它表征了液体沥青在流动时的内部阻力;对于半固体或固体的石油沥青,则用针入度指标表示,它反映了石油沥青抵抗剪切变形的能力。

黏滞度是在规定温度 t(t 通常为 20℃、25℃、30℃、60℃)、规定直径 d(d 为 3mm、5mm 或 10mm)的孔流出 $50cm^3$ 沥青所需的时间秒数 T。常用符号"CdtT"表示。在相同条件下流出时间越长,表示沥青黏度越大。

针入度是在规定温度 25℃条件下,以规定质量 100g ± 0.05g 的标准针,在规定时间 5s 内贯入试样中的深度,以 1/10mm 为单位表示。针入度越大,表示沥青越软,黏度越小。

一般的,沥青质含量高,有适量的树脂和较少的油分时,石油沥青黏滞性大。温度升高,其黏性降低。

(3)塑性。

塑性是指石油沥青在外力作用时产生变形而不被破坏,除去外力后仍保持变形后的形状不变的性质。它是石油沥青的主要性能之一。

石油沥青的塑性用延度指标表示。沥青延度是把沥青试样制成 8 字形标准试模(中间最小截面积为 $1cm^2$),在规定的拉伸速度(5cm/min)和规定温度(15℃)下拉断时的伸长长度,以厘米(cm)为单位。延度值越大,表示沥青塑性越好。

一般来说,沥青中油分和沥青质适量,树脂含量越多,延度越大,塑性越好。温度升高,沥青的塑性随之增大。

沥青的针入度、软化点和延度是划分沥青标号的主要依据,称为沥青的三大指标。

(4)温度稳定性。

温度稳定性是指石油沥青的黏滞性和塑性随温度升降而变化的性能,是沥青的重要指标之一。

①高温稳定性。高温稳定性用软化点指标衡量。软化点是指沥青由固态转变为具有一定流动性膏体的温度,可采用环球法测定。它是把沥青试样装入规定尺寸(直径约 16mm,高约 6mm)的铜环内。试样上放置一标准钢球(直径 9.5mm,质量 3.5g),浸入水中或甘油中,以规定的升温速度(每分钟 5℃)加热,使沥青软化下垂。沥青下垂量达 25.4mm 时的温度(℃),即为沥青软化点。软化点越高,表明沥青的耐热性越好,即温度稳定性越好。

沥青软化点不能太低,不然夏季易熔化发软;但也不能太高,否则不易施工,并且品质太硬,冬季易发生脆裂现象。石油沥青温度敏感性与沥青质含量和蜡含量密切相关。沥青质增多,温度敏感性降低。工程上往往加入滑石粉、石灰石粉或其他矿物填料的方法来减小沥青的温度敏感性。沥青中含蜡量多时,其温度敏感性大。

②低温脆性。沥青温度降低时会表现出明显的塑性下降,在较低温度下甚至表现为脆性。特别是在冬季低温下,用于防水层或路面中的沥青由于温度降低时产生的体积收缩,很容易导

致沥青材料的开裂。显然，低温脆性反映了沥青抗低温的能力。

不同沥青对抵抗这种低温变形时脆性开裂的能力有所差别。通常采用弗拉斯（Frass）脆点作为衡量沥青抗低温能力的条件脆性指标。沥青脆性指标是在特定条件下，涂于金属片上的沥青试样薄膜，因被冷却和弯曲而出现裂纹时的温度，以℃表示。低温脆性主要取决于沥青的组分，当树脂含量较多、树脂成分的低温柔性较好时，其抗低温能力就较强；当沥青中含有较多石蜡时，其抗低温能力就较差。

（5）大气稳定性。

沥青的大气稳定性主要是指沥青在使用环境条件下抵抗老化的能力。沥青在使用环境条件下，由于各种因素（主要是阳光、空气、降水等）的综合作用而产生"不可逆"的化学变化，导致沥青中低分子组分逐渐向高分子组分转变，油分和树脂含量减少，沥青质含量增加，使沥青的塑性降低，黏性增大，逐步变得硬脆、开裂，这个过程称为沥青的"老化"。沥青材料大气稳定性的优劣主要决定于其组成和结构，使用环境和施工质量也是重要的影响因素。

以上五种性质是石油沥青的主要性质，是鉴定土木工程中常用石油沥青品质的依据。除了上述性质要求外，还有含蜡量、溶解度、闪点与燃点等性质。

3. 建筑石油沥青的技术标准

建筑石油沥青、防水防潮石油沥青和普通石油沥青的技术标准见表4-1。

建筑石油沥青、防水防潮石油沥青和普通石油沥青的技术标准 表4-1

质量指标	建筑石油沥青（GB/T 494—1998）		防水防潮石油沥青（SH/T 0002—1990）				普通石油沥青（SY 1665—77）1998年确认		
	30号	10号	3号	4号	5号	6号	75号	65号	55号
针入度（25℃，100g，5s）（1/10mm）	26～35	10～25	25～45	20～40	20～40	30～50	>75	>65	>55
软化点（环球法），不小于（℃）	75	95	85	90	100	95	60	80	100
延度（25℃，5cm/min），不小于（cm）	2.5	1.5	—	—	—	—	2	1.5	1
针入度指数，不小于	—	—	3	4	5	6	—	—	—
溶解度（三氯乙烯、四氯化碳或苯），不小于（%）	99.5	99.5	98	98	95	92	98	98	98
蒸发质量损失（163℃，5h），不大于（%）	1	1	1	1	1	1	—	—	—
蒸发后针入度比，不小于（%）	65	65	—	—	—	—	—	—	—
闪点（COC），不小于（℃）	230	230	250	270	270	270	230	230	230
脆点，不大于（℃）	报告	报告	-5	-10	-15	-20	—	—	—

建筑石油沥青的牌号主要是根据针入度、延度和软化点指标划分并以针入度值表示。在同一品种建筑石油沥青中，牌号越大，相应的针入度值越大（黏性越小），延度越大（塑性越大），软化点越低（温度敏感性越大）。

4. 石油沥青的选用

选用石油沥青的原则是根据工程性质与要求（房屋、道路、防腐）及当地气候条件、所处工程部位（屋面、地下）来选用。在满足使用的前提下，应选用牌号较大的石油沥青，以保证有较长的使用年限。

建筑工程中，特别是屋面防水工程，应防止沥青因软化而流淌。由于夏日太阳直射，屋面沥青防水层的温度高于环境气温25～30℃。为避免夏季流淌，所选沥青的软化点应高于屋面温度20～25℃，并适当考虑屋面的坡度。

建筑石油沥青的黏性较大、温度敏感性较小、塑性较小，主要用于生产或配制屋面与地下防水、防腐蚀等工程用的各种沥青防水材料（油毡、沥青胶等）。对不受较高温度作用的部位，宜选用牌号较大沥青。屋面防水工程一般选用10号或30号建筑石油沥青，或将10号建筑石油沥青与30号建筑石油沥青、60号道路石油沥青掺配使用。严寒地区屋面工程不宜单独使用10号建筑石油沥青。

防水防潮石油沥青的温度稳定性较高，特别适合用做油毡的涂覆材料及屋面与地下防水的黏结材料。3号防水防潮石油沥青适用于一般温度下的室内及地下工程防水；4号防水防潮石油沥青适用于一般地区可行走的缓坡屋面防水；5号防水防潮石油沥青适用于一般地区暴露屋顶及气温较高地区的屋面防水；6号防水防潮石油沥青适用于一般地区，特别适用于寒冷地区的屋面及其他防水工程。

普通石油沥青石蜡含量较多（一般均大于5%），温度敏感性大，建筑工程中不宜单独使用，只能与其他种类石油沥青掺配后使用。

5. 石油沥青的掺配

在选用沥青时，因生产和供应的限制，现有沥青不能满足要求时，可按使用要求，对沥青进行掺配，得到满足技术要求的沥青。在进行掺配时，为了不使掺配后的沥青胶体结构被破坏，应选用表面张力相近和化学性质相似的沥青。试验证明，同产源沥青容易保证掺配后的沥青胶体结构的均匀性。所谓同产源，是指同属石油沥青，或同属煤沥青（或煤焦油）。

两种沥青掺配的比例可用式(4-1)估算：

$$Q_1 = \frac{T_2 - T}{T_2 - T_1} \times 100\% \tag{4-1}$$

$$Q_2 = 100 - Q_1 \tag{4-2}$$

式中：Q_1——较软石油沥青用量，%；

Q_2——较硬石油沥青用量，%；

T——掺配后的石油沥青软化点，℃；

T_1——较软石油沥青软化点，℃；

T_2——较硬石油沥青软化点，℃。

以估算的掺配比例和其邻近的比例（±5%～±10%）进行试配（混合熬制均匀），测定掺配后沥青的软化点，然后绘制掺配比-软化点关系曲线，即可从曲线上确定所要求的掺配比例。同样也可采用针入度指标按上法估算及试配。

如用三种沥青时，可先算出两种沥青的配比，再与第三种沥青进行配比计算，然后再试配。

【例】 某工程需用软化点为88℃的石油沥青，现有10号及40号石油沥青，其软化点分别为95℃和60℃，试估算如何掺配才能满足工程需要。

解：估算掺配用量：

$$40号石油沥青用量 = \frac{95-88}{95-60} \times 100\% = 20\%$$

$$10号石油沥青用量 = 100\% - 20\% = 80\%$$

即以20%的40号石油沥青和80%的10号石油沥青掺配进行试配。

三、其他沥青及其制品

1. 煤沥青

煤沥青是由煤干馏的产品——煤焦油再加工获得的。是由芳香族化合物及其非金属(氧、硫、氮等)的衍生物组成的极其复杂和高度缩合的混合物,常温下呈黏稠液体至半固体。

煤沥青的组分有游离碳(固态碳质微粒)、硬树脂(类似石油沥青中的沥青质)、软树脂(类似石油沥青的树脂)及油分(为液态碳氢化合物)。

与石油沥青相比,煤沥青有以下特点:

(1)密度大。一般为 $1.1 \sim 1.26 g/cm^3$。

(2)塑性差。由于煤沥青中含较多的自由碳和硬树脂,受力后易开裂,尤其在低温下易硬脆。

(3)大气稳定性差。由于煤沥青含有易挥发的不饱和芳香烃,在周围介质(热、光、氧气等)作用下,老化过程较快。

(4)温度感应性大。由于煤沥青中含较多可溶性树脂,热稳定性较差。

(5)有毒、有臭味,但防腐能力强。

(6)与矿物质材料的黏附力强。

煤沥青一般用于地下防水工程和防腐工程,也可配制道路沥青混凝土。

石油沥青和煤沥青不能混合使用,它们的制品也不能相互粘贴或直接接触,否则会分层、成团而失去胶凝性,以致无法使用或降低防水效果。

2. 乳化沥青

乳化沥青是将极微小的沥青颗粒($1 \sim 6\mu m$)均匀分散在含有乳化剂的水中所得到的稳定的悬浮体。生产乳化沥青,是将加热熔化的沥青流入含有乳化剂的水中,经机械强力搅拌而成。

(1)乳化沥青的组成。

沥青是乳化沥青的主要成分,乳化沥青的性能主要取决于沥青的性质。选择沥青还应考虑其乳化的难易程度。建筑工程中使用的乳化沥青常用30号及60号石油沥青。

乳化剂属于表面活性剂,其憎水基团吸附在沥青微粒的表面,而亲水基团与水分子吸附与结合,从而降低沥青与水的表面张力,使沥青微粒能够稳定、均匀地分散于水中获得稳定的乳状液。

(2)乳化沥青的成膜及其性质、应用。

乳化沥青的成膜速度与空气的湿度与温度、风速、基层的干燥情况等因素有关;另外,沥青微粒越小,成膜越快。

乳化沥青可在常温下施工。主要用于防水工程的底层,可代替冷底子油。乳化沥青也可用于粘贴玻璃纤维网,拌制沥青砂浆和沥青混凝土。建筑上主要使用皂液乳化沥青(JC/T 797—1984)及用化学乳化剂配制的乳化沥青(JC/T 408—2005,代号 AE-2-C),又称水性沥青基薄质防水涂料。

在乳化沥青中加入矿物填料或石棉纤维等时,成膜后膜层或涂层较厚(大于4mm),称为水性沥青基厚质防水涂料(JC/T 408—2005),可直接作为防水涂料单独使用于Ⅲ、Ⅳ级防水工程。水性沥青基防水涂料分为水性石棉沥青防水涂料(AE-1-A)、膨润土沥青乳液(AE-1-B)、石灰乳化沥青(AE-1-C)。

3. 改性沥青

改性沥青是采用各种措施使沥青的性能得到改善的沥青。

建筑工程中使用的沥青必须具有一定的物理性质和黏附性，在低温条件下应有良好的弹性和塑性，在高温条件下要有足够的强度和稳定性，在加工使用条件下具有抗“老化”能力，与各种矿料和结构表面有较强的黏附力，对构件变形的适应性和耐疲劳性等。通常，石油加工厂制备的沥青不一定能全面满足这些要求，致使目前沥青防水屋面渗漏现象严重，使用寿命短。

为此，常用橡胶、树脂和矿物填料等对沥青进行改性。橡胶、树脂和矿物填料等通称为石油沥青改性材料。

(1)橡胶改性沥青。

橡胶是一类重要的石油改性材料。它与沥青有较好的混溶性，并能使沥青具有橡胶的很多优点，如高温变形小，低温柔性好等。沥青中掺入一定量橡胶后，可改善其耐热性、耐候性等。

常用于沥青改性的橡胶有氯丁橡胶、丁基橡胶、再生橡胶等。氯丁橡胶改性沥青，可使其气密性、低温柔性、耐化学腐蚀性、耐光性、耐臭氧性、耐气候性和耐燃烧性得到大大改善。丁基橡胶改性沥青具有优异的耐分解性，并有较好的低温抗裂性和耐热性能，多用于道路路面工程和制作密封材料和涂料。

(2)树脂改性沥青。

树脂改性沥青，可以改进沥青的耐寒性、耐热性、黏结性和不透气性。由于石油沥青中含芳香性化合物较少，因而树脂和石油沥青的相溶性较差，而且用于改性沥青的树脂品种也较少，常用品种有：古马隆树脂、聚乙烯、无规聚丙烯 APP、酚醛树脂及天然松香等。无规聚丙烯 APP 改性沥青克服单纯沥青冷脆热流缺点，具有较好的耐高温性，特别适合于炎热地区。APP 改性沥青主要用于生产防水卷材和防水涂料。

(3)橡胶和树脂改性沥青。

橡胶和树脂同时用于沥青改性，可使沥青同时具有橡胶和树脂的特性，如耐寒性。且树脂比橡胶便宜，橡胶和树脂间有较好的混溶性，故效果较好。橡胶和树脂改性沥青可用于生产卷材、片材、密封材料和防水涂料等。

(4)矿物填充料改性沥青。

矿物填充料改性沥青可提高沥青的黏结能力、耐热性，减小沥青的温度敏感性。常用的矿物填充料大多是粉状或纤维状矿物，主要有滑石粉、石灰石粉、硅藻土、石棉和云母粉等。矿物改性沥青的机理为：沥青中掺矿物填充料后，由于沥青对矿物填充料有良好的润湿和吸附作用，在矿物颗粒表面形成一层稳定、牢固的沥青薄膜，带有沥青薄膜的矿物颗粒具有良好的黏性和耐热性。矿物填充料的掺入量要恰当，以形成恰当的沥青薄膜层。

4. 沥青基制品

(1)冷底子油。

冷底子油是用稀释剂(汽油、柴油、煤油、苯等)对沥青进行稀释的产物。它多在常温下用于防水工程的底层，故称冷底子油。通常用 30% ~40% 的 10 号或 30 号石油沥青与 60% ~70% 的稀释剂(汽油、煤油、柴油)配制而成。

调制冷底子油时，先将石油沥青加热至 180 ~200℃脱水，至不起沫为止，然后冷却至 130 ~140℃，加入约占溶剂 10% 的煤油(或柴油)，待降温至约 70℃时，再加入全部溶剂(汽油)，搅拌均匀即可。

冷底子油黏度小，具有良好的流动性。涂刷在混凝土、砂浆或木材等基面上，能很快渗入基层孔隙中，待溶剂挥发后，便与基面牢固结合。冷底子油形成的涂膜较薄，一般不单独作防水材料使用，只作某些防水材料的配套材料。施工时在基层上先涂刷一道冷底子油，再刷沥青防水涂料或铺油毡。冷底子油可封闭基层孔隙，使基层形成防水能力，并使基层表面变为憎水性，为黏结同类防水材料创造了有利条件。

冷底子油应涂刷于干燥的基面上，不宜在有雨、雾、露的环境中施工，通常要求与冷底子油相接触的水泥砂浆的含水率不大于10%。

施工中冷底子油应随用随配，施工时要求被涂表面干燥，涂层薄而均匀，注意通风，施工及储存时应注意防火。

(2)沥青玛蹄脂。

沥青玛蹄脂是沥青与适量粉状或纤维状矿物质填充料的混合物。

沥青玛蹄脂常用10号或30号石油沥青配制。掺入填料不仅可节省沥青，更可提高沥青玛蹄脂的耐热性、黏结性及大气稳定性；使用纤维状填料还可以提高沥青玛蹄脂的柔韧性和抗裂性。常用的粉状填料有石灰石粉、滑石粉；常用的纤维状填料有石棉绒和石棉粉等。沥青玛蹄脂分冷用和热用两种。冷用的是将沥青熔化脱水后，加入25%～30%的溶剂，再掺入10%～30%的填料，拌匀即可，在常温下施工；热用的需将沥青加热脱水后与填料热拌，趁热施工。

①沥青玛蹄脂的技术要求。

a. 黏结性。沥青玛蹄脂的黏结性是保证被黏结材料与底层黏结牢固的性质。测定方法是在两张油纸间涂2mm厚的沥青玛蹄脂，然后慢慢撕开，若油纸与沥青玛蹄脂脱离的面积不超过黏结面积的1/2，则黏结性合格。

b. 耐热性。沥青玛蹄脂的耐热性用耐热度来表示。测定方法是将用2mm厚的沥青玛蹄脂黏合的两张油纸放在45°斜面上，在一定的温度下停放5h，沥青玛蹄脂不流淌，油纸不相互滑动时的最高恒温温度即为耐热度。

c. 柔韧性。是保证沥青玛蹄脂在使用中受基层变形影响时不致破坏的性质。测定方法是在油纸上涂2mm厚的沥青玛蹄脂，绕规定直径的圆棒，在2s内匀速绕成半圆，然后检查弯曲拱面处，若无裂纹，为合格。

石油沥青玛蹄脂按其耐热度、黏结力和柔韧性划分标号，并用耐热度来表示。各标号的技术要求应满足表4-2的规定。

沥青玛蹄脂的质量要求(GB 50207—2002)　　表4-2

标号 / 指标名称	S-60	S-65	S-70	S-75	S-80	S-85
耐热度	用2mm厚的沥青玛蹄脂黏合两张沥青油纸，在不低于下列温度(单位为℃)中，在1:1坡度上停放5h后，沥青玛蹄脂不应流淌，油纸不应滑动					
	60	65	70	75	80	85
柔韧性	涂在沥青油纸上的2mm的沥青玛蹄脂层，在18℃±2℃时围绕下列直径(单位为mm)的圆棒，用2s的时间以均衡速度弯成半周，沥青玛蹄脂不应有裂纹					
	10	15	15	20	25	30
黏结力	用手将两张粘贴在一起的油纸慢慢地一次撕开，从油纸和沥青玛蹄脂粘贴面的任何一面的撕开部分，应不大于粘贴面积的1/2					

②沥青玛蹄脂的应用。

沥青玛蹄脂主要用于粘贴防水卷材，也可用于涂刷防水涂层，或作为沥青砂浆防水层的底层及接头密封等。选用时应根据层面坡度及历年室外最高气温条件来选择标号（表4-3），以保证夏季不流淌，冬季不开裂。

沥青玛蹄脂标号选用（GB 50207—2002） 表4-3

材料名称	屋面坡度（%）	历年极端最高气温（℃）	沥青玛蹄脂标号
沥青玛蹄脂	1～3	<38	S-60
		1～3	S-65
		1～3	S-70
	3～15	<38	S-65
		1～3	S-70
		1～3	S-75
	15～25	<38	S-75
		1～3	S-80
		1～3	S-85

注：①卷材层上有块体保护层或整体刚性保护层时，沥青玛蹄脂的标号可较本表降低5号。

②屋面受其他热源影响（如高温车间等）或屋面坡高超过25%时，应将沥青玛蹄脂的标号适当提高。

子情境二 防水卷材

一、防水卷材的基本要求

防水卷材是防水材料的重要品种之一，广泛用于屋面、地下和构筑物等的防水中。主要包括沥青防水卷材、聚合物改性沥青防水卷材和合成高分子防水卷材三大系列（图4-2）。其中，沥青防水卷材是传统的防水材料，成本较低，应用广泛；但其拉伸强度和延伸率低，温度稳定性较差，高温易流淌，低温易脆裂；耐老化性较差，使用年限较短，属于低档防水卷材。聚合物改性沥青防水卷材和合成高分子防水卷材是新型防水材料，各项性能较沥青防水卷材优异，能显著提高防水功能，延长使用寿命，在土木工程中也得到了广泛应用。目前防水卷材已由沥青基向高聚物改性沥青基和橡胶、树脂等合成高分子防水卷材发展，油毡的胎体也从纸胎向玻璃纤维胎或聚酯胎方向发展，防水层的构造由多层向单层方向发展，施工方法由热熔法向冷贴法方向发展。

防水卷材的品种很多，性能和特点各异，但作为防水卷材，要满足防水工程的要求，均应具备以下性能：

（1）防水性。

防水性是指在水的作用下卷材的性能基本不变，在压力水作用下不透水的性能。常用不透水性、抗渗透性等指标表示。

（2）机械力学性能。

机械力学性能是指在一定荷载、应力或一定变形的条件下卷材不断裂的性能。常用拉力、拉伸强度和断裂伸长率等指标表示。

(3)温度稳定性。

温度稳定性是指在高温下卷材不流淌、不滑动、不起泡，在低温下不脆裂的性能。即在一定的温度变化下，保持防水性能的能力。常用耐热度、耐热性、脆性温度等指标表示。

- 防水卷材
  - 沥青防水卷材
    - 纸胎石油沥青油毡
    - 玻璃布胎沥青油毡等
  - 聚合物改性沥青防水卷材
    - SBS改性沥青防水卷材
    - APP改性沥青防水卷材
    - PVC改性焦油沥青防水卷材
    - 再生橡胶改性沥青防水卷材等
  - 合成高分子防水卷材
    - 橡胶类
      - 三元乙丙橡胶防水卷材
      - 丁基橡胶防水卷材
      - 再生橡胶防水卷材
    - 树脂类
      - 聚氯乙烯防水卷材
      - 氯化聚乙烯防水卷材
      - 聚乙烯防水卷材
    - 橡树共混类——氯化聚乙烯-橡胶共混防水卷材等

图 4-2　防水卷材的分类

(4)大气稳定性。

大气稳定性是指在阳光、热、水分和臭氧等的长期综合作用下卷材抵抗老化的性能。常用耐老化性、老化后性能保持率等指标表示。

(5)柔韧性。

柔韧性是指在低温条件下卷材保持柔韧、易于施工的性能，对保证施工质量十分重要。常用柔度、低温弯折性、柔性等指标表示。

二、常用的防水卷材

防水卷材按照材料的组成一般可分为沥青防水卷材、聚合物改性沥青防水卷材和合成高分子防水卷材三大类。

1. 沥青防水卷材

沥青防水卷材是用原纸、纤维织物、纤维毡等胎体浸涂沥青，用粉状、粒状、片状矿物粉或合成高分子膜、金属膜作为隔离材料制成的可卷曲的片状防水材料。沥青基防水卷材具有原材料广、价格低、施工技术成熟等特点，可以满足建筑物的一般防水要求，是目前用量最大的防水卷材品种。常用的有石油沥青纸胎油毡、石油沥青石棉纸油毡、石油沥青玻璃布油毡、石油沥青麻布油毡和石油沥青铝箔油毡等。

石油沥青纸胎油毡是最具代表性的沥青防水卷材，是用高软化点的石油沥青涂盖油纸两面，再涂撒隔离材料制成的一种纸胎防水卷材。油毡按原纸 $1m^2$ 的质量克数分为 200 号、300 号和 500 号三种标号。纸胎油毡的防水性能与原纸的质量、浸渍材料和涂盖材料的质量有密切关系。200 号油毡适用于简易防水、临时性建筑防水、建筑防潮及包装等；350 号和 500 号油毡适用于一般的屋面和地下防水。

纸胎油毡的抗拉能力低、易腐烂、耐久性差，为了改善沥青防水卷材的性能，通常是改进胎体材料。因此，开发了玻璃布沥青油毡、玻纤沥青油毡、黄麻胎沥青油毡、铝箔胎沥青油毡等一系列沥青防水卷材。常见的沥青防水卷材的特点及适用范围见表4-4。

常见沥青防水材料的特点和适用范围 表4-4

卷材名称	特点	适用范围
石油沥青纸胎油毡	资源丰富，价格低廉，抗拉性能低，低温柔性差，温度敏感性大，使用年限较短。是我国传统的防水材料	三毡四油、二毡三油叠层铺设的屋面工程
石油沥青玻璃布油毡	抗拉强度较高，胎体不易腐烂，柔韧性好，耐久性比纸胎油毡高一倍以上	用做纸胎油毡的增强附加层和突出部位的防水层
石油沥青玻纤油毡	耐腐蚀性和耐久性好，柔韧性、抗拉性能优于纸胎油毡	常用于屋面和地下防水工程
石油沥青黄麻胎油毡	抗拉强度高，耐水性和柔韧性好，但胎体材料易腐烂	常用于屋面增强附加层
石油沥青铝箔胎油毡	防水性能好，隔热和隔水汽性能好，柔韧性较好，且具有一定的抗拉强度	与带孔玻纤毡配合或单独使用，用于热反射屋面和隔气层

2. 聚合物改性沥青防水卷材

聚合物改性沥青防水卷材是以聚合物改性沥青为涂盖层，纤维织物、纤维毡为胎体，粉状、粒状、片状或薄膜材料为覆面材料制成的可卷曲片状防水材料。

聚合物改性沥青防水卷材克服了传统沥青防水卷材的温度稳定性差、延伸率小的不足，具有高温不流淌、低温不脆裂、拉伸强度高、延伸率较大等优异性能。此类防水卷材一般单层铺设，也可复层使用，根据卷材的不同可采用热熔法、冷黏法、自黏法施工。

聚合物改性沥青防水卷材常用的胎体有玻纤胎和聚酯胎。与原纸胎相比，玻纤胎不仅防潮性能好，而且容易被沥青浸透，但延伸率小、抗钉刺破强度低。聚酯胎的延伸率大，拉伸强度高，抗顶破强度、撕裂强度和抗钉刺破强度高，耐水性好，不腐烂，有弹性，容易施工，但尺寸稳定性较差。

(1)SBS改性沥青防水卷材。

SBS改性沥青防水卷材属弹性体沥青防水卷材，弹性体沥青防水卷材是用沥青或热塑性弹性体（如苯乙烯-丁二烯-苯乙烯嵌段共聚物SBS）改性沥青浸渍胎基，两面涂以弹性体沥青涂盖层，上表面撒以细砂、矿物粒（片）料或覆盖聚乙烯膜，下表面撒以细砂或覆盖聚乙烯膜所制成的一类防水卷材。

该类卷材使用玻纤毡和聚酯毡两种胎体，其延伸率高，可达150%，大大优于普通纸胎油毡，对结构变形有很高的适应性；有效使用范围广，为-38~119℃；耐疲劳性能优异，疲劳循环1万次以上仍无异常，广泛使用于各类防水、防潮工程，尤其适用于高级和高层建筑物的屋面、地下室、卫生间等的防水防潮，以及桥梁、停车场、屋顶花园、游泳池、蓄水池、隧道等建筑的防水。又由于该卷材具有良好的低温柔韧性和极高的弹性延伸性，更适合于北方寒冷地区和结构易变形的建筑物的防水。其中，35号及其以下品种用作多层防水；35号以上的品种可用作单层防水或多层防水的面层，并可采用热熔法施工。

（2）APP改性沥青防水卷材。

APP改性沥青防水卷材属塑性体沥青防水卷材，塑性体沥青防水卷材是用沥青或热塑性塑料（如无规聚丙烯APP）改性沥青浸渍胎基，两面涂以塑性体沥青涂盖层，上表面撒以细砂、矿物粒（片）料或覆盖聚乙烯膜，下表面撒以细砂或覆盖聚乙烯膜所制成的一类防水卷材。该类卷材也使用玻纤毡和聚酯毡两种胎体，广泛使用于各类防水、防潮工程，尤其适用于高温或有强烈太阳辐照地区的建筑物防水。其中，35号及其以下品种用作多层防水；35号以上的品种可用作单层防水或多层防水层的面层，并可采用热熔法施工。

聚合物改性沥青防水卷材除SBS改性沥青防水卷材和APP改性沥青防水卷材外，还有PVC改性焦油沥青防水卷材、再生胶改性沥青防水卷材和废橡胶粉改性沥青防水卷材等。它们因聚合物和胎体的品种不同而性能各异，使用时应根据其性能特点合理选择。常见的聚合物改性沥青防水卷材的特点和适用范围见表4-5。

常见聚合物改性沥青防水卷材的特点和适用范围 表4-5

卷材名称	特点	适用范围
SBS改性沥青防水卷材	高温稳定性和低温柔韧性明显改善，抗拉强度和延伸率较高，耐疲劳性和耐老化性好	单层铺设的防水层或复合使用，适合寒冷地区和结构变形频繁的结构
APP改性沥青防水卷材	抗拉强度高，延伸率大，耐老化性，耐腐蚀性和耐紫外线老化性能好，使用温度宽（$-15\sim130$℃）	单层铺设或复合使用的防水层，适合紫外线强烈及炎热地区的屋面使用
PVC改性焦油沥青防水卷材	有良好的耐高温和耐低温性能，最低开卷温度为-18℃，可在低温下施工	单层或复合的防水层，有利于在冬季负温下施工
再生胶改性沥青防水卷材	有一定的延伸性和防腐能力，低温柔性较好，价格低廉	适合变形较大或档次较低的防水工程
废橡胶粉改性沥青防水卷材	抗拉强度、高温稳定性和低温柔性均比沥青防水卷材有明显改善	一般叠层使用，宜用于寒冷地区的防水工程

（3）合成高分子防水卷材。

合成高分子防水卷材是以合成橡胶、合成树脂或它们两者的共混体为基料，加入适量的助剂和填充料等，经混炼、压延或挤出等工序加工而制成的可卷曲的片状防水材料。分为加筋增强型与非加筋增强型两种。

合成高分子防水卷材具有拉伸强度和抗撕裂强度高、断裂伸长率大、耐热性和低温柔性好、耐腐蚀、耐老化等一系列优异的性能，是新型高档防水卷材。常见的有三元乙丙橡胶防水卷材、聚氯乙烯防水卷材、氯化聚乙烯防水卷材、氯化聚乙烯-橡胶共混防水卷材等。

①三元乙丙（EPDM）橡胶防水卷材。是以三元乙丙橡胶为主体，掺入适量的硫化剂、促进剂、软化剂和补强剂等，经过配料、密炼、拉片、过滤、压延或挤出成型、硫化等工序加工制成的高弹性防水卷材。

三元乙丙橡胶由于其分子结构中的主链没有双键，当其受到臭氧、光和湿热作用时，主链不易断裂，故该卷材耐老化性能比其他类型卷材优越，使用寿命30年以上。此外，还具有质量小、使用温度范围宽、抗拉强度高、延伸率大、对基层变形适应性强、耐酸碱腐蚀等特点，而且其使用的温度范围广，并可以冷施工，目前在国内属高档防水材料，广泛使用于防水要求高、使用年限长的工业与民用建筑的防水工程。

②聚氯乙烯(PVC)防水卷材。是以聚氯乙烯树脂为主要原料,掺加填充料及适量的改性剂、增塑剂、抗氧化剂和紫外线吸收剂等,经过混炼、压延或挤出成型、冷却、分卷包装等工序制成的防水卷材。

聚氯乙烯防水卷材变形能力强,断裂延伸率大,对基层变形的适应性较强;低温柔性好,耐老化性能好。根据基本原料的组成与特性,聚氯乙烯防水卷材分为S型和P型。其中,S型是以煤焦油与聚氯乙烯树脂混溶料为基料的防水卷材,P型是以增塑聚氯乙烯树脂为基料的防水卷材。聚氯乙烯防水卷材的尺寸稳定性、耐热性、耐腐蚀性、耐细菌性等均较好,适用于各类建筑的屋面防水工程和水池、堤坝等防水抗渗工程。

聚氯乙烯防水卷材的特点是价格便宜、抗拉强度和断裂伸长率较高,对基层伸缩、开裂、变形的适应性强;低温柔韧性好,可在较低的温度下施工和应用。卷材的搭接除了可用黏结剂外,还可以用热空气焊接的方法,接缝处严密。

与三元乙丙橡胶防水卷材相比,除在一般工程中使用外,聚氯乙烯防水卷材更适应于刚性层上的防水层及旧建筑混凝土构件屋面的修缮工程,以及有一定耐腐蚀要求的室内地面工程的防水、防渗工程等。

③氯化聚乙烯-橡胶共混防水卷材。是以氯化聚乙烯树脂和合成橡胶为主体,掺入适量的硫化剂、促进剂、稳定剂等,经过配料、密炼、过滤、压延成型、硫化等工序加工制成的防水卷材。这种卷材具有氯化聚乙烯特有的高强度和优异的耐候性,同时还表现出橡胶的高弹性、高延伸率及良好的耐低温性能,适用于寒冷地区或变形较大的建筑防水工程。

合成高分子防水卷材除以上三种典型品种外,还有丁基橡胶、氯化聚乙烯、氯磺化聚乙烯等防水卷材。它们因所用的基材不同而性能差异较大,使用时应合理选择。常用的合成高分子防水卷材的特点和适用范围见表4-6。

常见合成高分子防水卷材的特点和适用范围 表4-6

卷材名称	特点	适用范围
三元乙丙橡胶防水卷材	防水性能好,弹性和抗拉强度大,耐候性和耐臭氧性好,抗裂性强,使用温度范围宽,寿命长,质量小,但价格高	单层或复合使用,适用于防水要求高、耐用年限要求长的防水工程
丁基橡胶防水卷材	有较好的耐候性和耐油性,抗拉强度、延伸率和耐低温性能稍低于三元乙丙橡胶防水卷材	单层或复合使用,适用于防水要求较高和有耐油要求的工程
氯化聚乙烯防水卷材	强度高,延伸率大,收缩率低,耐候、耐臭氧、耐热老化、耐化学腐蚀性好,使用寿命长,质量小,综合性能接近三元乙丙橡胶防水卷材	单层或复合使用,特别适用于紫外线强的炎热地区
氯磺化聚乙烯防水卷材	延伸率较大,弹性较好,耐高温和耐低温性好,耐腐蚀性能优良,有较好的难燃性	适用于有腐蚀介质影响和寒冷地区的防水工程
聚氯乙烯防水卷材	拉伸强度和撕裂强度较高,延伸率较大,耐老化性能好,原材料丰富,价格便宜	单层或复合使用,适用于各种防水工程和有一定腐蚀的防水工程
氯化聚乙烯-橡胶共混防水卷材	不但具有高强度和优异的耐臭氧、耐老化性能,而且有高弹性、高延伸率和良好的低温柔性	单层或复合使用,特别适用于寒冷地区和变形较大的防水工程

子情境三　防 水 涂 料

防水涂料是将在高温下呈黏稠液状态的物质，涂布在基体表面，经溶剂或水分挥发，或各组分间的化学变化，形成具有一定弹性的连续薄膜，使基层表面与水隔绝，并能抵抗一定的水压力，从而起到防水和防潮作用的材料。

一、防水涂料的组成、分类和特点

防水涂料实质上是一种特殊涂料，它的特殊性在于当涂料涂布在防水结构表面后，能形成柔软、耐水、抗裂和富有弹性的防水涂膜，隔绝外部的水分子向基层渗透。因此，在原材料的选择上不同于普通建筑涂料，主要采用憎水性强、耐水性好的有机高分子材料，常用的主体材料采用聚氨酯、氯丁胶、再生胶、SBS 橡胶和沥青以及它们的混合物，辅助材料主要包括固化剂、增韧剂、增黏剂、防霉剂、填充料、乳化剂、着色剂等。

防水涂料根据组分的不同可分为单组分防水涂料和双组分防水涂料两类。根据成膜物质的不同可分为沥青基防水材料、高聚物改性沥青防水材料和合成高分子防水材料三类。如按涂料介质的不同，又可分为溶剂型、水乳型和反应型三类，不同介质防水涂料的性能特点见表 4-7。

溶剂型、乳液型和反应型防水涂料的性能特点　　表 4-7

项　目	溶剂型防水涂料	水乳型防水涂料	反应型防水涂料
成膜机理	通过溶剂的挥发、高分子材料的分子链接触、缠结等过程成膜	通过水分子的蒸发，乳胶颗粒靠近、接触、变形等过程成膜	通过预聚体与固化剂发生化学反应成膜
干燥速度	干燥快，涂膜薄而致密	干燥较慢，一次成膜的致密性较低	可一次形成致密的、较厚的涂膜，几乎无收缩
储存稳定性	储存稳定性较好，应密封储存	储存期一般不宜超过半年	各组分应分开密封存放
安全性	易燃、易爆、有毒，生产、运输和使用过程中应注意安全使用，注意防火	无毒，不燃，生产使用比较安全	有异味，生产、运输和使用过程中应注意防火
施工情况	施工时应通风良好，保证人身安全	施工较安全，操作简单，可在较为潮湿的找平层上施工，施工温度不宜低于5℃	施工时需现场按照规定配方进行配料，搅拌均匀，以保证施工质量

一般来说，防水涂料具有以下六个特点：

(1)防水涂料在常温下呈液态，特别适宜在立面、阴阳角、穿结构层管道、不规则屋面、节点等细部构造处进行防水施工，固化后能在这些复杂表面处形成完整的防水膜。

(2)涂膜防水层自重小，特别适宜于轻型薄壳屋面的防水。

(3)防水涂料施工属于冷施工，可刷涂，也可喷涂，操作简便，施工速度快，环境污染小，同时也减小了劳动强度。

(4)温度适应性强，防水涂层在-30℃ ~80℃条件下均可使用。

(5)涂膜防水层可通过加贴增强材料来提高抗拉强度。

(6)容易修补,发生渗漏可在原防水涂层的基础上修补。

防水涂料的主要优点是易于维修和施工,特别适用于管道较多的卫生间、特殊结构的屋面以及旧结构的堵漏防渗工程。

二、常用的防水涂料

防水涂料按成膜物质的主要成分分为沥青类、聚合物改性沥青类和合成高分子类三类;按液态类型分为溶剂型、水乳型和反应型三种。

1. 沥青基防水涂料

沥青基防水涂料是以沥青为基料配制而成的水乳型或溶剂型防水涂料。这类涂料对沥青基本没有改性或改性不多,有石灰乳化沥青、膨润土沥青乳液和水性石棉沥青防水涂料等。

石灰乳化沥青涂料是以石油沥青为基料,石灰膏为乳化剂,在机械强制搅拌下将沥青乳化制成的厚质防水涂料。石灰乳化沥青涂料为水性、单组分涂料,具有无毒、不燃、可在潮湿基层上施工等特点。

2. 聚合物改性沥青防水涂料

聚合物改性沥青防水涂料是以沥青为基料,用合成高分子聚合物进行改性,制成的水乳型或溶剂型防水涂料。这类涂料在柔韧性、抗裂性、拉伸强度、耐高低温性能和使用寿命等方面比沥青基防水涂料有很大改善。有水乳型氯丁橡胶沥青防水涂料、再生橡胶改性沥青防水涂料、SBS 橡胶改性沥青防水涂料等品种。

水乳型氯丁橡胶沥青防水涂料是以阳离子氯丁橡胶乳液与阳离子石油沥青乳液混合,稳定分散在水中而制成的一种水乳型防水涂料。由于用氯丁橡胶进行改性,与沥青基防水涂料相比,水乳型氯丁橡胶沥青防水涂料无论在柔性、延伸性、拉伸强度,还是耐高低温性能、使用寿命等方面都有很大改善,具有成膜快、强度高、耐候性好、抗裂性好,且难燃、无毒等特点。

3. 合成高分子防水涂料

合成高分子防水涂料是以合成橡胶或合成树脂为主要成膜物质制成的单组分或多组分的防水涂料。这类涂料具有高弹性、高耐久性及优良的耐高、低温性能,品种有聚氨酯防水涂料、丙烯酸酯防水涂料和有机硅防水涂料等。

聚氨酯防水涂料是以化学反应成膜,几乎不含溶剂,体积收缩小,易做成较厚的涂膜,整体性好;涂膜具有橡胶弹性,延伸性好,耐高、低温性好,耐油、耐化学药品,抗拉强度和抗撕裂强度均较高;对基层变形有较强的适应性。该涂料固化前为黏稠状液体,可在任何复杂的基层表面施工。适用于各种有保护层的屋面防水工程、地下防水工程、浴室、卫生间以及地下管道的防水、防腐等。

子情境四 建筑密封材料

建筑密封材料也称建筑防水油膏,主要应用在板缝、接头、裂隙、屋面等部位。通常要求建筑密封材料具有良好的黏结性、抗下垂性,不渗水、不透气,易于施工;还要求具有良好的弹塑性,能长期经受被黏构件的伸缩和振动,在接缝发生变化时不断裂、剥落,并要有良好的耐老化性能,不受热和紫外线的影响,长期保持密封所需要的黏结性和内聚力等。

一、建筑密封材料的组成和分类

建筑密封材料的原材料主要为高分子合成材料和各种辅料，与防水涂料十分类似。其生产工艺也相对比较简单，主要包括溶解、混炼、密炼等过程。

建筑密封材料的防水效果主要取决于两个方面，一是油膏本身的密封性、憎水性和耐久性等；二是油膏和基材的黏附力。黏附力的大小与密封材料对基材的浸润性、基材的表面性状(粗糙度、清洁度、温度和物理化学性质等)以及施工工艺密切相关。

建筑密封材料按形态的不同一般可分为不定型密封材料和定型密封材料两大类(表4-8)。不定型密封材料常温下呈膏体状态；定型密封材料是将密封材料按密封工程特殊部位的不同要求制成带、条、方、圆、垫片等形状，定型密封材料按密封机理的不同可分为遇水膨胀型和非遇水膨胀型两类。

建筑密封材料的分类及主要品种 表4-8

分类	类型		主要品种
不定型密封材料	非弹性密封材料	油性密封材料	普通油膏
		沥青基密封材料	橡胶改性沥青油膏、桐油橡胶改性沥青油膏、桐油改性沥青油膏、石棉沥青腻子、沥青鱼油油膏、苯乙烯焦油油膏
		热塑性密封材料	聚氯乙烯胶泥、改性聚氯乙烯胶泥、塑料油膏、改性塑料油膏
	弹性密封材料	溶剂型弹性密封材料	丁基橡胶密封膏、氯丁橡胶密封膏、氯磺化聚乙烯橡胶密封膏、丁基氯丁再生胶密封膏、橡胶改性聚酯密封膏
		水乳型弹性密封材料	水乳丙烯酸密封膏、水乳氯丁橡胶密封膏、改性EVA密封膏、丁苯胶密封膏
		反应型弹性密封材料	聚氨酯密封膏、聚硫密封膏、硅酮密封膏
定型密封材料	密封条带		铝合金门窗橡胶密封条、丁腈胶-PVC门窗密封条、自黏性橡胶、水膨胀橡胶、PVC胶泥墙板防水带
	止水带		橡胶止水带、嵌缝止水密封胶、无机材料基止水带、塑料止水带

二、常用建筑密封材料

目前，常用的非定形密封材料有：橡胶沥青油膏、聚氯乙烯胶泥、丙烯酸酯密封膏、聚氨酯弹性密封膏、聚硫橡胶密封材料和有机硅橡胶密封膏等。

1. 橡胶沥青油膏

橡胶沥青油膏是以石油沥青为基料，加入橡胶改性材料和填充料等经混合加工而成，是一种弹塑性冷施工防水嵌缝密封材料，是目前我国产量最大的品种。

它具有良好的防水防潮性能，黏结性好，延伸率高，耐高、低温性能好，老化缓慢，适用于各种混凝土屋面、墙板及地下工程的接缝密封等，是一种较好的密封材料。

2. 聚氯乙烯胶泥

聚氯乙烯胶泥是以煤焦油为基料，聚氯乙烯为改性材料，掺入一定量的增塑剂、稳定剂和填料，在130~140℃温度下塑化而形成的热施工嵌缝材料，是目前屋面防水嵌缝中使用较为广泛的一类密封材料。

聚氯乙烯胶泥的主要特点是生产工艺简单，原材料来源广，施工方便，具有良好的耐热性、黏结性、弹塑性、防水性以及较好的耐寒性、耐腐蚀性和耐老化性能。适用于各种工业厂房和民用建筑的屋面防水嵌缝，以及受酸碱腐蚀的屋面防水，也可用于地下管道的密封和卫生间等。

3. 有机硅建筑密封膏

有机硅建筑密封膏是以有机硅橡胶为基料配制成的一类高弹性高档密封膏。有机硅密封膏分为双组分和单组分两种，单组分应用较多。

单组分有机硅建筑密封材料是将有机硅氧烷和硫化剂、填料及其他添加剂混合均匀后做成的单包装产品，装于密闭的容器中备用。施工时，包装筒中的密封膏体嵌填于作业缝中，硅橡胶分子链端的官能团在接触空气中的水分后发生缩合反应，从表面开始固化形成橡胶状弹性体。单组分密封膏的特点是使用方便，使用时不需要称量、混合等操作，适宜野外和现场施工时使用。可在0～80℃范围内硫化，胶层越厚，硫化越慢，对胶层厚度大于10mm的灌封，一般要添加氧化镁或采用分层灌封来解决。

双组分有机硅建筑密封膏的主剂与单组分的相同，但硫化剂及其机理不同，两者分开包装。使用时，两组分按比例搅拌均匀后嵌填于作业缝隙，固化后成为三维网状结构的橡胶状弹性体。与单组分相比，使用时其固化时间较长。

有机硅建筑密封膏具有优良的耐热、耐寒、耐老化及耐紫外线等耐候性能，与各种基材如混凝土、铝合金、不锈钢、塑料等有良好的黏结力，并且具有良好的伸缩耐疲劳性能，防水、防潮、抗震、气密、水密性能好。适用于各类建筑物和地下结构的防水、防潮和接缝处理。

4. 聚硫橡胶密封材料

聚硫密封材料是由液态聚硫橡胶（多硫聚合物）为主剂，以金属过氧化物（多数为二氧化铅）为固化剂，加入增塑剂、增韧剂、填充剂及着色剂等配制而成。是目前世界上应用最广、使用最成熟的一类弹性密封材料。聚硫密封材料也分为单组分和双组分两类。目前国内双组分聚硫密封材料的品种较多。

这类密封材料的特点是弹性特别高，能适应各种变形和振动，黏结强度好（0.63MPa）、抗拉强度高（1～2MPa）、延伸率大（500%以上）、直角撕裂强度大（8kN/m），并且它还具有优异的耐候性，极佳的气密性和水密性，良好的耐油、耐溶剂、耐氧化、耐湿热和耐低温性能，使用温度范围广，对各种基材如混凝土、陶瓷、木材、玻璃、金属等均有良好的黏结性能。

聚硫密封材料适用于混凝土墙板、屋面板、楼板、地下室等部位的接缝密封以及金属幕墙、金属门窗框四周、中空玻璃的防水和防尘密封等。

5. 聚氨酯弹性密封膏

聚氨酯弹性密封膏是由多异氰酸酯与聚醚通过加成反应制成预聚体后，加入固化剂、助凝剂等在常温下交联固化而成的一类高弹性建筑密封膏。聚氨酯弹性密封膏分为单组分和双组分两种，以双组分的应用较广，单组分的目前已较少应用。其性能比其他溶剂型和水乳型密封膏优良，可用于防水要求中等和偏高的工程。

聚氨酯弹性密封膏对金属、混凝土、玻璃、木材等均有良好的黏结性能，具有弹性大、延伸率大、黏结性好、耐低温、耐水、耐油、耐酸碱、抗疲劳及使用年限长等优点。与聚硫、有机硅等反应型建筑密封膏相比，价格较低。

聚氨酯弹性密封膏广泛应用于墙板、屋面、伸缩缝等勾缝部位的防水密封工程，以及给排水管道、蓄水池、游泳池、道路桥梁、机场跑道等工程的接缝密封与渗漏修补，也可用于玻璃、金属材料的嵌缝。

6. 水乳型丙烯酸密封膏

水乳型丙烯酸密封膏是以丙烯酸酯乳液为黏结剂,掺入少量表面活性剂、增塑剂、改性剂以及填料、颜料经搅拌研磨而成。

该类密封材料具有良好的黏结性能、弹性和低温柔韧性能,无溶剂污染、无毒、不燃,可在潮湿的基层上施工,操作方便,特别是具有优异的耐候性和耐紫外线老化性能,属于中档建筑密封材料,其使用范围广、价格便宜、施工方便,综合性能明显优于非弹性密封膏和热塑性密封膏,但要比聚氨酯、聚硫、有机硅等密封膏差一些。该密封材料中含有约15%的水,故在温度低于0℃时不能使用,而且要考虑其中水分的散发所产生的体积收缩,对吸水性较大的材料如混凝土、石料、石板、木材等多孔材料构成的接缝的密封比较适宜。

水乳型丙烯酸密封膏主要用于外墙伸缩缝、屋面板缝、石膏板缝、给排水管道与楼屋面接缝等处的密封。

7. 止水带

止水带也称为封缝带,是处理建筑物或地下构筑物接缝(伸缩缝、施工缝、变形缝)的一类定型防水密封材料。常用品种有橡胶止水带、塑料止水带等。

橡胶止水带是以天然橡胶或合成橡胶为主要原料,掺入各种助剂及填料,经塑炼、混炼、模压而成。具有良好的弹塑性、耐磨性和抗撕裂性能,适应变形的能力强,防水性能好。但使用温度和使用环境对物理性能有较大的影响,当作用于止水带上的温度超过50℃,以及受强烈的氧化作用或受油类等有机溶剂的侵蚀时不宜采用。橡胶止水带一般用于地下工程、小型水坝、储水池、地下通道、河底隧道、游泳池等工程的变形缝部位的隔离防水以及水库、输水洞等处闸门的密封止水。

塑料止水带目前多为软质聚氯乙烯塑料止水带,是由聚氯乙烯树脂、增塑剂、稳定剂等原料经塑炼、造粒、挤出、加工成型而成。塑料止水带的优点是原料来源丰富,价格低廉,耐久性好,物理力学性能满足使用要求。可用于地下室、隧道、涵洞、溢洪道、沟渠等的隔离防水。

子情境五 建筑防水材料质量性能检测

实训项目 石油沥青材料三大指标

一、试验目的与要求

通过针入度的测定确定石油沥青的稠度,划分沥青牌号;通过延度试验获得沥青的塑性;通过软化点测定得到沥青的温度敏感性。为沥青的工程应用提供技术保证。

二、试验仪器

沥青针入度仪、沥青延度仪、沥青软化点仪(环与球法)等。

三、试验步骤

1. 针入度试验

(1)加热沥青至流动,将其注入试样皿内,放置于15~30℃的空气中冷却1~1.5h(小试样皿)或1.5~2.0h(大试样皿)。再将试样皿浸入25℃±0.1℃的水浴使其恒温(小皿恒温1~

1.5h，大皿恒温1.5～2.0h），水面高于试样表面10mm以上。

（2）用溶剂将标准针擦干净，然后将针插入连杆中固定。

（3）取出恒温的试样皿，置于水温为25℃的平底保温皿中，试样以上的水层高度大于10mm，再将保温皿置于转盘上。

（4）调节针尖与试样表面恰好接触，移动齿杆与连杆顶端接触时，将度盘指标调至"0"。

（5）用手紧压按钮，同时开动秒表，使针自由针入试样，经5s，放开按钮使针停止下沉。

（6）移动滑杆与连杆顶端接触，读出百分表"A_2"，"A_2-A_1"记录至1/10mm即为试样本次针入度。

（7）在试样的不同点重复试验3次，测点间及与金属皿边缘的距离不小于10mm。每次试验用溶剂将针尖端的沥青擦净。

2. 延度试验

（1）将隔离剂涂于金属板上及"8"字试模的侧模内侧面，然后将"8"字试模在金属垫板上卡紧；加热沥青至流动，将其从模一端至另一端往返注入，沥青略高出模具；试件在空气中冷却30～40min，将试件及模具置于温度25℃±0.5℃的水槽中水浴30min，取出后用热刀将多余沥青刮去，至模平，再将试件及模具放入水槽中恒温水浴85～95min。

（2）去除底板和侧模，将试件装在延度仪上。试件距水面和水底的距离不小于2.5cm。

（3）调整延度计水温至25℃±0.5℃，开机，观察沥青的延伸情况。

（4）试件拉断时，读取指针所指读数，即为试样的延度（mm）。

3. 软化点试验

（1）将沥青加热至流动，注入铜环内至略高出环面；在空气中冷却30min后，用热刀刮去多余的沥青至环面齐平；将铜环安在环架中层板的圆孔内，与钢球一起放在水温为5℃±0.5℃的烧杯中，恒温15min；烧杯内重新注入新煮沸约5℃的蒸馏水，使水面略低于连接杆上的深度标记。

（2）放上钢球并套上定位器。调整水面至标记，插入温度计，使水银球与铜环下齐平。

（3）将烧杯移至软化点仪底座上，以5℃/min±0.5℃/min的上升速度加热。

（4）试样软化下坠，与下层底面接触时的温度，为试样的软化点，精确至0.5℃。

四、数据处理方法

1. 针入度

以3次试验结果的算术平均值为该沥青的针入度，取至整数。3次试验所测针入度的最大值与最小值之差不应超过表4-9中的规定，否则重测。

石油沥青针入度测定值的最大允许差值 表4-9

针入度（1/10mm）	0～49	50～149	150～249	250～350
允许最大差值	2	4	6	8

2. 延度试验

取3个平行试样的测定结果的算术平均值作为该试样的延度值。如最大值或最小值有一个超过平均值的5%，则去除该值取余下两个的平均值；如两个值均超过平均值的5%，则需重做。

3. 软化点

取两个平行试样测定结果的平均值为试验结果。两个数值的差数不得大于1℃。

参考文献

[1] 安素琴,魏鸿汉.建筑装饰材料[M].2版.北京:中国建筑工业出版社,2005.
[2] 魏鸿汉.建筑材料[M].2版.北京:中国建筑工业出版社,2008.
[3] 建材局标准化所.建筑材料标准汇编[M].北京:中国标准出版社,2000.
[4] 马眷荣.建筑材料辞典[M].北京:化学工业出版社,2003.
[5] 刘祥顺.建筑材料[M].2版.北京:中国建筑工业出版社,2007.
[6] 杨茂森,殷凡勤,周明月.建筑材料质量检测[M].北京:中国计划出版社,2000.
[7] 冯文元,张友民,冯志华.建筑材料检验手册[M].北京:中国建材工业出版社,2006.
[8] 陈晓明.建筑材料[M].北京:人民交通出版社,2008.
[9] 龚洛书.建筑工程材料手册[M].北京:中国建筑工业出版社,2005.